现代环境监测新技术译丛

水质评价中的生物分析工具
Bioanalytical Tools in Water Quality Assessment

[澳大利亚]贝亚迪·埃舍尔　弗雷德里克·洛伊施　著
Beate Escher　　　　Frederic Leusch

李　丹　李娟英　译
何　苗　Janet Tang　审校

U0321970

中国建筑工业出版社

著作权合同登记图字：01-2013-8247 号

图书在版编目（CIP）数据

水质评价中的生物分析工具/（澳）埃舍尔，洛伊施著；李丹，李娟英译．—北京：中国建筑工业出版社，2015.8
（现代环境监测新技术译丛）
ISBN 978-7-112-18205-3

Ⅰ.①水…　Ⅱ.①埃…②洛…③李…④李…　Ⅲ.①水质分析—生物监测　Ⅳ.①X832

中国版本图书馆 CIP 数据核字（2015）第 131175 号

Bioanalytical Tools in Water Quality Assessment/ Beate Escher and Frederic Leusch with contributions by Heather Chapman and Anita Poulsen，ISBN 9781843393689
Copyright ©2012 IWA Publishing
This translation of *Bioanalytical Tools in Water Quality Assessment* is published by arrangement with IWA Publishing of Alliance House，12 Caxton Street，London，SW1H 0QS，UK，www.iwapublishing.com
Chinese Translation Copyright ©2015 China Architecture & Building Press
Through Vantage Copyright Agency of China
All rights reserved.
本书经广西万达版权代理中心代理，IWA Publishing 正式授权中国建筑工业出版社独家翻译、出版

责任编辑：姚荣华　董苏华　张文胜
责任设计：董建平
责任校对：李美娜　刘　钰

现代环境监测新技术译丛
水质评价中的生物分析工具
［澳大利亚］贝亚迪·埃舍尔　弗雷德里克·洛伊施　著
　　　　　　Beate Escher　　　Frederic Leusch
李　丹　李娟英　译
何　苗　Janet Tang　审校
＊
中国建筑工业出版社出版、发行（北京西郊百万庄）
各地新华书店、建筑书店经销
北京红光制版公司制版
北京圣夫亚美印刷有限公司印刷
＊
开本：787×960 毫米　1/16　印张：14¾　字数：268 千字
2016 年 9 月第一版　　2016 年 9 月第一次印刷
定价：**48.00** 元
ISBN 978-7-112-18205-3
　　　（27426）

前　　言

　　过去的几十年里，引起水环境或饮用水污染的有机物风险评价研究与日俱增。然而，目前大多数研究都聚焦在利用化学分析手段对单一化学物进行识别和定量评价上，近几年出现基于效应的测试方法，可以补充化学分析中基于暴露的化学物质风险评价。这些新的基于效应的测试方法，包括体外生物测试（生物分析工具），而且越来越多的生物分析工具在水质评价中有巨大应用前景。

　　这本书的目的是为非专业人员总结生物分析工具在水质评价应用的科学背景，并总结前沿科学。重点评价对象为饮用水，也包含其他水质，如地表水、城市循环水、工业废水、煤层气水和雨水。

　　第1章讲述了关于各化学品的背景资料概述。重点是有机物及其在环境和工程系统中的转化产物，例如农药、医药、个人护理品、消费品和工业化学品。

　　第2章介绍了风险评估和化学品的国际法规。本章讨论了生物分析工具在目前风险评估中所扮演的角色和它们在将来的发展前景。

　　第3章基于风险对各种类型的水体制定了标准和指导值。对全排水水毒性评估（WET）（也称为直接毒性评估）的应用进行了探讨。全排水毒性评估是一种经典方法，已纳入很多国家的监管框架。尽管如此，WET很少作为监管工具，主要在研究中使用。WET通常与生态毒理分析一起开展，同时，体外测试分析也有相关应用。案例研究说明了它们不同之处。

　　接下来的章节介绍生物分析工具的科学依据。第4章将读者带入细胞水平机制，介绍作用方式分类和毒性通路，这对生物分析工具的设计和应用至关重要。这些细胞水平的效应是影响人类健康（第5章）和水生态系统（第6章）的共同根源。第5章总结了化学品暴露触发细胞水平影响所导致的潜在健康风险，并介绍了相关评价终点。第6章扩展了第4章，引入毒性通路概念，反推结果通路，使细胞效应与环境生物、种群和生态系统的影响关联起来。

第 7 章介绍剂量响应评估、数据报告和基准值的推导。还介绍了衡量混合物效应的毒性当量浓度计算的数学背景。

第 8 章概述了混合毒性的概念，总结了化学物质在混合物中相互作用的方式。本章引入了毒性当量的概念，这是一种评估混合物毒性的方法，它应用了简单的度量和毒性当量浓度计算所支撑的科学原理（第 7 章介绍）。

第 9 章概述了如何开发一个生物分析方法，展示了水质评估常用的生物分析方法的概况。

生物分析工具的应用需要严格的质量控制和质量保证，这在第 10 章中进行了讨论。此外，第 10 章还介绍了较好的样品预处理方法。

在第 11 章，优选了地表水质量评估、废水、再生水处理和饮用水案例，对生物分析工具的使用和优势进行阐述。

第 12 章提供了未来该领域的发展前景。由于该跨学科领域的术语十分广泛，所有用到的缩写和术语都整理在术语表中。我们希望您能喜欢这本书，如同我们写这本书时一样心情愉悦。

致　　谢

　　这本书得益于澳大利亚城市水安全研究联盟（UWSRA）的慷慨资助，该组织是昆士兰州政府、CSIRO 水与健康国家组织、格里菲斯大学和昆士兰大学的合作伙伴。该联盟成立的宗旨是解决东南昆士兰新兴城市的水问题，主要关注水安全和回用。特别要感谢联盟的主任唐贝·格比，一个生物学分析工具的倡导者，在本书校审过程中，不仅提供了研究机会，从道义上给予了支持和建议。

　　我们感谢 UWSRA 项目"生物分析工具和风险沟通"的项目专家组，负责人为格雷格·杰克逊，他们不断地鼓励我们，使我们看到了监管者和从业者的需求。该专家组由迈克尔·巴克汤、凯利·菲尔丁、大卫·哈利韦尔、迈克尔·劳伦斯、理查德·林、茱莉亚·普莱福德，安妮雅·鲁、路易·特伦布莱，希瑟·汶兹和克里斯汀·伊斯特组成。我们要特别感谢格雷格·杰克逊，凯莉·菲尔丁、安妮雅·鲁、大卫·哈利韦尔对本书各章草稿的校审。

　　我们要特别感谢我们的合作作者：撰写第 2 章和第 3 章的希瑟·查普曼，以及安尼塔·波尔森在语言上帮助精炼所有的章节和术语。我们非常感谢有您二位与我们一起书写这本书！

　　我们也感谢我们的研究组及相关机构，即国家环境毒理学研究中心（Entox）的艾达·阿布·巴卡尔、卡罗琳·高斯、伊娃·格林、玛丽塔·古德温、金灵、马蒂·郎、米罗斯拉娃·麦克娃，艾琳·梅林、本·麦博，约亨·穆勒，皮特·尼尔、珍妮特·邓，汉娜·梭曼和瓦萨·维克拉马辛，昆士兰大学先进水资源管理中心的朱利安·润枸特、玛丽亚·琼斯·菲儿、克莉斯特·乐科尔、沃尔夫冈·哥嘉克，智能水研究中心（格里菲斯大学）的艾瑞克·普查科娃、维基·罗斯和菲尔·斯科特，感谢他们每天的工作热情，在一种严格和更广泛的意义上，他们影响了生物分析工具的开发和应用，他们帮助审阅各章节草稿。

　　对担任我们目标受试者的朋友和同事表示衷心的感谢：罗尔夫·阿尔

滕堡、珍妮特·卡明、梅格塞德拉克和迈克尔·沃恩。

　　保罗·尼特尔帮助我们设计封面。IWA 的玛吉·史密斯在出版过程中提供巨大支持。

　　还有很多人要感谢，因为他们是团队的重要部分，他们支持和鼓励我们。在此不再一一列举，非常高兴和你们一起工作。

　　最后，感谢我们的家庭，让我们很多周末投入到本书撰写中。虽然我们在写书过程中有很多乐趣，但现实生活给予我们的远不止书写一本书。随着该领域的不断进步，我们期待更新的未来版本。

贝亚迪·埃舍尔
弗雷德里克·洛伊施
2011 年 8 月于布里斯班

译者的话

近年来，我国水环境污染严重，水中有毒有害污染物对人体健康和生态环境污染造成严重危害。现有的水质标准及监测技术以化学分析为主，但化学分析法无法测定和评价水中所有污染物及其毒性危害，且不能反映污染物之间的相互作用，而生物分析方法能有效弥补化学分析的不足，已成为保障水环境安全的重要技术支持。目前，国内缺乏相关中文专著，因此我们引进了国外权威专著。

本书综合评价了水质评价中用到的各种生物分析工具，评价对象包括饮用水、再生水、常规及深度水处理工艺等。书中不仅详细介绍了生物分析工具的应用程序，还深入解析了与之相关的毒理学/生态毒理学背景知识，以便于更好地在水质评价中使用这些分析工具。本书内容新颖、详实，素材丰富，可作为环境科学与工程等专业本科生及研究生的教材或教学参考书，也可作为水质监管机构专家、顾问、研究人员及水务部门管理者的重要参考工具，也可以是环境工程师、分析化学家和毒理学家的参考手册。

在本书翻译过程中，感谢参加初稿翻译的研究生，潘程程（第1，12章），汪用志（第6章和术语），朱天鸿（第3，4章），王建淼（第7，10章），李丹完成了第2，5，8，9，11章的翻译，与李娟英一起完成全书的统稿和第二稿校审。何苗和Janet Tang完成本书终稿的修改和校审。

限于译者的知识范围和学术水平，可能在翻译中会有一些不确切甚至讹误之处，诚请广大同行专家和广大读者不吝指出，以免贻误读者，译者不胜感激。

李　丹　复旦大学

李娟英　上海海洋大学

何　苗　清华大学

Janet Tang　澳大利亚

2015 年 8 月

目　录

第 1 章

绪　论

1.1　引言

化学监测为水样中单一有机污染物浓度提供定量评价，却无法提供水中存在的未知化学物质（如转化产物），非目标化学物质（即此前未知其存在）以及化学物质之间相互作用的相关信息。基于生物监测可以为化学分析提供补充信息，并根据毒性强弱（即毒性强的化学物比毒性弱的化学物质更重要）提供样品中所有具有生物活性效应的微量污染物信息。

传统用于水质评价的水生毒性实验包括鱼类和水生无脊椎生物活体试验，以死亡率、生长、繁殖和取食反应等作为测试终点。生态系统层面的评价基于整个生态体系功能和结构进行，如物种多样性和基因结构。早期生命阶段实验（如斑马鱼胚胎毒性试验）比成鱼试验在伦理道德上更能被接受，而且大大提高了体内测试的敏感性。体外分子和细胞水平的测试敏感度高、花费少且耗时短，可作为动物试验的替代。水体测试中，人类和其他哺乳动物细胞系的应用促进了用于人类健康损害的毒性终点评估。

本书中将"生物分析工具"定义为可指示特定人类和/或环境健康的终点，且基于细胞和低复杂性的体外生物测定方法。这些工具包括完整细胞和转基因细胞测定，这两种测定注重强调自然特征，以加强检测敏感性；或者加入指示元件特征，使效果视觉化。此外，其他的测试包括单细胞生物体，如海藻、酵母、细菌以及某些酶也列入其中，但不包括其他无细胞测定（免疫分析和直接受体测定）。

生物分析工具主要优点之一。是可以检测出已知和未知化合物的复合毒性，而化学分析只能定量分析已知目标化学物质，无法确定毒性。生物测试可以通过混合毒性测定来衡量样品的风险，因为它可以清晰地说明不同化学物质的毒性差异及混合物中不同化学物质的相互作用。许多生物测试可以就某一特定毒性作用模式给出专门信息，而不是仅仅提供细胞接触样品后的存活情况。这些信息可以通过一系列同时表征不同毒性作用模式的生物测定获得。因此，综合性生物组合测试可以提供水样中生物活性物质毒性测定的完整方法。单一生物测试也可用于特定目标保护，比如保持激素平衡。

　　本书特定关注有机化学品。尽管书中讨论的许多生物测试同样适用于金属和无机污染物，但有机物和无机物样品处理和数据分析方法不同。此外，虽然存在几百万种有机化学物质，但大部分从来没有通过化学分析识别出，检测出的有限种类使金属和无机化学物质得到综合化学分析，降低了基于效应的分析需要。

1.2　有机微量污染物

1.2.1　定义

　　有机微污染物是一组人造化学物质，如杀虫剂、工业化学品、消费品和药物，也包括天然化学物质，如激素（Schwarzenbach et al，2006）（表1.1）。正如其名，微污染物在水体和环境中出现在微克每升的浓度范围（$1\mu g/L = 10^{-6} g/L = 0.000001 g/L$），甚至低至纳克（ng）、皮克（pg）（$1 ng/L = 10^{-9} g/L$；$1 pg/L = 10^{-12} g/L$）。

水体中常见的有机污染物（改编自 **Schwarzenbach et al，2006**）**表 1.1**

来源/用途	种类	选例
工业化学品	溶剂 中间物 石油化学品 增塑剂 添加剂 润滑剂 阻燃剂	四氯化碳 甲基特丁基醚 苯系物（苯，甲苯，乙苯； 二甲苯）（BTEX） 多氯联苯（PCBs） 多溴化二苯醚（PBDEs）
消费品	清洁剂 药物 激素 个人护理产品 爆炸物	壬基酚聚氧乙烯醚 抗生素 乙炔雌二醇 紫外防晒剂
生物杀灭剂	杀虫剂 非农用杀虫剂 味道和气味化合物	二氯二苯三氯乙烷（DDT）， 三丁基锡，莠去津 三氯生 土嗅味素，甲基异莰醇

续表

来源/用途	种类	选例
自然化学品	蓝藻毒素	微囊藻素
	激素	雌二醇，雌激素酮，睾丸素
转化产物	由上述所有种类形成	详见表 1.2

与微污染物相反，常量污染物是在局部地区以过剩浓度自然存在的化学物质，如可导致水体富营养化的氮磷（Schwarzenbach et al，2006）。20世纪六七十年代，常量污染物是发达国家面临的主要环境问题。如今，随着源头控制和更多废水处理方法的引进，常量污染物得到有效控制。因此，焦点转至微污染物，包括无机和有机化学物质。

水体中广泛存在的有机微污染物会对水生生物造成危害。对人类的风险通过进食和饮用水或其他暴露途径（如呼吸和皮肤接触）产生。有机微污染物可以通过源头直接进入水环境，如工厂和市政污水排放；或者通过非点源进入，如城市径流和农业设施。由于用于水循环计划的市政污水化学组成的复杂性，传统的处理方法难以去除所有污染物质。加氯等消毒步骤已被引入污水处理和循环水处理，用以控制人类病原体（致病微生物）。虽然传统生物和高级处理方法可以高效去除大部分有害病菌和微污染物，但也会带来其他潜在的危害物质，如产生消毒副产物和转化产物。膜技术（如反渗透）和活性炭过滤吸附可以将大部分的微污染物降至安全水平。然而，污染物去除效率与化学物质的结构、性质有关，仅仅依靠这些方法，有些化合物也不能被完全去除。此外，过滤和吸附过程中产生的污染废物也是一个问题。

1.2.2 转化产物

转化产物是经过化学反应产生的微污染物。目前不清楚的是，这个过程中到底形成了什么以及多少转化产物，以及这些物质有哪些危害，危害有多大。转化产物有很多源头，不仅可以在环境中生成，在工程系统中也可以形成（表 1.2）。

药物在人体和动物体内会被广泛代谢，因此，与摄入时的形态不同，很多药物以代谢物的形式被排泄出（Lienert et al，2007）。许多药品在体内被激活成活性药形式，其副作用可能比前驱物更甚。大部分杀虫剂和其他微污染物会在环境中进行生物和非生物转化反应。例如，暴露在阳光下的地表水，会通过活性氧物种的生成导致微污染物的直接光降解或间接氧化（表 1.2）。

生物降解在污水处理中应用尤其广泛，然而由于许多化学物质会形成转化产物，矿化作用（完全降解为二氧化碳和水）并不彻底。疏水性微污染物仅仅通过吸附到污水污泥上而被去除，并没有发生任何转化。水中存在的微污染物在高级氧化及消毒过程中，可转化为更持久和/或有毒的消毒副产物（表1.2）。

消毒副产物尤其值得关注，因为即使是以最洁净的水作为饮用水源，由于其中存在天然有机物，也可导致消毒副产物生成（表1.2）。饮用水氯化过程中，会有一系列含氯化学物质产生，例如，三卤甲烷和卤乙酸。氯胺化过程会进一步产生亚硝胺。由于一些消毒副产物会导致癌症和其他副作用（Richardson et al，2007），同时考虑到保护水体不受病菌侵害是保护健康的关键，因此消毒副产物的控制和管理很重要。

有机微量污染物和天然有机物的转化产物比原始化学品危害更大案例

（详见 Escher and Fenner，2011）　　　　　表1.2

化学品类型	转化过程	问　题
药品转化产物	药品在人体和动物体内新陈代谢后，随尿液及粪便排泄至废水	结合物之后会还原到原始化合物。一些药物在新陈代谢激活后效力更强
杀虫剂在环境中形成转化产物	来自直接径流的杀虫剂会在环境中发生生物和非生物反应	通过氧化或其他化学反应，杀虫剂效力（例如，有机磷酸酯）会被激活
所有微量污染物	地表水中直接和间接的光降解作用	会形成比前驱体更加持续、有毒害的产物（例如，从三氯生到二噁英的光化学反应）
处理工程系统中形成的转化产物（所有微量污染物）	污水处理中的生物降解	一些转化产物比前驱体更加持久（例如，壬基酚聚氧乙烯醚的分解产物4-壬基酚）
所有微量污染物和天然有机物的转化产物	水样处理中的高级氧化和消毒	天然有机物形成的消毒和氧化副产物（例如，三卤甲烷和卤乙酸）被认为是致癌物质

虽然和原始化合物相比，大部分转化产物稳定性弱，生物累积性低且毒性小（Boxall et al，2004），却有一些典型的例外情况。某些转化产物比原始化合物稳定性更强，因此在环境中累积浓度更大，也有一些其他转化产物比原始化学物毒性更大（Escher and Fenner，2011），例如壬基酚是工业表面活性剂壬基酚聚氧乙烯醚（NPE）的降解产物。壬基苯酚高度稳

定，生物累积性高，除了急性毒性比 NPE 更大以外，它还表现出弱雌激
素效应（Fenner et al，2002）。

1.2.3　低浓度和混合物

管理者正在面临水体中大量未知微污染物和转化产物的困扰。单一污染
物可能以非常低的浓度存在于水体中，且大部分远低于单一化合物可能产生
效应的浓度，但如果这些污染物混合在一起，可能产生可观测的生物效应。

所有化学分析均受限于任何一种分析方法的最低分辨率。如今，在大
多数分析实验室里，常规分析局限在微克每升的范围，然而，专业的分析
方法可能将单个化学物质的分辨率降低到纳克每升或皮克每升。化学分析
仅仅能检测露出水面"冰山"中很小一部分化学物质，对水面下的"冰
山"成分无法定量。尽管生物分析工具也无法鉴别水面下"冰山"的单个
成分信息，但它可以提供完整轮廓的信息，也改善了预测微量污染物可能
的健康影响预测现状。特定毒性作用模式的生物测试，如雌激素效应和遗
传毒性，可以对具有共同毒性作用模式微量污染物特定官能团的确定，帮
助我们进一步描绘"冰山"下的轮廓，因为相同毒性作用模式通常意味着
化学物质结构的相似性，尽管也偶有例外。

1.3　环境毒理学

过去几十年，环境毒理学由多个学科共同发展而成，包括生物学、毒
理学、环境化学、生物化学、药理学、医学和生态学。环境毒理学的最终
目的是深入理解环境污染物对人类和生态系统的影响，包含所有层级的生
物组织，从有机体内的生物化学反应到生物个体、人类和生态系统。在人
体毒理学中，相当于从细胞水平的毒性通路到器官水平的衰竭或疾病，最
终到人群影响和流行病学研究（如癌症人群）。

传统上，环境毒理学被分为生态毒理学和人体健康毒理学，前者往往
和环境科学和生物学关系紧密，而后者则以药理学和医学为基础。由于这
些学科的研究对象越来越集中于分子层面，人们重新认识到，在所有生物
体内，毒性途径机制有许多共同的途径和行为模式，因此这些学科也再次
紧密相连。

1.4　环境风险评估

环境毒理学作为一门科学，在化学品环境风险评估方法的发展过程中

扮演着重要角色。如果环境有机体和人类有可能接触化学品，并且这种化学品有危害，如化学品具有产生毒性效应的本来潜能，那么化学品就会对环境和人类健康带来风险。

从形式上看，环境风险评估包括四个步骤（图1.1）。危险识别包括指定化学品所有信息的收集和评估，以评估其潜在副作用；接下来是评价暴露和效应评估，效应评估包括化学品的持久性（P），生物蓄积性（B）和毒性（T）（PBT）分类和剂量效应特性。根据效应特性可得出人类"无效应水平"（NEL）和环境"预测无效应浓度"（PNEC）。暴露评估涉及特定条件下暴露水平的评估。不同暴露条件中，通过将观测暴露水平、无效应水平（NEL）和预测无效应浓度（PNEC）进行对比来评估风险，该评估应符合人类和环境有机体一生中可承受的暴露安全值。

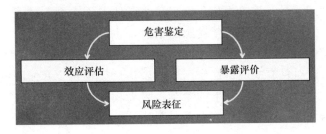

图1.1　化学品环境风险评估

体外测定作为整体集成测试策略的一部分，用于危害评估的早期筛检。但如果有任何信息表明某一化学品有可能带来危害，风险评估则需要在体内实验数据的基础上进行。

1.5　生物分析工具

生物分析工具定义如下：反映与人类和/或生态系统健康有关毒性作用方式的基于细胞的体外生物测定和低复杂度的体内生物测定，包括全细胞和报告基因测定，可以是单细胞有机体测定，也可以是酶测定。之前的综述与这个定义相比，或窄或宽。Behnish等人（2001）将生物标记和酶免疫测定也包括进来，Eggen和Segner（2003）认为只包括明确界定的化学生物反应测定，而将细胞毒性排除在外。接下来的章节中，我们会综述毒性测试领域内的生物分析工具，之后会更详细地介绍生物分析工具的范围。

1.5.1　体内和体外生物测试法

毒性测试可以在不同层级的生物组织中进行。流行病学研究试图将观察到的疾病和人体在化学品中的暴露联系起来。这些研究的确得到了的答案，然而只能在危害已造成后很久后才能得出。目前，大多数毒理学研究停留在单一有机化学物（图 1.2）。在个体体内研究中，借鉴以往的人体中毒案例研究或进行动物实验（如用啮齿动物）以获得在有机个体或器官层面的毒理学信息（图 1.2）。与人体毒理学一样，体内生态毒理学的范围从有机个体、人群、生态系统到模拟生态系统（详述请见本书第 3 章）。

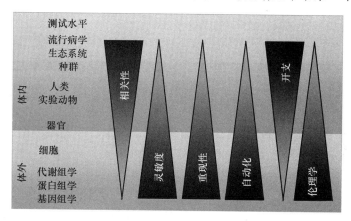

图 1.2　人体毒理学和生态毒理学不同层级的毒性测试

　　所有有机体均由细胞组成。实验室环境中，细胞层面的体外测试为化学品评估提供了一种有效工具，该工具可以在相当短的时间内完成大量化学品和环境样本的筛选，且成本比体内测定低（图 1.2）。不足的是，由于无法在体外测试中评估细胞间交流和系统反应，因此体外测试结果与体内结果的关联性较低。

　　另外，毒理基因组学为化学品危害评估工具带来发展前景。毒理基因组学是应用基因组学技术阐明毒性作用途径和由微污染物引发的毒性行为模式的科学（Nuwaysir et al，1999）。毒理基因组学技术包括基因层面（转录组学）和蛋白质层面（蛋白质组学）表达图谱以及生物反应代谢物质表达图谱（代谢组学）（图 1.2）。生态毒理基因组学通过将整个有机体、人群和生态系统内细胞层面的反应和不良后果联系在一起，从而进一步发展了这种方法（Ankley et al，2010；Fedorenkova et al，2010）。

　　体外测试和毒理基因组学技术具有敏感度高和重复性好的优势，使这些技术更容易实现自动化，且免受伦理道德问题的困扰（如果细胞株被用于提取与测定相关的材料）（图 1.2）。

　　毒理基因组学技术用于监管化学品风险评估还有待验证。迄今为止，毒性作用模式定量识别和定量评价的应用仍十分有限。此外，在混合物和环境样品应用中，生态毒理基因组学技术不够先进，因为相关关系的建立仍然很难。

    接下来我们重点讨论经典的体内和基于细胞的体外测试。体内测试是用以确定一种化学品、污水出水或其他特定混合物对暴露生物的整体毒性（图1.3）。除存活和繁殖外，还可以评估亚致死效应和行为效应。通常，亚致死效应可通过生物标记进行定量，生物标记是客观衡量正常生物过程或危害响应分子特性的客观指标（Atkinson et al，2001）。

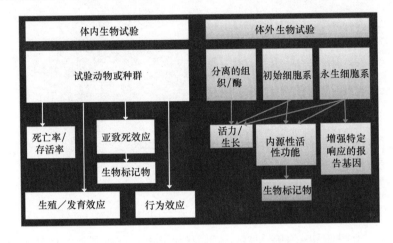

图1.3   水质监测中运用的体内和体外测定原则

    体外测试技术融合了人体毒理学和生态毒理学。严格意义上，体外测试是在受控环境下，所有在试管或微孔板中进行的测试。实践中，体外测试常常与"替代测试法"相似，不使用动物进行试验。虽然大多数体外测试都是基于细胞进行，但也包括独立组织（如，代谢活跃的肝脏浆液）和酶提取物（图1.3）。由于细胞株（如，哺乳动物细胞、鱼细胞、酵母菌和细菌）不需要牺牲受试动物就可以获得和生长，与体内测试相比，基于细胞的测试不会受到太多道德的制约（Blaauboer，2002；Hartung，2010）。大多数哺乳动物细胞无法通过长期培养保持，必须与其组织（原生细胞）分离。但其他细胞培养，特别是哺乳动物癌细胞和鱼类细胞是永生细胞，即它们可以无限培养和繁殖。除了生存和生长，还可以测量细胞内源功能的活动，这可以通过生物标记的测定实现，也可通过报告基因响应实现。该报告基因已经通过基因工程技术植入细胞内，并且可实现效应的可视化和放大。

    通常体外测试需要的体积小，测试之前，需要浓缩环境样品中低浓度微量污染物。基于细胞的测试可以实现自动化和高通量筛选，也因此具有较高的时间和成本效益（图 1.2）。

在某些情况下，体外测试的灵敏度低于体内测试。如当微量污染物的生物有效性因为实验器具的吸附、蒸发和培养基的吸附而被降低时，这种情况通常会发生。这一实际问题可以通过被动染毒技术克服（Kramer et al，2010）。灵敏度也可以通过细胞系的基因改善放大效应来实现（图 1.3）。

某些体内测试也拥有体外测试的一些优势。例如，鱼类胚胎测试就是传统生态毒理方案中一种值得尝试的替代方法。在德国，鱼类胚胎测试用于评估排入环境受纳水体前的废水质量（McIntosh 等，2010）。体内生物标记，如雌激素的标记——卵黄蛋白原，对内分泌干扰物响应的灵敏度高且信息度强（Purdom et al，1994）（图 1.3）。然而，尽管体内测试对于纯化学品的生态毒理学评估很重要，而在水质监测应用中一般仅限于整体污水测试和低复杂度测试，包括基于生物标记反应的测定（图 1.3）。水质很少评估生殖和发育效应（鱼类胚胎测试除外）。由于体内测试往往直接使用原水样品或用于稀释后水样，因此被污染的水体才可以用这些方法进行测试。相反，体外测试之前，低浓度水样通常需要萃取和浓缩，这就使得测试可应用的范围更为广泛（如从污水到饮用水都可以）。

体外测试在监测计划中的应用仍受到限制，这是因为建立体外测试结果与得到广泛开展和认可的体内测试之间的关系，并由此外推对整个有机体的影响还很困难。近期分子毒理学和系统生物学的发展，包括美国国立卫生研究院和美国环境保护署合作开展的 Tox21 项目取得的进展（Gibb，2008），引导了毒理学思维模式的改变（Hartung，2010）。体外到体内外推法模型的存在使体外生物测试正在得到认同。

1.5.2 细胞的生物测试法

基于细胞的生物测试以特定终点或毒性机制为目标，可分为两组：

（1）原始细胞（原生细胞和永生细胞）生物测试；

（2）重组细胞株生物测试。

1.5.2.1 原生细胞

原生细胞是指未经过基因改造的细胞。原生细胞可以从组织样品中直接获得，但体外寿命有限。永生细胞是可以无限繁殖的突变细胞株。永生细胞因再现性高、成本低且动物试验伦理道德困扰小，因此更受欢迎。哺乳动物中，只有癌细胞和干细胞是永生的。最近，永生细胞的方法得以实施。但到目前为止，这些方法还没有在水质评估中得到实际应用。对于鱼类而言，任何种类细胞都可以被培养，也可以从原始细胞株转化为永生细胞株（Schirmer，2006）。

原生细胞可以对给定样品中所有具有生物活性的物质产生响应，适合非特异性毒性效应的评估。非特异性毒性常常通过细胞生长/生存能力（细胞毒性）的定量生物测试获得（图1.4）。细胞毒性也可以根据来自于不同组织的细胞种类进行详细分类，如肺的上皮细胞和肝细胞。不同细胞类型之间的毒性差异可以进一步提供样品中化学品毒性作用模式的信息。特别是有些细胞会对具有相同作用模式的一组化学品作出生理响应，如抑制藻类光合作用或激素类物质促进乳腺癌细胞的增殖。

1.5.2.2 转基因细胞

重组细胞生物测定运用转基因细胞株，在过去十年用于测定和增强特定的毒性反应（图1.4）。例如芳香烃受体的诱导和激素活性模拟。重组细胞生物测定的大体设计是：将报告质粒植入细胞（如人体或哺乳类永生细胞株），质粒是环状脱氧核糖核酸分子，带有相关受体感应单元，后面连接报告基因，这些基因将酶（β—半乳糖苷酶或荧光素酶）或荧光蛋白等编码为可测量的特质。效应可通过酶活或荧光蛋白荧光强度的响应量与结合到受体上的化学品数量成正比进行定量。

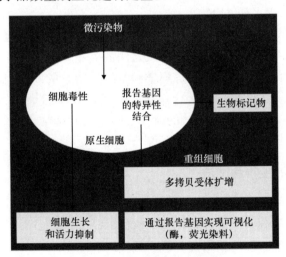

图 1.4 基于细胞的测试方法设计

注：受体是指细胞内可与化学品结合的结构分子，因而诱导出可能产生毒性的过程；报告基因不是细胞里自然存在的，而是通过基因改造，引入并使受体活性可视化的基因。

1.5.3 毒性作用模式

毒性作用模式主要分三大类：**非特异性毒性、特异性毒性和反应性毒**性。非特异性毒性是指基础毒性，即任何化学物质作用后，没有发生特异性效应的最小毒性。细胞毒性通常表征非特异性毒性。特异性毒性指与受体结合或干扰酶功能的机制。而对于反应性毒性，是指化学物质和细胞成分之间会发生化学反应。

以上三种不同类别毒性作用模式，还可以根据它们测试和定量毒性作用模式的潜能进行分类。非特异性毒性测试对于评估多种化学物质混合物的整体毒性至关重要，包括 Microtox 测定及细胞生长和增殖测试。

特异性毒性通过检测特定终点来判定特定类型的毒物。典型的特异性毒性测定包括测试核受体诱导的重组细胞的生物测定，这些核受体包括雌激素、雄激素、甲状腺、芳香烃及维甲酸等。随着越来越多受体介导的毒性终点被应用，生物测试正在全球范围内得到发展。反应性毒性包括所有化学物质和生物分子之间发生化学反应的毒性作用模式，包括 DNA 损伤（遗传毒性和致突变性），与蛋白质、肽类和脂类的化学反应及氧化压力。直到最近，焦点已转向利用经典 Ames 实验（突变性实验）和表征 DNA 修复的实验来检测基因毒性和致突变毒性。最近，基于哺乳动物细胞株的 COMET 测定和/或微核测试，可以测试 DNA 损伤的基因毒性试验已用于水质监测。成组测试方法综合了上述多种生物方法，结果可以更全面、综合地反映水样的毒性特征。

1.6　生物测试方法选择和成组测试法设计

从 20 世纪 70 年代开始，全球范围内，基于细胞的测试方法已经用于水质监测。但大多数研究关注地表水、生活污水及工业废水。关于造纸厂废水以及油田生产废水的少量研究文献也有报道。而近年来，用于废水处理、高级水处理、饮用水消毒及娱乐用水的筛查方法也不断出现。样品前处理与富集方法的改进，以及更敏感测试方法的选择使得上述方法的测试对象逐渐从高污染水样转变到清洁水样，如净化后的再生水和饮用水。

大多数基于细胞的测定以某一特异性毒性作用模式和/或受体为对象（例如，人类和鱼类细胞株）。综合性风险评估要求在包含一套与测试水样相关的毒性作用模式和/或受体的基础上进行。通常有两种不同的方法可用于设计实验方案，一种方法是从保护的角度出发，另一种方法则从关注的化学物质出发（图 1.5）。

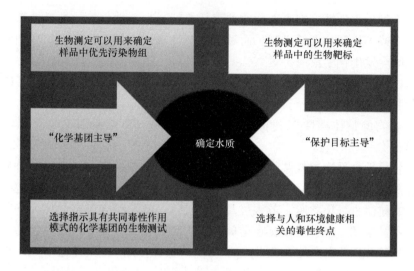

图 1.5　水质评估成组测试方案设计

1.6.1　基于保护目的的成组测试方案设计

针对健康终点的保护目标，生物体和生态系统必须得到保存、维护和改善。目标可能是将人类患癌症的可能性降到最低，或在某一水体生态系统中确保鱼类的健康繁殖。保护目标为所有化学风险评估法律设定了背景，并通常用特定的评价终点表征。基于保护目标，成组测试方案需要包括相关的评价终点。选择成组生物测试时，考虑需要保护的对象（如人类健康还是水生生态系统健康，海洋生物还是淡水生物）以及采用的评估工具是至关重要的，同时必须认真评估最合适的暴露途径（和受体组织）。例如，如果人体暴露途径是通过饮用水，那么口服途径是最重要的暴露途径，而如果暴露途径是通过游泳娱乐用水，皮肤接触的重要性比摄食更显著。如果相关的生物体、暴露途径以及对该生物体造成的潜在风险已确立，那么相关的生物测试方法也相应确定。相对于作为风险评估框架内危害鉴定部分的保护目标，相应采用的测试方法应该是特异的。

1.6.2　基于化学物质类型的成组测试设计

混合物中具有相似毒性作用模式的化学物质以浓度相加的方式（见第8章）发挥毒性作用。因此，特异性毒性作用模式的生物测试可用于鉴定样品中存在的相关有毒物质。由于具有相似毒性作用模式的已知和未知的所有化学物质都会对混合物的毒性产生贡献，基于毒性作用模式的成组测试可以比单一的化学分析更能帮助人们全面了解水样的毒性效力。如果水样可能含有激素（如废水），那么明智的做法则是在成组测试中包含可指示内分泌干扰效应的方法。

如果可能存在除草剂（例如农田径流），采用光合毒性测试比较合适。对于某一给定毒性作用模式，成组测试方案可通过增加几种具有化学特异性的方法进一步优化。例如，雌激素活性可以通过直接与雌激素受体（ER）结合而激活，或通过间接机制，如激活 PAHs 芳香烃受体（AhR）而被激活。包含非特异性细胞毒性和几种特异性终点的成组测试的广泛应用，可以帮助评价者解释意料之外的有毒物质，否则这些物质可能不会被发现。在以化学物质为出发点的设计中，优先考虑对相关化学物质灵敏度高的生物测试方法，即使这些生物测试与保护目标间缺乏直接联系。例如，为了评估饮用水中是否存在除草剂，最好选择藻类作为受试对象，即使被测试的是供人类饮用的水样，而且保护目标是为了实现人类健康。虽然对除草剂暴露非常敏感的光合生物无法反映对人类健康的影响，但其实验结果仍然能表示除草剂的暴露效应。

由于不可能独立于毒性作用模式之外单独测试化学物质的毒性，以上两种成组测试方案设计常常可能会包含可对比的和部分重叠的生物分析工具。研究者设计成组测试时，往往会同时考虑上述两种方法。值得注意的是，并非所有的生物测试都是可以选择的，也不能 100% 地指示某一特异性毒性作用模式。所有基于细胞的测试方法都会受到非特异性和特异性毒性的联合影响。某一水样中，可能存在很多化学物质，只有其中一小部分会对成组测试中应用的终点产生特异反应。在一定的浓度范围内，存在这样一个窗口，期间有特异性毒性效应但并未引起细胞毒性。这个浓度窗口越大，某一应用于复杂水样的生物测定方法就越有效。

1.7 生物分析工具在水质评价中的应用

研究人员将单一和多种测试方法用于水质评估测定已持续了几十年。然而，由于测试对象从初始的污染点位和废水扩展到地表水和净化水样，成组测试技术的应用在过去十年里发展很快。

Sanchez 等人（1988）率先将成组测试技术用于工业废水的毒性评价。该技术包括五种急性毒性测试方法（三种细菌测试方法，一种体内测试方法和一种分子测试方法）和三种诱变测试（Ames 试验、大肠杆菌以及酿酒酵母反向诱变测定）。此后，应用三个及以上（至少包含一种基于细胞的方法）方法的成组测试评估的数量稳步增加，表明成组测试方法支持率在不断上升（图 1.6）。因为使用不同测定方法的目的各异，测定结果的可

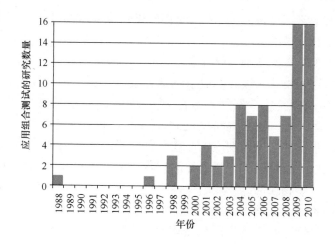

图 1.6   世界上应用成组测试研究的发展趋势

注：所述成组测试包括三个或三个以上测定，再加至少一个基于细
胞的测定。数据详细分析请见第 11 章图 11.1。

比性却非常有限。

如上所述（第 1.5.3 节），毒性作用模式可分为非特异性毒性、特异性
毒性和反应性毒性，这三类模式针对不同的毒性类型和不同的毒物种类。
单一研究往往以某一特异性毒性作用模式或污染物为研究对象。虽然这种
方法有其优势，但也有缺点。例如，一个包含三种不同雌激素测试方法的
项目的优势是可以确保检测和解释大部分雌激素物质，却通常无法详细阐
明到底是哪些化学物质引起了可观测的效应。同样地，专门筛选反应性毒
性的研究也不能用来评估问题水源是否被内分泌干扰化合物污染。应用由
上述三种基于特异性毒性作用模式精心设计的成组测试有助于监测某一特
定水体所有（或大部分）相关的毒性作用模式的污染物。

1.8   化学分析和生物测试是互补的监测工具

生物分析工具不能代替化学分析监测，两种方法互相提供补充信息，
如果适当结合，可实现水体中微量污染物的综合评价（表 1.3）。

典型的常规监测项目评估的单个化学物品数量从 10 到 100 不等。但截
至 2011 年年中，在 CAS（化学文摘服务）注册登记的有机和无机化学物
总量高达 6150 万种。这些化学物质中有几百万种可以在市场上得到，预计
大约超过 10 万种用于商业用途，这些数量还不包括上述化学物质的转化产
物。仅仅在美国就有超过 1000 种注册过的农药活性成分，用于制药的高达
4000 种。因此，水中潜在的微量污染物只有一小部分可以通过化学分析方

法检出。无论监测的化学物质从风险的角度是否值得关注，是否覆盖了大部分的毒性负荷，都只能利用生物测试的方法通过复合毒性评估进行确定。

化学分析和生物分析工具优缺点比较　　　　　表 1.3

化学分析	生物分析工具
＋ 可鉴定单个化学品（尤其是 10 个到 100 个化学品）	－ 不能分析单个化学物质 ＋ 针对某些特异性终点 ＋ 相同毒性作用模式化学物质的总参数
－ 无法评估相互作用的复合效应	＋ 所有已知和未知具有生物活性的化学品的混合物效应均可检测，因为所有物质均不同程度地产生毒性效应（按效应加权）。 可以测定复合效应，但相互影响无法通过简单的加和作用区分。
－ 化学品总含量未知	＋ 非特异终点可说明水样中生物活性化学品的总和
－ 在"干净"水样中，尽管单个化合物会对累积混合毒性有贡献，但单个化合物仍低于检测下线	± 生物测定的灵敏度比单个化学品化学分析的灵敏度低，但对复杂混合物，更易检测出单个化学品
－ 转化产物定量前需要鉴定	± 混合毒性的测量可解释转化产物，但无法测出单个化学物质贡献率

　　生物测试帮助人们更全面地了解样品中存在的具有生物活性的化学物质，然而却不可能阐明哪些化合物的存在导致了可观测到的毒性效应。为此，可将样品进行分馏，并将不同的馏分用于生物活性检测。在产生效应的化学物质被识别之前，可能需要进一步分馏。这种以生物测试为指导的分馏技术（Brack et al，2008）在水样中很有作用，因为在这样的馏分中，单一特性的污染物决定样品的整体毒性，例如化学物质的事故性排放或非法倾倒。但通常情况下，大部分的水质监测应用中，包括污水处理、循环水和饮用水处理，这些样品中不存在可以决定样品整体毒性的单一物质，观测到的毒性效应更可能反映的是很多化学物质及其转化产物的联合效应，而混合物中单一物质的存在浓度，通常可能处于单一化学物质能引起可观测效应的临界值之下。的确，当多种有毒化学物质在混合物中同时发挥效应时，低于单一化学物质产生效应临界值的浓度相加就可能产生可观测到的效应（Silva et al，2002）。这种污染物的复合效应仅用化学分析是无法解释的。

对特异性终点具有选择性的生物测试方法，如雌激素受体结合，将对具有共同毒性作用模式的化学物质产生响应，且在混合物中遵循浓度相加模型。而检测非特异性终点的非选择性生物测试方法，如细胞毒性或生长抑制，是反映特定水样中所有微量污染物总体负荷的加和参数。基于效应的加和参数是根据混合物中单个组分的毒性效力分配权重，优于化学分析的加和参数，如溶解有机物，这里的权重分配是给予单一化合物对混合物的数量贡献，而不考虑单个化合物间的毒性差异。生物降解和高级氧化技术过程中有大量转化产物的形成，化学分析只能定量已知的和/或存在浓度相对较高的转化产物，只有应用高度复杂的方法和仪器，才能识别未知的转化产物（Kern et al，2009）。由于转化产物会对复合毒性产生贡献，其毒性效应可以用生物分析工具进行鉴定，但每种转化产物对复合毒性效应的定量贡献还无法解决。

化学分析的成本随着检出限的下降和微量污染物数量的增加在不断上升。另一方面，生物分析工具只要在未来取得与药物研究和筛选（如Tox21，National Research council，2007）同样的自动化高通量筛选进展，就有潜力成为成本更低和更快速的检测方法。

必须承认的是，目前生物分析工具在水质监测的应用仍处于初级阶段，每个水样的监测成本与化学分析成本相当，但未来成本有望下降。与超痕量化学分析相比，生物测试对仪器的要求明显较低，且操作员成本在整个生物测试成本中占据比例较大，因此未来机械化和高通量方法的发展定会使生物分析工具更具有商业吸引力。

第 2 章

化学物质的风险评估

2.1　引言

　　本章所指的风险是指源于化学品暴露对人类或环境产生不良影响的可能性。风险评估是客观风险评估，需要明确假设前提并提供评价的不确定性。所有的活动、过程和产品都有一定程度的风险。风险评估的最终目的是提供科学的、服务于社会的和实用的信息，并使这些信息可以被广泛使用，以便作出最合适的决策，进行风险管理。定量风险评估在决策制定中变得越来越重要，因为实际风险不能简单地用"安全"或"不安全"进行评定。化学品风险评估需要建立在科学证据之上，而风险管理则通过权衡风险评估与政治、社会经济等因素而探索监管方案。

　　术语**"危害"**和**"风险"**经常被误解，且常常被错误地混淆使用。危害是指那些可能产生不良影响的物质或事件，而风险是这种不良影响在特定暴露条件下发生的概率或可能性。如果暴露剂量很低或没有，风险也相应地低或没有，而与其可能造成不良影响的潜在值无关。此外，如果有可能暴露，但是暴露的效应很低或者没有，风险也很低。所以，化学品的浓度并不需要为零，却需要低于一定的阈值水平。这种推论的前提是，在很低的暴露剂量下，即使整个生命周期都暴露其中，化学品也是安全的。但致癌化学物质被称之为无阈值化学物质，风险评估中需要区别对待，因为这类物质通常没有安全浓度。

　　传统上，大多数国家对与环境相关的化学品的风险评价——**生态风险评价（ERA）**和与人类健康相关的风险评价（**HHRA）**使用相对独立的立法。虽然 ERA 和 HHRA 中的术语常常有所不同，但基本步骤是相同的。直到最近，随着欧洲新的法规 REACH（化学品的注册、评估、许可和限制）的实施，这些边界才被打破。目前，相对一致的评估策略在两个领域都适用（Earopean Chemicals Agency，2008）。紧跟上述逻辑展开，在本书接下来的篇章中，也将整合 ERA 和 HHRA 的相关内容。

在介绍化学品风险评估的基本知识之后，我们将探讨体外测试工具在风险评估中的应用。

2.2 化学品风险评估现状

化学品风险评估指因化学品暴露而对人体健康和环境健康影响的评价。在风险评估中，涉及不同学科的一系列步骤。在大多数区域，化学品的监管风险评估法规依照美国环境保护局（USEPA）在 20 世纪 80 年代初期开发的框架（图 2.1）进行。这个框架最初由美国国家研究委员会（NRC，1983）提出，并已经被许多国家的法规采纳（enHealth，2004；European Chemicals Agency，2008）。

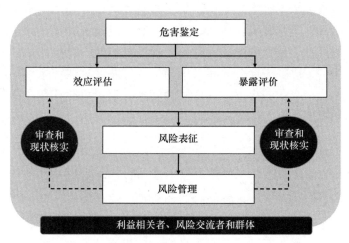

图 2.1 风险评估框架包括反馈循环的通用（改编自 enHealth，2004）

危害识别首先设定场景，紧接着是平行开展的效应和暴露评估（图 2.1）。在风险表征阶段，暴露概率较效应的严重性更重要，从而得出结论以进行风险管理。这个过程不是直线的，而是一个包括参与利益相关者、风险评估者、科学家、风险传播者和社区的反馈循环（图 2.1）。

各种版本的四步风险评估框架，无论是直接暴露（如，食物和水的消费）或间接暴露（如，空气中的毒素），主要关注对环境或人类健康风险影响。源于这个基本框架方法和术语的变化已经发展出不同的版本（如，"危害识别"有时被称为"问题识别"，"效应评估"有时被称为"危害评估"，"风险评估"有时被称为"安全评估"），但原理仍然是相似的。

有些差异起源于风险评估的初始目的。这种方法对于制定工业污染场地的清理标准或预测可能浓度及潜在环境影响有补救作用。此外，评价策略将取决于风险评估是否在寻求保护人类健康、濒危物种和/或生态系统。安全评价凭借类似的方法和工具，旨在确定食物、水和空气安全暴露限值。本书第 3 章将介绍水质安全限值设置的相关内容。

2.2.1　危害识别

危害识别包括有必要进行风险评估问题的提出以及评估解决的关注点。然后，收集化学物质造成有害影响的已有信息，包括物理化学性质、毒性作用模式或机制以及对人类健康和生态系统的影响。

危害识别的一个重要成果是化学品及产品的分类和标记。从国际贸易角度出发，国际公认标记方式的实施至关重要的。"全球化学品统一分类和标签制度"（GHS，United Nations，2003）已被广泛接受，并已在许多国家立法实施，例如，在 2009 年作为 REACH 化学品政策的一个重要补充在欧洲实施。在 GHS 中，用以评估化学品或产品物理、健康和环境危害的标准引导 GHS 标签以象形图（一个程式化的图片）、信号词和危险声明的形式存在。象形图印刷在包装上，提供包装内产品可能产生危害类型的说明。例如，一条死鱼和一棵死树表示"环境危险的"。严重危害类别的标识词是"危险"，不太严重危害的标识词是"警告"。一条标准的危害说明可能是"皮肤接触有毒"（危险短语 H311）或"对水生生物有害"（危险短语 H402）。

2.2.2　效应评估

2.2.2.1　剂量效应关系

HHRA 和 ERA 在效应评估上存在很多共性。长期以来，剂量效应评估是 HHRA 中的术语，它描述包括儿童和老人的各种敏感人群暴露的安全水平。为了确定安全水平，提出所谓的"无效应浓度"（NEL），该浓度是从毒性实验（动物）数据和不确定性分析得到的（图 2.2）。在 ERA 中，效应评估称为浓度效应评估，是从不同实验对象的最低毒性实验数据中外推得到"预测无效应浓度（PNEC）"（图 2.2）。在一些法规中，如欧盟的 REACH（European Chemical Agency，2008）和澳大利亚风险评估指南（enHealth，2004），"效应评估"也称为"危害评估"，但原理都是一样的。

在 HHRA 中，无效应浓度（NELs）也被称为可接受（或容许）每日摄入量（ADI）或参考剂量（RfD）。定义为每天可摄入的化学品量（通常以毫克每天每千克体重表示），这个摄入量在一个人的整个生命周期中（一般为 70 年）不会构成明显的风险。有两种剂量效应曲线类型和两种相

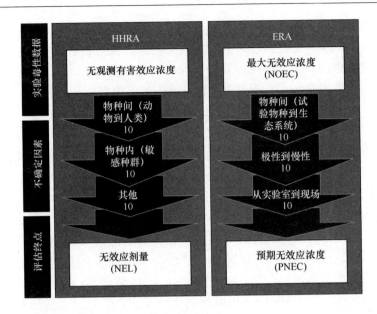

图 2.2　HHRA 中的无效应剂量（NEL）推导和 ERA 中的
预测无效应浓度（PNEC）预测

应的 NEL 的推导方法。致癌物质没有效应阈值，也就是说，每一个分子都会对效应产生贡献。因此，根据"基准剂量"（BMD）线性外推法被用于非阈值效应的估算。致癌风险通常用每年每百万人中受影响的人数来表示。其他化学物质存在一个阈值水平，低于该阈值不会引起任何不良影响。对于这类化学品，通常用大量急性和慢性毒性实验数据得到的"无观测有害效应浓度"（NOAEL）表示。最低 NOAEL 除以不确定因素得到 NEL（图2.2）。不确定性因素，也称为外推、安全或评估因素，范围可以从 10 到10000，可以解释从动物到人类，从个体到人群，不同暴露时间、数据库的质量和全面性，以及其他的从模型系统外推到人群的相关不确定性。

　　在 ERA 中，PNEC 通常被用于效应评估测量，寻求保护生态系统中与环境价值相关的 95% 或 99% 的物种。为了计算 PNEC，至少需要来自三个（欧洲）或五个（澳大利亚）不同营养水平的动物实验（通常是藻类、水溞和鱼类）的急性或慢性最低"无观测效应浓度"（NOEC）值除以不确定性因素 100，以解释物种敏感度、实验室到现场以及单一有机体到生态系统外推的差异，必要时，急性到慢性的外推还需要额外的系数 10。如果有更多的毒性数据，不确定性因素可以降低，如果已经完成完整的生态系统模型研究，它甚至可以低至 1。最近，概率方法也被引入，以更好地描述诸多毒性影响因素的变异性和不确定性，同时获取物种敏感度的变异性。

2.2.2.2　生物体内积累和毒性（PBT）评定

在许多国家，危害或影响评估只关注剂量效应评估，但欧盟的新化学品法规明确规定，考虑完整的风险评估，应优先评估化学品的持久性（P）、生物蓄积性（B）和毒性（T）（欧洲议会和欧洲理事会，2006b）。PBT 评估也是国际斯德哥尔摩公约必不可少的部分（United Nations，2009），该公约的目的是保护人类和环境免受持久性有机物危害。如果化学品在水中的半衰期＞40 天（EU，2006 年），＞60 天（USEPA，1976；United Nations，2009）或＞180 天（Environment Canada，2003 年），则被认为是持久性的。生物蓄积性的主要标准是水生生物富集系数（BCF）＞2000（EU）或＞5000（所有其他上述规定）。NOEC＜0.1mg/L 或有致癌性、致突变性或生殖毒性也可以将化学品归为有毒化学品。如果上述三个条件都满足，化学品被认为是 PBT 化学品，必须进行完整的化学品安全评估（欧盟长期风险评估）。

2.2.3　暴露评价

暴露评价确定人群暴露于危害的规模、频率、特性、强度和持续时间。暴露评价的初始条件是了解化学品的存在（或不存在）以及它的浓度及分布状况。在没有实际暴露数据的情况下，可以用数学模型预测暴露途径。在这些模型中，确定排放量后，应用多介质迁移模型评估化学品在不同环境介质（空气、水和土壤）中的分配以及在每个介质中的降解过程。

不同环境介质中的浓度可以从上述模型中计算得到。对于 HHRA，将结合各种暴露途径（空气、水和食物），得出总的每日摄入量。

2.2.4　风险表征

风险表征是风险评估的最后一步，确定在某个特定暴露浓度下是否可能会发生不良健康影响。这里用到的商值法（RQ），如式（2.1）中所定义，表示为暴露水平和可接受水平的比例。

$$RQ = \frac{暴露水平}{可接受水平} \qquad (2.1)$$

不同法规采用不同的 RQ 术语，包括危害商数（HQ）、安全边际（MOS）或暴露限值（MOE）。原理基本相同，唯一的要求是在计算（暴露水平和可接受效应水平）时必须采用相同的单位，如水中浓度或口服剂量。

RQ 值的范围可以从≤1（表示低风险）到≥1（表示高风险）。RQ 接近与 1 表示存在可能的风险或信息不足。如果 $RQ＞1$，则表示暴露可能超过可接受效应水平，需要采取更进一步的风险评估和/或降低风险的措施。针对不同的保护目标（如人类健康或职业健康），或者对于不同的环境介质（水、空气、土壤和沉积物），化学品可以有多个 RQ 值。风险特征描述综合了效应评估和暴露评估的相关信息，提供过程质量的整体概述，并描述个体、社区和人群的风险，这些正是需要传递给风险管理者的信息。总结报告应该包括关键问题描述、结论的整体优势和局限性（包括不确定性）。也可能需要附加信息进一步改进风险表征，或者基于现有信息确定没有必要采取进一步行动。因此，风险评估是一个迭代过程，在这个过程中筛选出的信息用于得到一个预防性的初步评估。如果在这一步识别出一个问题，则需要进行更精细的评估以降低不确定性。

2.2.5　风险管理

　　风险管理是对风险评价结果更广泛的评估，不仅要考虑科学数据，还需要考虑到社会、经济和政治因素（图2.3）。风险降低措施可以针对化学品替代或控制策略的实施来实现。安全标准由监管部门制定并定义某些化学物质在不同环境介质中的安全水平（见本书第3章）。

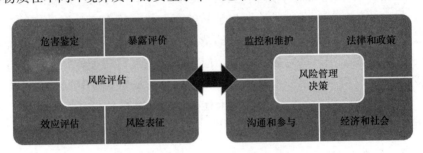

图 2.3　风险评估/风险管理流程

注：风险评估和风险管理相互联系并利于持续改善。

　　风险交流应该被视为一个过程，所有利益相关者在这个过程中做出关于风险及其管理的明智判断。不同角度有不同的风险，包括实际风险、评估风险和感知风险。全面的风险评估和风险交流可以将不同角度风险间的不协调降到最低。风险管理还包括监测和评估行动的有效性。

2.3　生物分析工具在化学物质风险评估中的应用

2.3.1　弥补数据空白

　　体外测试方法可以支持风险评估的三个主要步骤。在危害识别中，体外工具可以实现潜在毒性效应筛选并对毒性作用模式进行分类。

对于效应评估，在下面即将讨论在成组测试策略中，体外测试方法可以提供额外的证据。对于暴露评估，如果可以建立体外测试方法中化学暴露与效应毒性之间的关系，那么体外方法可以作为类似于生物标志物的暴露标记。

最后，我们第一次尝试了基于体外测试数据进行筛查的风险评估，而这些在本章最后进行讨论。

2.3.2　成组测试方案

基于动物体内毒性数据推断安全效应水平的风险评估过程非常缓慢而且成本昂贵，并导致不完整的评估和数据缺陷。而使用哺乳动物和其他脊椎动物的测试方法存在动物伦理的问题。即便如此，动物实验数据的相关性仍然受制于不确定因素，因为它需要种间外推以得出安全水平。在制定欧盟化学品 REACH 法规时，通过使用非动物替代试验方法的多层分析使得这些问题得到确认。在成组测试方案（ITS）中，电脑模拟和体外方法适用于所有的评估终点。这两种方法都可以是基于人类（和/或人类细胞）的模型。图 2.4 阐明了 ITS 在 HHRA 效应评估中应用的例子。

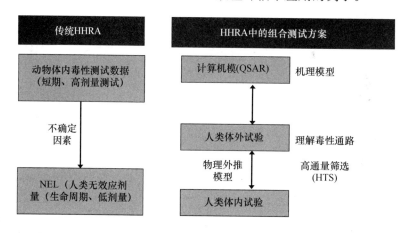

图 2.4　整合替代测试方法的人体健康风险评估的模式转变

注：QSAR——定量构效关系

ITS 的第一步是从类似的化学品类推，在 In silico methods（即基于计算机的）中，根据其他具有相似结构或物理化学性质化学品的毒性，用于预测受试化学品的毒性定量构效关系（QSAR）（图 2.4）提供了一种可以预测未知化学品毒理学效应的方法，前提是它们的属性处在所选的定量构效关系模型内。经济合作与发展组织（OECD）已经制定了几种 QSAR

模型，并以免费软件套装的形式提供给科学界使用（OECD QSAR Tool-box; van Leeuwen et al., 2009）。

ITS 的下一步是体外生物测试的应用（图 2.4）。在毒理学和药物开发领域，体外方法已经应用了几十年，但是它们在化学品风险评估中的应用时间相对较短。体外测试比体内测试具有更大的优势，包括对人源细胞毒性测试的可能性、更低的变异性、更好的实验控制、更高的灵敏度和更短的测试时间，而且经济成本和道德成本比活体动物试验低。

尽管体外测试方法潜力巨大，目前其实际应用仅限于化学品筛选和优先级设定，以及分类和标签。如果体外方法能得到充分验证，且有体外到体内的外推模型（理想情况下的机理模型），体外数据也可以用于定量风险评价（Blaauboer，2008）。

2.3.3　动物替代试验方法

始于 20 世纪 50 年代的替代、减少和改善实验室动物试验的 3Rs 原则具有悠久历史（Hartung，2010）。生物分析工具并不是直接替代动物实验，而是替代测试方法的基础。另一种替代动物试验的测试方法是体外测试系统和计算机模型预测的联合。预测模型是将体外数据转化为动物或人类毒理学终点预测的特定算法。

1991 年，欧洲替代方法验证中心（ECVAM）成立，以支持替代测试方法的监管应用。最近，科学研究中动物保护新指令的颁布（European Parliament and European Council，2010 年）使得 ECVAM 的重要作用得到加强，其目的是将实验动物数量降到最低，并将 ECVAM 设置为欧盟参考实验室。美国对口机构为替代方法验证机构协调委员会（ICCVAM），由 15 个联邦的监管和研究机构代表组成。ICCVAM 负责进行新的、修订的和替代测试方法适用性的技术评估，并促进了测试方法的科学验证和监管验收，能够更准确地评估化学品和产品的安全性，改善、减少或替代使用动物。

2009 年，美国、日本、欧盟和加拿大签署了建立替代测试方法国际合作备忘录（ICATM），以加强对非动物或减少物毒性试验方法验证的国际合作与协调，全球一体化有助于监管验收。OECD 发布了一系列试验测试指导（OECD，2006），并致力于 3Rs 原则的实施。

2.3.4　体外测试方法

体外测试法的响应并不意味着对整个有机体有害，但是可以提供关于有机体水平效应是否可能会发生的有价值信息。体外测试系统的一个明显优势是，细胞可以来自人源细胞系而不用进行种间外推（图 2.5）。

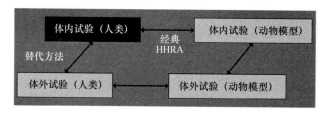

图 2.5　体内-体外的平行四边形

当利用体外数据进行人类健康风险评估时，需要清楚地认识到体外测试系统的局限性，以得到有意义的风险评估。尤其是当体内吸收、分布、代谢和/或排泄过程影响毒性时，体外数据不能精确地预测人类的体内效应，如化学品没有很好地吸收到体内或从体内迅速消除。当毒性效应是一种集成的高阶效应（例如，多个器官的组合效应）时，体外和体内数据之间的相关性也可能较差，这种效应无法在细胞模型中复制。

建立从体外到体内的外推模型势在必行，该模型可以解释从外部剂量到内部剂量的毒性动力学过程，该过程受化学品的生物有效性、吸收和排泄以及体内代谢的影响（Blaauboer，2010）。实际上，这些过程的每一步几乎都存在单独的体外系统。将来，我们可以期待看到"虚拟生物体"，该生物体是基于体外数据参数化的毒代—毒效动力学综合模型。

2.3.5　生物分析技术在定量风险评估中的应用前景及方向

运用基于细胞通路体外组合测试的高通量筛选（HTS）可以识别分子靶标和导致体内有害效应的关键生物学通路，因此可以作为分子生物标志物（Andersen et al.，2010；Martin et al.，2010；Knudsen et al.，2011）。综合高通量筛选（HTS）数据与已有文献中的大量数据，已经形成了优先控制化学品毒理支持性深入研究的无偏数据库（Judson et al.，2009）。如果体外数据与毒代动力学模型相结合，高通量筛选（HTS）数据库可作为 HTS 风险评估的基础。

目前应用替代测试方法只是更换了风险评估过程中的单个元素，但没有质疑风险评估的模式。最近，美国环境保护局的 Judson 及其同事（2011）提出一个全新的风险评估过程，就是将基于体外的信息纳入定量风险评估中。他们建议将评估框架称之为"高通量风险评估"，因为它依赖于针对特定毒性作用通路的高通量体外数据（科学背景和术语定义参见第 4 章）。

通过高通量测试（HTS），可以检测化学品在大量体外测试中的活性。

从这些测试的浓度效应关系评估中得出的基准浓度被称为"生物途径改变浓度"（BPAC）。如果能调查尽可能多的途径，BPAC 通常呈对数正态分布（图 2.6）。在暴露方面，外部剂量与细胞内浓度通过基于生理基础的毒代动力学模型相关联，这些模型在药理学和毒理学中已得到确认。

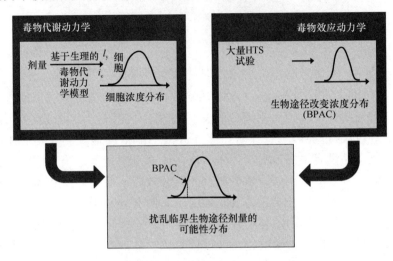

图 2.6 化学品高通量风险评估框架

细胞浓度的分布可以结合 BPAC 分布，通过概率分布重采样技术，如蒙特卡罗方法，获得扰乱生物通路的剂量分布（图 2.6）。

从这个分布的低百分位，推导出"生物途径改变剂量"（BPAD），并视为风险评估中效应评估步骤的 NEL。

这种高通量风险评估是一个有说服力的概念，具有很大潜力，需要进一步发展，时间会告诉我们，这个框架会不会成为监管程序。但它的概念很有吸引力，如果能够实施，将克服现有方法的缺点，并会减少动物试验。

2.4 结论

当前生物分析方法的局限性并不意味着体外测试方法不能用于人类健康风险评估。目前由动物体内数据得出人类健康风险评估模式同样存在缺陷，由于人类和动物生理及形态的差异（如代谢、毒代动力学、形态学和分子机制的差异）使得外推不可靠。通常认为，基于动物体内数据外推对人类的潜在影响中，采用的不确定性系数是充分的，但这个数值背后的生物学基础价值不大。只要充分理解和解释存在的局限性，联合计算机和体外数据精心计算得出的健康风险模型，可以认为与从动物活体数据得出的模型一样有效。

还需要进一步的发展基于体外数据外推体内效应的模型。其中部分工作已经通过如 Tox21 倡议（Collins et al.，2008）并得到一定推进，这项倡议为美国环保局、环境健康科学研究所的国家毒理学计划和国家人类基因组研究所之间的合作项目。Tox21 的目标是：（1）确定化学品诱导生物活性的机制；（2）对优先化学品进行更广泛的毒性评价；（3）开发体内生物响应的预测模型（Shukla et al.，2010）。高通量检测包括本书讨论的体外测试方法（第 9 章），重点关注可自动化和快速执行的终点。

第 3 章

水质评估和全排水毒性测试

3.1 引言

水质涉及水的物理、化学和生物特征。就本书的目的而言，重点是水的化学性质，尽管加强保障饮用水水质免受病原体危害是非常重要的方面。水的化学性质包含盐类、金属、有机化合物，本书的重点是有机微量污染物。

为保护人类和环境免受不必要的化学污染而制定水质质量标准，这也是基于水质的污染控制基础。水污染控制有以下几个级别（van Leeuwen and Vermeire，2007）：

水质基准是以环境和人类健康效应数据和科学判断为基础，并为监管者制定标准提供指导，但这些基准并没有以新方法形式颁布。

水质指南是提供安全级别的建议值但并不具有法律强制性。他们提供目标值（指标），但是即便如此，水质基准仍然为水污染管理提供了有价值的工具。通常会有国际（内）水质指南，各国依据具体情况直接或加以修正之后实施。

水质标准是法规条文中公开规定的暴露限。这些标准是在考虑安全和政治因素的基础上基于水质基准的科学推导得到。

美国和欧洲已经制定了饮用水的国家标准。另一方面，加拿大和澳大利亚仅根据水质指南，在一些州和省将这些指南加入到它们的管理中。在此基础上，这些指南已具有法律约束力（技术上已成为标准）。世界卫生组织也已经界定了饮用水水质指南（世界卫生组织，2008），然而这些条款显然不具有法律效力，它们被公认为是联合国及其机构地位的象征。同时，它们可以为国家标准发展提供辅助决策。

在世界上某些地区存在关于回用水的指南。例如，澳大利亚有关于污水再利用（NWQMS，2008）、暴雨收集再利用（NWQMS，2009b），及岩层或土壤含水层回灌的指南（NWQMS，2009a）。

地表水指南和/或标准的宗旨是保护水生生态系统。它们具有欧盟（欧洲议会和欧洲理事会，2000）水框架指令所具有的标准特点，但是在其他法规中它们仅具有指南的价值。生态环境目标是水框架指令的核心，旨在实现"良好的生态状况"。

3.2　用水类型

一些化学品的指南是从基于不同暴露场景的风险评估发展中得以形成的。对于人类而言，暴露通常建立在每日用水量 2L（70 年生命周期）的基础上。这种计算方法的前提是，在持续 70 年暴露过程中不会产生毒性效应。食物、水和空气的人类健康标准是以事实为依据的，而这一事实就是，大多数化学品都存在一个明确的安全暴露水平，低于这一安全水平就不会有不良效应产生。化学品可以用代表一族的某种特别的物质进行分类，如多环芳香烃（PAH）的苯并［a］芘。

用于饮用水指南/标准确立的方法常常是以日容许摄入量（ADI）或日耐受摄入量（TDI）为依据。这些摄入量代表一个人一生中持续摄入消化而不会产生不良健康效应的日摄入量（第 2 章）。

3.2.1　饮用水

饮用水有不同的来源，包括地表水（溪流、河流和/或湖水）、地下水或雨水等直接水源。饮用水也可来自处理过或净化过的海水或废水。现在相关指南和标准阈值出现得越来越多，但是这些通常仅限于原水水源而没有考虑到可再生利用的水资源。一些化学品可以没有标准或指南，如果有理由相信这些物质不可能在饮用水源中出现。随着世界人口的日益增加和城市的发展，农业和森林侵占水源，废物填塞形成渗滤液，采矿造成的地表径流，都在不同程度地侵蚀水源地。在很多发展中国家，几乎没有获得安全用水的途径，这造成了当地人用水质量的不合格。值得重视的是，由于毒理数据严格要求和与风险评估进程相关的不确定性，很多水质标准中并没有关于某些化学品的标准。目前，世界卫生组织指导方针中（WHO，2008）强调了饮用水质量的防治管理及多项处理方法的使用。

美国环境保护署（USEPA）颁布的安全饮用水法案对饮用水中某些污染物设定了法律限值。美国环境保护署将饮用水等效水平（DWEL）作为饮用水限值浓度，意在保护人类在处整个生命周期暴露下，至少保护人类不受限制类化学品（例如非致癌化学物质）的危害。这个饮用水等效水平浓度反映了现有的最优技术，目前正在审查过程中。除了法律限制，美国环境保护署确定了水供应商必须遵循的水质检测方案和方法。美国环境保护署最近发布公告，更新了饮用水标准和健康报告（USEPA，2011）。

　　在欧洲，欧盟成员国必须遵守欧盟理事会关于人类用水质量（要求）的指令（欧洲议会和欧洲理事会，1998），各国也可以有独立的国家规定，但必须遵守上述指令的规定。该指令要求使用特定分析方法或等效方法进行常规监测方案的制定。只有很少的有机污染物被列在欧盟监管框架中。单一农药的概括性标准设为 $0.1\mu g/L$，所有杀虫剂浓度之和不得超过 $0.5\mu g/L$。

　　由澳大利亚联邦政府制定的澳大利亚饮用水指南（ADWG）从饮用水质量管理框架（NHMRC，2004）发展而来，并为澳大利亚社区和水行业提供关于安全饮用水的指导。ADWG 正在经受一个常规修正案的滚动修正过程，且目前正处于基于风险的标准值制定阶段。ADWG 的目的是为饮用水供应提供更好的管理框架，如果这个指南得以实施，将确保饮用水的使用安全。ADWG 不提供强制性标准，只是为有责任供水的机构提供指导，这些机构包括在澳大利亚各州和各地区的水资源管理者、水务机构和卫生局（NHMRC，2004）。

　　大多数饮用水条例中一个严重的缺点是不能完全反映对新兴污染物的关注。Schriks 等人（2010）最近提出了一个实用的方法，一旦那些未被监管的化学物质在饮用水中被检出，可为其提供饮用水临时指导限值。在缺乏法定指导限值时，该方法优先考虑可用的 ADI，RfD 或 TDI 限值，如果这些值不可用，可使用从文献中计算出的 TDI 值。Schriks 等人（2010）比较了这些计算值与新兴污染物的实测浓度，他们得出的结论是，对于大多数化合物，实测浓度和临时指导值之间都存在一定的安全差值，所以没有必要立即采取行动。

3.2.2　再生水、雨水和含水层补给

　　类似于 WHO 和澳大利亚饮用水指南，澳大利亚回用水指南（AG-WR，第 1 阶段和第 2 阶段）（NWQMS，2006，2008，2009b，2009a）是基于"预防"的方法对水安全进行管理。澳大利亚回用水指南第 1 阶段提供了回用水水质管理的基本框架，它适用于所有再生水及终端的组合。这些指南提供了处理后污水和再利用于非饮用和环境补水的专门标准。第 2 阶段（模块 1）扩展了第 1 阶段的指南，包括有计划地使用再生水（从污水和雨水）和加强饮用水供应。文件重点关注水源水，一级处理过程及二者混合后的饮用水源（NWQMS，2008）。更多地关注使用多重措施防止水质事故发生，而不是水质事故发生后再做出响应。

澳大利亚回用水指南第 2 阶段（NWQMS，2008）比现有的澳大利亚
饮用水指南更严格。这是因为第 2 阶段中水的来源包括污水和雨水，这其
中含有比传统饮用水源（如受保护的地表水）更多的化学污染物。在这份
指南文件中，"饮用水指南"是指提供给消费者的（包含部分或全部回用
水的）饮用水中化学物质的浓度，该指南将管网末端消费者作为保护目
标。这些饮用水标准值的确定过程是一种分层决策树系统，涉及一系列步
骤，包括受关注化学品清单的确定，是否有现存的标准值，化学品是否属
于药物，是否有关健康和毒理学信息可以作为标准制定的参考。当缺乏数
据支撑以确定化学物质是否可能引起癌症时，这种化学品可被归类为无阈
值物质。如果这种化学品不会导致癌症，作为安全浓度的保守估计，可以
计算毒性阈值（TTC），并同暴露评估数据一起作为风险识别的基础。这
是一种公众健康保护的预防方法，但如果阈值低于化学分析的检出限，该
方法就很难实现。

3.3　水生生态系统

保护生物多样性是生态系统中水质风险评估的首要目标。这个目标的
重要组成部分是风险评估要保护的生态系统及生态系统的环境价值。环境
价值是环境被用于保护健康生态系统或公共利益、福利和安全的特定价
值。重要的环境价值包括水生生态系统、第一产业、娱乐和美术，以及人
文价值（ANZECC/ARMCANZ，2000）。所有的水资源都至少应归属于一
种环境价值，并且大多数情况下，应归属于多种环境价值。至关重要的
是，在定义环境价值时，要明确所有利益相关者的需求和要求。

在美国，清洁水法（CWA）启用不同的监管和非监管工具，以减少直
接排放到水体中污染物量，并用于管理污染物的径流。此举的目的在于提
供多种手段以实现更大的目标，即恢复和保护水的化学、物理和生物完整
性。早年立法时（1972 年通过了清洁水法的首个版本），重点是控制来自
"点源"的排放物，如城市污水处理厂和工厂排出的污染物。自 20 世纪 80
年代，以后一直致力于减少非点源污染的努力，包括与土地所有者分摊成
本，这就是一个重要的工具。在清洁水法条例下，美国环境保护署已出台
了监管计划，如设定工业用水水质标准。

在欧洲，欧盟水框架指令（European Parliament and European Coun-
cil，2000）已设定目标，希望实现"良好的生态状况"和"良好的化学状
况"。良好的化学状况意味着化学物质达到欧洲设立的质量标准。目前，
33 种优先污染物和 8 种其他污染物已经有了环境质量标准（EQS）。此外，

该框架为危险化学品（Lepper，2005）制定了优先控制机制（Lepper，2005）。环境质量标准与排放限值及排放许可证相关联，以确保环境质量标准实施的可行性。为了推导环境质量标准，欧盟采用了一种新的技术指导文件（WFD，2010）。在这份新的文件草案中，质量标准（QS）定义了三种环境介质：水、沉积物和生物，每种介质定义了不同的风险受体［人类、底栖生物、海洋生物和食物链顶端掠食者（鸟类和哺乳动物）］。生物质量标准是指人类消费鱼类或水生生物的二级中毒限值。并不是所有介质与受体的结合都需要制定出化学品的质量标准，这种化学品的物理化学性质决定了其自身的环境归宿。然而，有些是相关的，如对于疏水性和生物累积性的化学品，那么这些质量标准就针对所有环境介质，且 $QS_{生物}$ 和 $QS_{沉积物}$ 可以被转化成水的浓度（$QS_{水}$）。将这些质量标准中的最低值采纳为全面的环境质量标准。REACH（European Parliament and European Council，2000）中的效应评估和质量标准价值评价方法遵循很多共同的准则。预测无效应浓度（PNEC，见第 2 章）通常会被推荐成为环境质量标准。欧盟水框架指令中有关于 EQS 的两种定义：

环境质量标准的年平均值（AA-EQSs）指的是年平均浓度，来源于慢性毒性数据。

MAC-EQSS 是指最大可接受浓度，来源于急性毒性数据。

用这种方法评估并按优先顺序排列了 500 种现存和新兴的微污染物，并在一项涵盖欧洲四个江河流域的监测研究中发现，500 种微量污染物中 44 种超过了试验的环境质量标准，这些化合物大部分是农药。

在澳大利亚，水生生态系统受到澳大利亚和新西兰淡水和海水质量指南（ANZECC/ARMCANZ，2000）的保护，用以获得物理和化学水体质量标准的方法（自 2000 年修订后称为"指引触发值"）正在不断进行修订。澳大利亚饮用水指南专注于基于问题的水质管理，而非单个参数管理。该指南讨论了水质质量的必需元素及用于 NWQMS 监测和报告的方法。该规范首先用于制定主要管理目标、确定已选择的生物标志物适当的触发值、提炼基于现场数据（如果适用）的触发值并确定水质目标。国家指南不是强制性的，立法后的执行是国家或地区的责任。这延伸到其他国家全排水毒性控制中毒性评估的要求，在州或地区对水生生态系统排放的立法指导下，目前全排水毒性测试已在澳大利亚多个地区被纳入到排放许可证。

3.4　全排水毒性测试（WET）

全排水毒性（WET）是指利用一整套标准化毒理测试方法，测定的排水样本中所有常量和微量复合污染物的联合毒性。WET 测试已经成为美国和世界上其他许多地方市政和工业污染物排放消除系统（NPDES）（Grothe et al.，1995）的重要组成部分。在澳大利亚和英国，WET 是指直接毒性评估（DTA）。澳大利亚和新西兰淡水和海水水质保护准则（ANZECC/ARMCANZ，2000）推荐使用 DTA 作为一种工具，与单一化学品化学监测和生物监测联合，以获得与特定点位更相关的限值（van Dam and Chapman，2001）。

WET 测试的首要目标是确定排入受纳水体中的污水对水生生物不会产生负面影响的污染量。测试全排水或水体的一个优势在于它将排放到水体中的所有成分的总体效应集中在一起。

接下来将介绍典型的水生生物毒性测试方法。这些测试方法在化学品环境风险评估（第 2 章）、和水质标准的制定中均有应用，同样也应用于以出水或复杂混合物为对象的全排水测试，但该章节的重点是它们在 WET 中的应用。

3.4.1 水生生态毒理学测试系统在 WET 测试中的应用

急性和慢性 WET 测试分别起始于 20 世纪 50 年代和 80 年代（Grothe et al.，1995），并用于污水毒性的评估。WET 测试在实验室用替代生物作为受试对象评估排放对水生生物个体的不利影响或毒性，前提是实验室的替代生物可以代表那些实际环境中暴露在排水中的生物。这使得特定场景的评估成为可能。例如，这些方法可用于指导向受纳环境安全排放污水所需的稀释倍数，或监测出水排放物管理计划的有效性。这种方法也可以用作一种监测工具，用以测试已经或可能接收化学污染排放水域的水体质量。

出水的急性毒性通常以原始水样和最少五个稀释浓度为对象进行测试。该试验是为了得到在一定的时间间隔内导致 50% 受试生物死亡的、以稀释百分比表示的浓度效应数据，或者最高浓度造成的效应与对照（NO-EC）相比在统计学上无显著性差异的数据。单一急性测试中的阴性结果不能排除排水的慢性毒性或时间变异的可能性，也不能排除对一些生物（如植物）产生效应的可能性，而其他的（如鱼或甲壳动物）可能不会受到影响。

如果用单一物种进行毒性测试，物种在不同的营养级（也就是水生生物链中的位置）中应该具有代表性。水生毒理学中的三种最常见的生物分类是以绿藻为代表的初级生产者、初级消费者（如水溞等水生无脊椎动物）和鱼等水生脊椎动物和次级消费者（图 3.1）。

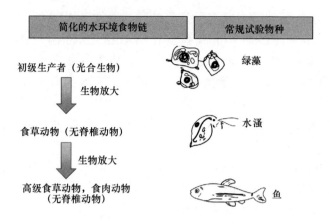

图 3.1　在水毒理学中代表三个不同营养水平的测试生物：
藻类、水跳蚤（水溞）和鱼类

美国环境保护署出台的"淡水和海洋生物急性毒性测试方法"（USE-PA，2002b）中，典型的测试物种包括淡水种如水溞（网纹溞和水溞属）以及包括黑头呆鱼（黑头软口鲦）和虹鳟鱼（虹鳟）在内的鱼类。海洋生物包括鱼类，如红鲈（Cyprinodon variegates）、银汉鱼（Menidia spp.）和糠虾（Americamysis bahia）。慢性毒性测试中应用相似的物种进行测试，但同时包括淡水藻（如 Selanastrum capricornutum）的生长测试和海胆（Arbacia punctulata）繁殖测试（USEPA，2000c）。选择正确的测试终点对样品效应浓度的评估和管理策略的制定至关重要。采用标准化物种和测试方法的试验结果可以进行不同排水毒性间的比较，且试验数据更为科学合理。但该方法能与特定点位的相关性较差，与地方性物种的结果也存在差异。但是，这些方法确实可以为同类物种提供安全预测浓度，且在样品的毒性筛选中非常有用。

水生生物的毒性测试有多种标准指南（OECD，2006）。国际标准化组织（ISO）也提供了一些关于水质测试的指导性文件，一些国家（例如德国的 DIN 和美国的 ASTM）已直接采用或进行修改之后采用。对于藻类，72h 接触暴露之后，通过藻类生长率或生物量抑制得到的 EC50（产生50％效应对应的浓度，参见第 7 章）值，可以代表藻类的急性毒性，相同浓度效应曲线上的 NOEC 值可以作为慢性毒性的终点（OECD，1984；ISO8692，200）。对于生态毒性测试中应用最普遍的水溞，在化学品中暴露24h 后，其运动能力的 EC_{50} 被视作急性毒性的指标（ISO6341，1996），21d暴露后繁殖率（每个成体怀孕的数量）的 NOEC 被视为慢性毒性指标（ISO10706，2000）。

针对成年鱼类的急性毒性试验通常持续 96h 并可得到 LC_{50} 值，LC_{50} 是造成 50％受试鱼类死亡所对应的浓度（OECD，1992；ISO7346-3，1996）。上述试验中通常以温适（适应温暖环境）鱼类作为受试对象，如黑头呆鱼或孔雀鱼。但在许多国家条例中更偏好使用更具代表性的本土物种。理想情况下，鱼类毒性试验应该在流动装置中进行，以确保在整个实验过程中化学物质的暴露浓度维持恒定。根据试验中所用的物种种类要求，鱼的整个生命周期通常在一年或以上。因此慢性毒性试验受限于敏感的生命阶段，通常在早期生命阶段。脊椎动物伦理道德困扰对寻找替代标准鱼类活体试验方法施加了更多的压力。"早期生命阶段试验"涉及评估胚胎和蛋黄幼虫阶段的死亡率、生长和畸形（ISO12890，1999）。该试验的早期阶段，即"鱼类胚胎毒性"（FET）试验直至孵出的阶段，在大部分的立法中被视为一种体外方法（OECD，1998b）。本章第 3.4.7 节给出了这种方法应用的案例研究。

3.4.2　原位 WET 测试

结合排水化学特性进行的实验室标准试验可用于预测基于排水中稀释倍数的受纳环境安全排放浓度。实验室结果的现场验证可以为实验室结果外推到现场的应用提供支撑。对于受控污水的排放，稀释倍数可以通过实验室 WET 测试结合现场研究进行计算确定。使用现场 caging 动物实验评价周围水环境质量（Whitehead et al.，2005），尽管该方法可能无法确定暴露过程的时间变化。为了验证稀释浓度的准确性，并使污染物的浓度处于可接受水平，会在河流中从排放点到其下游的预测安全距离放置一系列的围隔，甚至超过湖泊和海洋排水口的完全混合区。经过一段适当的现场暴露（由地点和物种决定），将受试动物带回实验室进行效应检测。

3.4.3　生态学终点

理想的生态风险评估应该是建立在生态系统尺度上，这可以根据 BACI（Before-After-Control-Impact）的概念，通过采样设计来实现。这些研究难点是获得某个关注的生态系统充足的基础数据（考虑短期影响），或者某个系统在影响发生之前的大量信息（长期）。该方法另外一个缺点是找到与关注的生态系统相当的、合适的对照系统。综上所述，真实生态系统的测试需要大量的资源，但在更高层次的多物种风险评估中必须开展这种测试，尤其是在较低层次系统已经显示出潜在风险的增加的情况下。而这可通过野外模拟研究来实现（图 3.2）。

微宇宙是基于实验室的系统，其中有不同营养等级的生物，但很少能

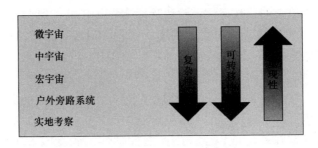

图 3.2　水生生态毒理学中的生态测试系统

达到稳定状态，因此长期试验不可行。低复杂度的测试结果向其他系统外推的可能性受到限制，但其再现性很高。

户外小型反应池、户外大型池塘和人工河流系统分别是在微宇宙和宏宇宙系统中建立起来的系统，其中通常存在天然的生物群落（图 3.2）。通常来讲，微宇宙和宏宇宙系统实验至少在一个生长季（6~8 个月）是可行的，尽管它们几乎不包括脊椎动物，如鱼和爬行动物。最后，室外试验系统和现场研究包含群落和间接效应（如捕食）之间的交互作用，但是其缺点是重复试验的数量少，且花费较高。

3.4.4　WET 测试中的生物标志物

全排水毒性测试基于标准测试方法进行，该方法由涵盖多种终点的测试组成，包括暴露和效应的生物标志物（有时二者皆有），如雄鱼卵黄蛋白原（卵蛋白）诱导（Lu et al.，2010），鱼肝脏和肾脏中的生化标志物（Petala et al.，2009）。该方法可能需要牺牲测试动物或采取流体样品（如血液），但这种方法比活体动物试验更易被接受。生物标志物是定量化学品暴露的常用工具。例如，雄鱼体内卵黄原蛋白的诱导是水中雌激素和异生型雌激素化合物存在的指示（Jobling and Tyler，2003）。

3.4.5　利用生物分析工具进行 WET 测试

为补偿试验过程中培养基的稀释作用，体外测试通常需要对样品进行萃取和富集（如固相或液相萃取，见第 10 章），这在学术界引起了一些争议，因为某些化合物（如重金属）在萃取过程中可能损失掉。正如之前讨论中提到的，生物分析工具对评估水中有机化合物尤其适用，因为绝大部分化学物质在水中都可能存在。水中其他污染物，如金属，相对于有机物浓度较低，且可以通过已存在的分析方法进行测定。无论如何，部分生物分析工具可以并已经用于 WET 测试。

少数基于细胞的生物测试定义为完整有机体测试（如发光细菌 Microtox 试验，以及基于单细胞藻类的叶绿素荧光试验），已有研究将上述方法一起用于传统的 WET 测试以及各种全排水测试（Chang et al.，1981；Dizer et al.，2002；Latif and Licek，2004）。

也有研究已经将其他生物分析工具用于 WET 测试，尽管通常还是需要一些最基础的样品制备过程（如过滤，pH 调节，加入粉状介质）（Wagner and Oehlmann，2009；Zegura et al.，2009）。然而，将全排水样品引入体外测试，除了样品基质可能引起的干扰外，也可能产生与实际毒性不相关的、不可预计的效应。这就需要对样品进行全面的测试，并验证测试方法以排除基质干扰（详见第 10 章）。生物分析工具综述详见第 9 章。

3.4.6　案例研究 1——悉尼市政污水 WET 测试

本案例（Bailey et al.，2005）来源于悉尼各种污水处理厂排水的 WET 测试研究，水样用网纹溞（Ceriodaphnia dubia）和藻类作为受试对象进行 48h 急性毒性测试。作为悉尼水协实施的日常项目的一部分，用来自于 St Mary 污水处理厂的排水样品对网纹溞（C. dubia）的急性毒性表征。该排水样品是采自地表水和污水排水点的复合水样。网纹溞 48 小时 LC50 为 31.9% 的测试原水，因此原始排水毒性对该物种可能是非常致命的。

根据 Bailey 在 2005 年总结的方法进行了毒性识别评价（TIE）。整体数据表明非极性有机污染物是导致毒性的主要原因。综合已知毒理数据和 TIE 的结果表明，可疑化合物是一种有机磷杀虫剂——毒虫威。

研究期间，已经注册的、用于草坪和园林养护的，宠物跳蚤控制和牛羊杀虫剂的、含有毒虫威的 9 种产品已经在悉尼流域广泛使用。但毒虫威在悉尼其他 17 个污水处理厂覆盖的更大区域并没有被检出，表明 St Mary 污水处理厂区域可能存在杀虫剂点源。通过追溯排水管网系统，确定杀虫剂源于一个宠物美容业务厂，随后这个厂停止了杀虫剂产品的使用。该案例阐明了 WET 测试在特定点位风险评估和水质评估中的强大作用。

3.4.7　案例研究 2——利用鱼类胚胎试验进行水质筛查

第二个案例是将鱼类胚胎毒性试验（FET）用于 WET 测试中，FET 是作用于胚胎和带卵黄囊鱼苗（Schulte and Nagel，1994；OECD，1998b）的短期毒性试验。试验中将斑马鱼或其他鱼种的胚胎暴露于装有一系列稀释废水的 24 孔板中，试验在任一幼体的卵黄囊被完全吸收之前终止。实验过程中需要对不同参数进行密切观察，这些参数包括不同阶段的生存率/死亡率、孵化时间、长度、形态学、生理学（如心脏率）和行为异常等。

　　由于伦理方面的原因，FET 已经被推荐作为活鱼急性致死毒性的替代方法，因其 EC50 值与鱼类急性毒性试验结果的相关性很好，很多法规中已经考虑将它作为一种替代体外方法（Embry et al.，2010）。对于排水，ISO 已经建立了一个缩短的单一卵黄期 48h 的标准测试方法（ISO 15088，2007）。德国在 2005 年已经强制实施斑马鱼 FET 用于测定废水排放毒性，并且已经完全替代成鱼 96h 急性毒性测试（Bundesgesetzblatt，2005）。

　　Lahnsteiner（2008）将斑马鱼 FET 用于排水水质筛选，并将获得的结果与成鱼急性毒性试验结果进行了比对。六种废水样品采自澳大利亚工厂工业生产过程中内部污水收集点以及污水处理厂出水的受纳环境排放点。试验过程中用地下水稀释废水水样，用 48h 暴露进行鱼卵急性毒性测试，试验结果用 EC50 值进行表征。胚胎没有心跳，没有体节分化，卵黄材料固化，或者尾部没有从卵黄分化出来时定义为死亡。研究结果显示，大部分水样不影响斑马鱼胚胎存活能力，只有来源于制革和镀锌行业的未稀释或少量稀释的废水在 FET 中有毒性效应产生。本研究中，FET 和急性成鱼毒性结果的一致性很好。Gartiser 等人（2009）将斑马鱼 FET 试验用于更多的工业废水，并与其他活体（如藻类和水蚤）急性毒性试验结果进行了对比。藻类被证明是最敏感的测试物种，但是由于藻类的毒性结果涵盖了不同光谱的污染物，且不能排除样品颜色对效应产生的干扰，他们认为还是应该选择一个全面的组合测试方法。

　　最近，FET 也已经成功用于深度水处理效果的评估。Cao 等人（2009）用日本青鳉鱼 FET 试验研究了用氯、臭氧和紫外处理后二级出水的毒性。对照组和反渗透处理组的孵化成功率＞90％，二级出水孵化率降至 40％以下。所有氧化处理方法都能降低胚胎毒性，不同方法处理后孵化成功率增加到 45％～65％。与孵化成功率降低类似，死亡率和胚胎异常率与对照相比也有所增加。也有其他研究将虹鳟鱼卵 FET 试验用于污水处理厂全流程废水毒性检测，其处理工艺中包括常规生物处理及其后的臭氧和砂滤过程（Stalter et al.，2010b）。由于受微生物污染的原水对鱼胚胎的影响严重，实验中所有水样必须过滤。膜过滤的水样对孵化的影响体现在时间上的延迟，尤其是臭氧氧化处理后的废水，但是与对照组 90％的幼体孵化率相比，仍然有 70％～80％的幼体孵化率。只有当幼鱼过渡到幼鱼阶段并且开始喂养后，才可以观测到臭氧处理后水样的显著效应，尽管这些效应在砂滤处理后会消失不见。同时，这些研究中的水样固相萃取浓缩之后用生物分析方法进行了测试（详见第 11 章）。体外方法和 FET 为不同处理方法中去除（或没有）的化学物质提供了补充信息，同时也为处理后废水的综合毒性效应提供了补充信息，这种效应可能由处理过程中的易降解有机物及暂时生成的极性和反应性代谢产物引起。

3.5　结论

很显然对于新兴污染物，出于登记注册目的，或者排放点只有单独或有限数量的污染物需要监管的目的，利用完整动物对其进行逐一化学风险评估将在一段时间内长期存在。但是，我们也应该意识到，现实环境中往往并不存在仅仅暴露于单一化学品的情况，而是暴露在相当复杂的混合物中。作为动物试验的替代方法（如生物分析工具）受到推崇，生物测试方法很可能将会发生一些变化。一些指南已经建议采用体内和体外生物测试相结合的方法用于监测（如澳大利亚水回用第 2 阶段导则）。WET 测试方法依赖于非浓缩水样的测试，并可用于多种测试系统。测试介质（而不是终点本身）将 WET 与其他方法区分开来。WET 测试与生物分析方法有一些相似之处，也能测定一系列化学物质混合后的综合效应。但也存在局限性，即当化学物质以痕量浓度（如 pg/L 或 ng/L）存在时，测试的敏感度就不足以辨别由一般性质（包括盐度、pH 值和有机物等参数）主导的水质的微小变化。正如案例 2 中阐述的一样，WET 测试和本书推荐的生物分析方法相结合，可以形成一个非常强大的方法，而这两者谁都不能代替对方，只能互相提供补充信息。

第 4 章

毒性作用方式及毒性通路

4.1 引言

当人类或野生动物暴露于化学物质中时，化学物质必须克服一些障碍才可能引起负面效应。发生在化学品暴露和不良细胞效应之间的过程可以分为两个阶段：毒代动力学和毒效动力学阶段（图 4.1）。

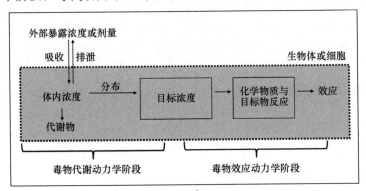

图 4.1 从暴露到效应的毒性通路（引自 Escher andHermens，2002）

毒代动力学过程描述的是连接外部暴露（如通过饮用水或饮食）与细胞内生物有效浓度的所有过程。毒代动力学包括吸收和排泄，以及化学物质在整个生物体内和细胞内的分布和代谢。

毒效动力学过程描述的是细胞内部真实发生的毒性通路，这种通路源于化学物质和生物学靶标初始的分子间相互作用。这些相互作用可以诱导细胞防御机制和其他细胞反应，最终导致可观测到的毒性效应。

应用生物分析方法很有意义，所选的方法不仅要涵盖意义明确的毒性机制，还应该与毒代动力学步骤相关。细胞被认为是可以模拟许多至关重要过程的简单有机体模型，这是提倡使用完整细胞生物方法分析环境样品的主要原因，也是不建议使用基于分子和非细胞生物方法（如基于酶和受体结合的方法）的主要原因，如，其无法反映毒代动力学过程。

　　基于细胞的生物方法可提供细胞综合毒性（细胞毒性）和特定毒性作用模式的信息。这一点非常重要，因为具有相同毒性作用模式的化学基团，在混合物中以浓度相加的模式共同发挥作用（第 8 章）。使用一套覆盖各种毒性作用模式的测试方法，可以得到与潜在不良健康结果相关的机理信息。

　　本章总结了毒性通路的构建原则，以更好地理解发生在细胞内的过程。同时也介绍了毒性作用模式分类，作为第 9 章中选择生物分析方法的基础。

4.2　毒物代谢动力学

4.2.1　吸收、分布和消除

　　吸收和消除可以是被动或主动过程。被动吸收取决于化学物质浓度扩散，以通过细胞障碍（如上皮细胞或生物膜），同时也与这种化学物质的物理化学性质有关。疏水性化学物质容易在生物体内蓄积至更高浓度，但是其吸收动力学较亲水性化合物缓慢。主动转运过程需要能量，且可以逆浓度梯度转移化学物质。除了一种药物转运蛋白 ATP 结合盒（ABC）外，主动转运对于金属比有机物更为重要。当然，主动转运对有机物的转运也非常重要。

　　化学物质一旦被有机体摄入，就会通过淋巴和血液输送到器官和各种组织中并最终到达靶细胞。

4.2.2　外源性物质代谢

　　外源性物质是一类不同于正常参与生物代谢的有机物质。当细胞吸收和代谢外源性物质时，生物转化过程通常有三个阶段（图 4.2）。第 I 阶段的酶，如细胞色素 P450 单氧酶（或 CYP，代谢酶家族最重要的酶），通过添加官能团（如羟基）到化合物分子上而进行氧化。在第 II 阶段的反应中，这些官能团结合分子实体（如硫酸和葡萄糖醛酸）生成更容易从体内排出（Omiecinski et al.，2011）的高水溶性代谢物。第 III 阶段是指化合物通过前面提到的 ABC 转运蛋白主动运输穿过细胞膜。第 III 阶段过程不是严格的代谢过程，但是它们确实有助于细胞内化学物质的消除，因此往往与阶段 I 和 II 代谢过程相提并论。

　　尽管新陈代谢的主要作用是解毒化学物质，但在某些情况下产生的代

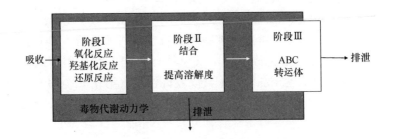

图 4.2　细胞内外源性物质代谢的三个阶段涉及的毒代动力学过程

谢物产物比母体化合物毒性更大，特别是阶段 I 的氧化反应。一个典型的例子是生物活化（即氧化）多环芳烃（PAH）为高反应活性的环氧化物，这种环氧化物可能会导致 DNA 损伤，进而引起癌变。

4.2.3　化学物质暴露的毒物代谢动力学指示物

　　许多外源性化学物质能影响代谢途径，可以激活和/或增加特定细胞的代谢活性，大多数细胞表现出一定程度的代谢能力。肝细胞对化学品特别敏感，并具有很强的生物转化能力。

　　代谢途径本身可以用于指示化学物质的存在。与代谢相关的细胞途径由所谓的外源性受体调节（Omiecinski et al，2011）。这个核受体家族最重要的成员是芳香烃受体（AhR），它是一种对二噁英类化学物质有响应的核受体。特定化学物质绑定在受体上并诱导编码代谢酶基因的转录。核受体与相应核结合位点的结合本身并不是一种致毒过程，但可提示外源性化学物质的存在。此外，受体绑定引起的代谢机制将改变分子结构。

　　所有的外源性核受体以类似的方式发挥作用。原则上，一种化学物质（也称为配体）与受体结合（例如，二噁英结合芳香烃受体 AhR），将导致结合蛋白质从受体中解离。配体—受体复合物转移到细胞核中，结合到受体中心的 DNA 特异性响应部位，进而触发相关基因的表达。

　　表 4.1 列出了目前已知的参与代谢调控的外源性核受体。每种受体有多种功能，能参与各种代谢过程和维护细胞内环境稳定。AhR 是与毒理学研究最相关的受体，虽然 AhR 的所有生理作用仍不清楚，通过 CYP 酶激活该受体可以致癌，CYP 酶可以将许多配体转换至活性中间体，由此造成 DNA 损伤。

目前已知的和代谢有关的核异型生物质受体的功能及相关的诱导化学物质

表 4.1

核受体	功　能	诱导物质
孕烷 X 受体（PXR）	诱导各种第一阶段酶（CYP）	类固醇

续表

核受体	功　能	诱导物质
雄烷受体（CAR）	对胆汁酸诱导产生的毒性起到保护作用，调节生理功能	由苯巴比妥、各种药品间接激活
过氧物酶增殖物受体（PPAR）	葡萄糖、脂肪和脂肪酸的新陈代谢	邻苯二甲酸盐、类降脂药
芳香烃受体（AhR）	诱导细胞色素 P450	多环芳烃，多氯代二苯

注：CYP—细胞色素 P450 单加氧酶。

4.2.4　基于细胞的生物测试表征毒物代谢动力学

组织、器官和完整生物体中的毒代动力学比细胞中更为复杂，但是对于完整生物体内的生物试验，决定化学物质吸收和消除的过程是相同的。即使如此，定量差异还是存在的，由体外到体内的外推中最重要的步骤可以归结为完整生物体内更为复杂的吸收、分布和消除过程。

例如，疏水性化合物比亲水性化合物在生物体和细胞内容易积累到更高的程度。因此在许多情况下，细胞被认为是模拟较大生物链毒代谢动力学足够好的模型，但是细胞代谢能力较低，以及细胞试验无法反映主动转运作用。

基于细胞的体外通常在 96 孔板内进行（图 4.3）。简言之，细胞附着到孔底或自由悬浮在培养基中，向孔中加入含有血清蛋白和其他营养物的培养基，以确保有足够的营养维持细胞增长，加入到孔中的化学物质只有一部分被细胞吸收，很大一部分势必与培养基中的血清蛋白和脂类结合，另外一部分化学物质可能因水气转移和被吸附到塑料板上而丢失。但在大多数情况下，这些损失是可以忽略的。当检测含有易挥发或极度疏水的化学品样品时，必须采取特别措施以避免这种损失。例如，利用聚合物薄膜的被动染毒方法，有助于培养基中化学物质浓度保持恒定（Kramer et al，2010）。

被细胞摄取的化学物质可被代谢和/或分布到靶位点和非靶位点（图 4.3）。脂肪不是靶位点，而大分子，如膜脂质、蛋白质（酶和受体）和 DNA，是毒作用的靶位点。如极度疏水和反应性的化学物质将主要积聚在生物膜，因此只有一小部分与 DNA 发生反应。

原始分子和代谢产物均可引起毒性效应。在一些情况下，化合物被代谢激活从而变得比前体化合物毒性效应更大（图 4.3）。更多的时候，代谢产物有更强的水溶性，因此也较母体化合物更易于排泄。考虑到这两种可能性，具有较低代谢能力的细胞试验通常需要在有氧化剂或分离的肝酶混

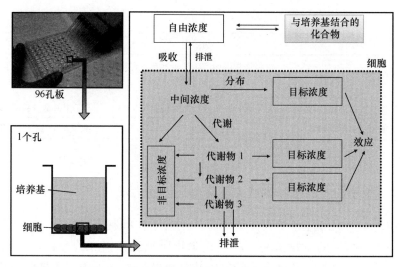

图 4.3　体外细胞测试涉及的毒代动力学过程

合物存在时测定一次,并在不加这些物质的情况下再测一次。如果观测到不同的毒性效应,就可以得出代谢活化和/或解毒过程在起作用的结论。

如前所述,目标浓度是化合物在靶位点引发效应的浓度。在大多数情况下,评估和量化目标浓度是不可能的,这对复杂的混合物如水样更是特别大的挑战。然而更关键的是,致毒浓度并不总是代表目标浓度,因为这由毒代动力学因素调控(对完整生物体也是如此)。对于非常疏水的化学物质,99%以上将被吸附到培养基中的血清蛋白上,而非常亲水的化学物质将主要存在于水相中,而非积聚在细胞内。

4.3　毒效动力学过程:毒性通路

毒性通路是指化学物质暴露下的细胞反应通路,这种细胞反应可能会导致不良健康效应(Collins et al.,2008,图 4.4)。

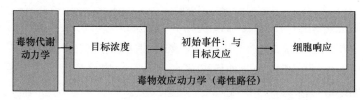

图 4.4　毒性通路原理(引自 Collins et al.,2008,andAnkley et al.,2010)

毒性作用的起点是异生物质与受体或其他生物分子之间的相互作用(详细细节在第 4.4 节中)。化学物质与生物分子间的相互作用触发细胞反应(如复合体从细胞质易位到细胞核中,激活基因,产生或耗尽蛋白质或改变蛋白质信号），最终导致可观测的毒性终点或疾病。由于细胞反应通过多个步骤发生，在毒性通路内部或不同通路之间有许多的交叉点和分支点。一些化学物质诱导的通路是天然的内生途径，即外源性化学物质对天然配体的简单替换。因此，一些作者提倡使用生物通路代替毒性通路。生物通路可能不会直接导致负面效应，但活性水平的改变仍然可以指示外源性化学物质的存在。

　　在生态毒理学中，毒性通路的概念已经扩展到所谓的"不良结果通路"（Ankley et al.，2010）。不良结果通路连接细胞水平上的毒性通路与器官水平的响应，紧接着是机体响应，最后是对人群的影响（图 4.5）。器官水平的响应包括器官生理改变、体内平衡破坏、组织发展改变和/或器官功能扰乱。在生物体层面上，这些影响转化为发育和生殖受损，甚至死亡。这些反应可能跨越人群而被观测到，且对人群和生态系统健康具有潜在指示。器官和生物水平上的响应及其对人类健康的关系在第 5 章进行了讨论。不良结果通路原理的优势是将人类健康和环境/生态风险评估整合在一起。通常环境评估中代表性的受试生物体和人群水平的终点在第 3 章和第 6 章详细讨论。

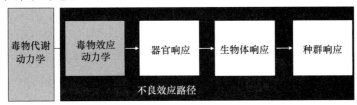

图 4.5　不良效应通路原理（引自 Ankley et al.，2010）

　　基于细胞的体外测试用于指示细胞水平上的毒性通路。细胞反应并不一定意味着在整个有机体或人群等高水平的效应，但它们是一个先决条件。种间因素和由遗传多态性决定的个体本身的敏感性将进一步调节其中的因果关系。此外，环境因素也可能对个体和人群健康产生潜在影响（Gohlke and Portier，2007）。

　　图 4.6 描述了暴露于化学物质的细胞内发生的过程。化学物质通过非特异性分配到细胞或细胞器的膜上，干扰细胞膜的完整性和功能。此外，外源性化合物可以非特异性和特异性地与蛋白质结合。与蛋白质非特异性的相互作用可以导致蛋白质消耗，最终导致氧化应激。与蛋白质的特异性结合（如受体和酶），可导致内生过程受抑制或刺激。

　　大多数情况下，化学物质与酶结合并占据酶活性部位，进而抑制酶活性。受体结合可以诱导内源性进程，壬基酚对雌激素受体的（弱）结合就是这样一个受体激动剂效果的例子。外源性化学物质也可以阻止内源性触

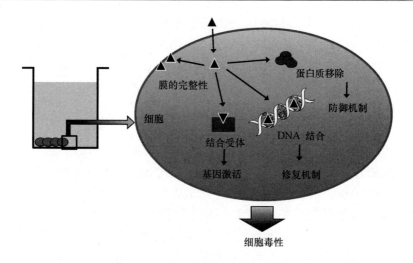

图 4.6 基于细胞的体外测试中可能存在的毒性通路

注：▲代表化学品。

发剂与受体结合，进而降低正常活性，这被称为拮抗活性。最后，化学物质与 DNA 的交互作用（插入或共价结合）导致复制和转录过程中的错误。最后，修复和防御机制启动以防止细胞 DNA 损伤达到一定的阈值，因为损伤高于此阈值，将出现永久性的伤害。

直接测定化合物及其细胞靶标之间的相互作用比较困难。然而，相关的细胞响应（例如，受体配体结合后基因活化或 DNA 修复诱导），是这些初始相互作用的有用替代指标（图 4.6）。当修复和防御机制能力被耗尽，最终将导致细胞毒性，即细胞死亡。

有两种类型的细胞死亡：（1）细胞凋亡或程序性细胞死亡；（2）坏死，发生于重要细胞功能的不可逆抑制。启动凋亡机制以去除受损细胞，并在消除癌前细胞中发挥重要作用。这两种类型细胞死亡的发生与非特异性和特异性毒性有关。

4.4 作用模式分类

因为只存在有限数量的生物分子和不同的受体以及分子受体的排列可能，一些结构原理可以有助于将以相似方式发生作用的化学物质进行分类。即使单个化合物也能够触发多个毒性途径。

（毒性）作用模式（MOA）是一组常见的生理和行为信号，以描述特定类型的不良生物反应（Rand，1995）。一系列分子（毒性）机制可能依赖共同的 MOA。毒性机制表示关键生化过程和/或触发反应的外源性物质与生物相互作用。值得注意的是，MOA 不是化学物质的共有特性，而与靶生物体和/或靶器官/组织有关。因为特定化学物质可以表现出多种毒性机制，而且表现出的 MOA 可能随暴露时间（急性和慢性）和生物体（人与虾有不同的反应）有所不同（Escher and Hermens，2002）。

文献中对 MOA 和作用机制术语的描述并不统一。基于本书的目的，且为了与不良效应通路的框架一致（Ankley et al，2010），"毒性机制"被定义为化学品—靶分子之间的相互作用和细胞应答。"作用模式"是指用细胞、器官、生物体或种群水平的常见症状定义不良效应。严格地讲，本书中综述的生物分析方法是以机制为基础的，虽然大多数作者称之为MOAs。

毒性机制可根据污染化学物质与其靶分子或目标部位之间发生相互作用的类型和程度进行分类（Escher and Hermens，2002）。环境污染物的主要靶标有（膜）脂质、蛋白质、肽和 DNA（表 4.2）。

毒性效应的靶分类，靶分子和靶位点 表 4.2

目标类	目标分子	目标位点
脂类	磷脂	生物膜（磷脂双分子层）
脂类	三油酰甘油酯及其他甘油	贮存脂质
蛋白类	结构蛋白，例如胶原蛋白	组织
蛋白类	酶	所有细胞类型
蛋白类	核受体	所有细胞类型
DNA	DNA 碱基（核酸）	细胞核
DNA	DNA 骨架	细胞核

我们可以根据与靶标相互作用的类型，分为非特异性、特异性和反应性毒性（表 4.3）。非特异性毒性仅涉及与靶位点的分配过程，而特异性效应是三维作用的结果，包括特定的 H-供体/受体相互作用以及化合物和靶标分子间的离子相互作用。当化合物与靶标之间形成共价键，或发生化学反应（如氧化应激）（Escher and Hermens，2002）时，将 MOA 称之为反应性毒性。所以大量可能的毒性通路实际上是由相对少数类型化学物质和生物靶标相互作用引发的，而且这些相互作用符合热力学和动力学规律。

这种通用的分类方法可以通过区分更特异的靶位点（如特异性酶和受体）进一步细化。尤为突出的是核受体超级家族，它是一类感知荷尔蒙和调节基因表达的蛋白质。激素诱导反应的评估比评价酶的抑制作用更为复杂，因为受体绑定效应可能会导致复杂的反馈回路，从而使得因果关系很难建立。DNA 损伤也同样，因为其中许多修复机制已经明确。然而，针对反应性化学物质可能会导致的潜在损害，修复过程诱导是有价值的替代。

MOA 分类适用于所有物种，并将人类健康和生态风险评估联系在一起。然而，某些物种、器官和组织类型均存在鲜明特征。如只有植物和某些细菌有进行光合作用的能力，因此，除草剂特异性结合并阻断光合系统的效应只能在光合细胞中观测到。化学诱导的免疫抑制仅与已进化出相关免疫系统的物种相关。然而，在所有细胞中还有许多高度保守的特征，且许多特征在真核和原核（细菌）细胞中很相似。

MOA 的三大分类将在以下章节中进一步阐述，以使读者对相关概念有基本了解。对于更详细的论述，读者可以参考 Timbrell 著作的《生化毒理学原理》（Timbrell，2009）。

4.4.1　非特异性毒性

非特异性毒性包括所有不是由特异性或反应性机制介导的细胞毒性反应。在生态毒理学中，非特异毒性通常被称为"麻醉"或"基线毒性"，在人类毒理学中通常被称为"基础毒性"。目前还没有关于非特异性毒性的明确分子机理，通常认为化学物质通过在生物膜内和膜蛋白界面的积聚而破坏膜的功能（van Wezel and Opperhuizen，1995）。因为细胞失去完整性，不能维持跨膜的离子和质子梯度并导致 ATP 耗尽，从而削弱主动运输和其他依赖 ATP 的过程。

毒性作用模式（MOA）的简化分类方案（改编自 Escher and Hermens, 2002）

表 4.3

MOA 类	目标分子或位点	分子机制	作用方式
非特异	所有膜	膜结构和功能的非特异性干扰	急性毒性
特异	能量转换膜（线粒体）	离子穿透机制	解偶联/ATP 损耗
	能量转换膜（线粒体）	醌阻塞及其他位点结合	电子传递链的抑制
	能量转换膜（线粒体）	阻塞离子通道和其他运输渠道	抑制 ATP 合成/ATP 损耗
	光合膜	阻塞光合电子传递	光合抑制
	神经细胞膜	干扰信号转导	神经毒性
	特定的酶	酶的结合	酶抑制，例如乙酰胆碱酯酶
	特定的核受体	核受体结合	抑制或诱导受体（核），例如 AhR、ER 等
	特定的酶和受体	核酸代谢酶的非共价或共价结合，影响复制和修复	间接诱变（DNA 修复、重组、调节）

MOA 类	目标分子或位点	分子机制	作用方式
反应性	DNA 和 RNA	碱基修改和损坏：亲电子（烷基化）和氧化损伤、加合物	直接遗传毒性（转移、交联、链断裂、删除等）
	特定的酶和受体	核酸代谢酶的非共价或共价结合，影响复制和修复	间接遗传毒性（DNA 修复、重组和调节）
	所有蛋白和多肽类	亲电反应、蛋白质和谷胱甘肽（GSH）的烷基化和氧化	生物分子的破坏和损耗
	所有膜	活性中间体（如活性氧（ROS））的形成，引起膜脂质和膜蛋白的过氧化反应	膜脂和膜蛋白质的降解

注：AhR——芳香烃受体；ATP——三磷酸腺苷；DNA——脱氧核糖核酸；ER——雌激素受体；RNA——核糖核酸。

基线毒性是所有化学品可表现出的最小毒性。当化学物质产生的效应用生物膜中的脂肪浓度（目标浓度）评估时，所有化学物质具有相同的基线毒性效力，其至特异性作用和反应性毒物也显示出基线毒性。对于单一化学物质，产生基线毒性的必要浓度通常比诱导特异性效应的浓度高得多，所以往往会掩盖非特异性毒性。

但对于复杂的混合物，基线毒性以浓度相加的模式进行综合。另一方面，许多单独的 MOA 服从混合物独立作用的原理（第 8 章）。根据化学物质数量及其浓度比，也存在某些情况下，所有特异性效应低于检测限，而混合物的联合基线毒性效应引起可观测的细胞毒性。这种情况极有可能发生在含有数千种化学物质且单一化学物质浓度非常低的水样中。

4.4.2　特异性毒性作用方式

大多数特异性 MOA 作用机理的基础是化学品选择性地与蛋白质（酶或受体）结合（表 4.3）。以下小节讨论选择相关酶和受体介导的 MOAs 的分子与细胞基础。

4.4.2.1　酶抑制作用

酶失活的最直接途径是微量污染物与酶活性位点结合。例如，有机磷酸酯是乙酰胆碱酯酶的抑制剂（在第 4.4.2.3 节进一步讨论）。

间接毒性通路也可以对酶的功能产生不良影响。过去，卤乙酸用作农药，并且是饮用水氯消毒中生成的消毒副产物。卤乙酸能够在对细胞能量代谢非常重要（Landis and Yu，2004）的线粒体三羧酸循环中替代乙酸。在此过程中，卤乙酸生成氟乙酸，并经历所有三羧酸循环步骤进而形成氟代的乙酸，而氟乙酸是顺乌头酸酶的有效抑制剂，这种酶将柠檬酸转化为异柠檬酸。在本例中，毒性是由代谢产物而不是由卤乙酸引起的。

许多酶需要辅助因子（各种金属离子，例如 Fe^{3+} 和 Ca^{2+}）或有机辅酶［例如，磷酸酰胺腺嘌呤二核苷酸（NADPH）］用于活化其催化功能。破坏或耗尽这些辅助因子的化学物质也会破坏酶的催化功能。例如，多氟多，与辅助因子 Ca^{2+} 和 Mg^{2+} 形成复合物，抑制需要这些辅助因子的重要酶活性。

4.4.2.2　干扰能量产生

线粒体是所有细胞的能量来源。干扰线粒体电子传递链和氧化磷酸化会造成 ATP 合成受到抑制，进而导致能量的耗竭（Nicholls and Ferguson，1991）。能量枯竭影响所有细胞，并导致细胞急性死亡。除了产生非特异性毒性，主要通过绑定蛋白质和干扰跨膜离子梯度进行能量转导干扰。

一些化学物质，即所谓解偶联剂，虽然不能绑定特异性受体（Terada，1990），但可以帮助转移离子和质子跨越细胞膜，因此比基线毒物更具毒性。解偶联剂通常是有机弱酸，可以形成脂溶性共轭碱基，其跨膜协同扩散导致净质子转移（Spycher et al.，2008）。

化合物（如氰化物和鱼藤酮）结合到线粒体电子传递链的醌位点，抑制电子传输并最终抑制能量产生。同时，有机锡［如三丁基锡（TBT）］和 N,N'-二亚胺直接抑制 ATP 合成酶。

与此类似，光合作用受阻断光合系统或叶绿体电子传递链的化学物质抑制（Moreland，1980）。许多除草剂如三嗪类（如阿拉特津）或苯脲类（如敌草隆）是光合系统 II 的直接抑制剂。但除草剂对哺乳动物和大多数脊椎动物的毒性较低，其中一些被怀疑具有其他的毒性作用模式，如阿特拉津被认为是芳香酶的调节剂（见第 4.4.2.4 节）。

4.4.2.3　神经毒性

许多杀虫剂是神经毒物，通过干扰电信号传导或通过抑制突触中化学信号转导发生作用（第 5 章进一步详细介绍）。在分子水平上，天然的和合成的拟除虫菊酯（如，除虫菊酯和苄氯菊酯）抑制钠通道。钠通道负责细胞间的电信号传输。拟除虫菊酯通过减缓钠通道的接通，导致生物体过度兴奋。化学物质（如有机磷酸酯）绑定乙酰胆碱酯酶，抑制乙酰胆碱的裂解而导致信号转导中断。同样地，新烟碱吡虫啉是烟碱型乙酰胆碱受体的拮抗剂。

γ-氨基丁酸（GABA）受体是神经细胞的另一个目标。GABA 受体充当氯通道的入口，通过降低穿过氯通道的氯离子流量发挥神经传递质抑制

剂的作用。一些农药，如狄氏剂、林丹（γ-六氯环己烷）和阿维菌素，是
GABA 受体的激发剂。

　　杀虫剂对人体的毒性比对昆虫毒性低的原因有很多。例如，哺乳动物
比昆虫更容易解毒有机磷农药。对于某些杀虫剂，相关受体在哺乳动物和
昆虫中发挥不同作用。GABA 受体对于无脊椎动物的外周神经系统很重
要，激发性活性会导致其瘫痪。相反在哺乳动物中，GABA 受体仅对中枢
神经系统重要，很多的 GABA 激发性杀虫剂（如大环内酯）无法穿越血脑
屏障，因此哺乳动物不会受到影响。这个例子说明，即使是高度保守的靶
分子，也会因有机体的不同而产生不同的不良结果。当使用生物试验作为
工具追踪化学品的特定官能团时，需要考虑这些情况。

4.4.2.4　内分泌功能调节

　　激素是化学信号的媒介。当激素作为配体与受体结合时，受体-配体复
合物通过细胞表面或内部（细胞质）受体引发一系列效应。激素水平通过
不良反馈通路进行调节。对于胞质受体，受体—配体复合物穿过核膜进入
细胞核，在此复合物与 DNA 上的特定启动区域绑定，进而引发特定基因
产物的转录和翻译（激素作用的基因组通路，图 4.7）。内分泌系统的不同
组分受不同的微量污染物调控（在第 5 章中进一步描述）。

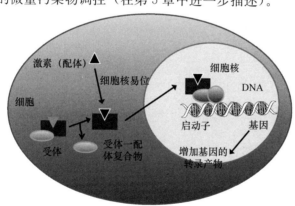

图 4.7　激素作用的基因通路

　　化学物质可以通过刺激和拮抗作用干扰激素受体。激发剂模仿激素的
自然功能，而拮抗剂阻断激素受体（图 4.8）。这两种功能都可能会导致不
良结果（第 5 章中进一步详细介绍）。

　　内分泌干扰与人类和野生动物都关系密切。野生动物内分泌干扰的一
个著名例子是雄鱼雌性化，这主要是由天然和人工合成激素以及一些工业
化学品造成的（Sumpter，2002）。

　　化学物质可以通过非受体介导的途径干扰内分泌系统，如抑制相关激

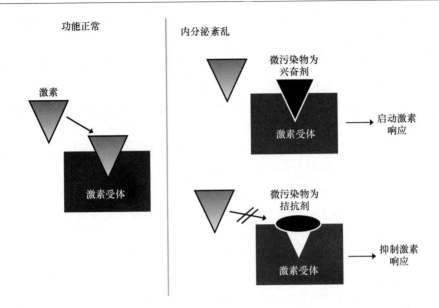

图 4.8　化学物质的刺激和拮抗作用

素生成酶，如羟基化的多氯联苯（OH-PCBs）抑制雌激素磺基传递酶，导致血液中的雌激素水平增加。芳香酶负责将睾酮转化为雌二醇。这个重要的过程可以被阿特拉津诱导，也可以被三有机锡化合物抑制。

4.4.3　反应性毒性

化学物质的反应性毒性是通过其与内源分子反应引起的毒性。生物分子被反应性化学物质攻击的例子是肽和蛋白质中的氨基酸半胱氨酸及 DNA 中的碱基。

4.4.3.1　直接遗传毒性

DNA 可以通过与化学物质、活性氧或其他压力［例如紫外光（UV）］直接反应而产生损伤。烷化剂（例如氟尿嘧啶或甲基碘）可以与 DNA 共价结合，特别是通过与 DNA 的鸟嘌呤和腺嘌呤碱基上的氮原子形成甲基加成物（图 4.9）。

多功能大分子的亲电反应可以在 DNA 链与大型加合物间产生交联，并在翻译或复制中产生错误。此外，大平面结构分子可以插入 DNA，因此通过非直接反应而扭曲其结构，并修饰 DNA。在复制过程中，这种失真仍可导致突变和其他错误。

酶能够识别 DNA 损伤，并引发修复机制。如 p53 通路传感器（见 4.5节），可以检测到链断裂并引发 DNA 修复。

DNA 烷基化形成的甲基加合物，可以通过烷基转移酶脱甲基。小病

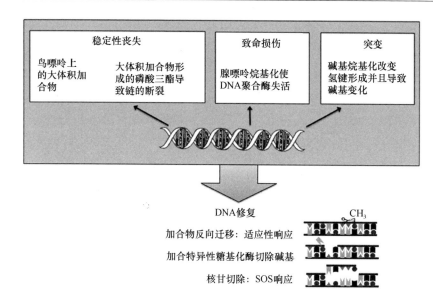

图 4.9　导致 DNA 损伤与修复机制的反应机理

变通过碱基切除修复，更大的加合物通则过核苷酸切除修复（图 4.9）。然而，修复机制容易出错，且一般无法修复通过细胞凋亡触发细胞死亡的 DNA。

DNA 损伤可以（但不一定）导致碱基缺失，或者在断裂链中插入错误的碱基，从而导致不可逆的突变。突变可能导致蛋白质合成的错误，并且是癌症产生的主要原因。

4.4.3.2　作用于蛋白质的非特异性反应

杀虫剂（如防污剂海九）、电化学物质（如丙烯酸酯）和二硫代氨基甲酸杀虫剂可直接与氨基酸半胱氨酸的巯基反应。重金属如汞（Hg^{2+}）和镉（Cd^{2+}）也能与巯基形成复合物。这些复合物可破坏蛋白质结构。如果这种损伤影响蛋白质的酶位点，可能发生非特异性酶抑制。

谷胱甘肽（GSH）是一种包含半胱氨酸的肽，对反应性化学物质和内部活性氧物质的防御起着重要作用。暴露于微量污染物和随后的防御机制可导致谷胱甘肽耗尽，这会导致蛋白质丧失保护，导致直接蛋白质损伤。

4.4.3.3　氧化应激

活性氧物种（ROS），如超氧自由基（$O_2 \cdot{}^-$）、过氧化氢（H_2O_2）和羟基自由基（$OH\cdot$），均可在正常的细胞过程中形成，特别是在线粒体电子传输和 NADPH 依赖性酶过程中（图 4.10）。某些自由基类化学物质（如百草枯）和氧化还原循环物（如醌类）也可产生活性氧。对线粒体电子传递链的抑制也将导致活性氧的形成。二价铁（Fe^{2+}）存在时，特别易于形成反应性羟基自由基。ROS 可引起脂质过氧化、DNA 损伤和蛋白质氧化，进而失去酶活性。

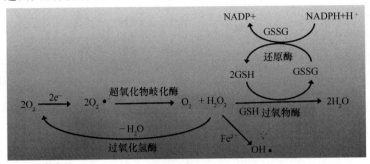

图 4.10　活性氧物质的形成及失活

注：GSH——谷胱甘肽，GSSG——谷胱甘肽二硫化物，O_2——氧分子，$O_2 \cdot$——超氧化物，H_2O_2——过氧化氢，OH·——羟基自由基，NADP＋——烟酰胺二核苷酸磷酸，NADPH——还原的 NADP＋。

细胞具有成熟的系统以去除 ROS，并保持细胞中稳定的氧化还原平衡。然而，化学品对细胞的氧化还原平衡施加了更多的压力，以至于超出了自然补偿机制。

在 ROS 去除过程中，GSH 被氧化成 GSSG（图 4.10）。GSH 与 GSSG 比值的变化是氧化应激的指标，并干扰动细胞氧化还原平衡，这种失衡也将影响细胞中其他的氧化还原系统。例如，氢转移辅酶 NADP ＋/NADPH，会受 GSSG/GSH 变化的影响，因为 NADPH 在降低 GSSG 并还原至 GSH 时非常必要。氧化应激可以通过这种方式减少用于其他重要功能的 NADPH，如作为细胞色素 P450 酶代谢 I 阶段中的辅酶。

4.4.3.4　脂质过氧化反应

活性氧物种（ROS）不仅会破坏 DNA 和蛋白质，在脂质过氧化中也起到重要作用。不饱和多磷脂特别容易受到 ROS 攻击，这将导致破坏脂肪酸的连锁反应，而脂肪酸是膜脂质的重要组成部分。脂肪酸的分解导致（不）饱和度的变化，而进一步改变膜的流动性并破坏其结构。溶酶体可能失去水解能力，线粒体和内质网膜结合酶的功能可能受到干扰。

4.5　适当平衡的保持：一般应激响应通路

细胞大分子和细胞结构（包括细胞核、线粒体、内质网和溶酶体）的损伤，本身不会导致细胞死亡，但会触发一个或多个细胞应激通路，这些通路对于维持细胞内部平衡（稳态细胞）和/或通过保护细胞的基因转录激活修复损坏至关重要（Simmons et al.，2009）。与那些任何时候都处于激活状态的途径相比，这些应激响应只是由化学物质或其他压力诱导，因此被称为适应性应激通路。适应性应激通路可以在大大低于产生细胞毒性浓度时被激活和测量，因此可作为化学物质或其他压力暴露的预警信号。

适应性应激反应原理如图 4.11 所示。左边显示的是正常情况下的细胞。转录因子（TF）是负责触发适应性反应的蛋白质。传感分子控制转录因子（TF）处于沉默状态。此时传感-转录因子复合体无法进入细胞核。当细胞感受到压力时，传感分子打破传感-转录因子复合体，使得转录因子被释放出来。然后转录因子移位至细胞核，绑定到 DNA 特定位点（响应元件）上，进而触发相关基因的表达。

这些外源化学物质代谢和激素响应通路与适应性应激反应通路有相似之处，它们都涉及核受体。一个重要的不同之处在于，适应性应激反应通路发生在所有细胞中，而其他毒性通路存在于某些特定组织和器官，例如肝脏和生殖道。

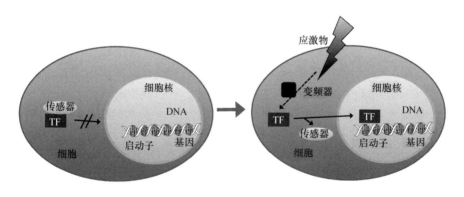

图 4.11　适应性应激反应通路的激活（改编自 Simmons et al.，2009）

注：TF——转录因子

热休克反应是被发现的第一例压力反应通路，对于高温适应非常重要（表 4.4）。由此产生的基因产物有助于防止蛋白质热变性。使蛋白质变性的化学物质也能引发这种保护通路。

相关自适应细胞应激反应通路（Simmons et al.，2009）　　　表 4.4

通路	感应器	转录因子	诱导物质和压力
热休克反应	Hsp90	HSF-1	温度，金属
缺氧	VHL	HIF-1	缺氧（可由金属引起）

续表

通路	感应器	转录因子	诱导物质和压力
金属压力	None	MTF-1	金属
内质网应激	Bip	XBP-1	去甲麻黄碱 环丙烯联苯[①]
渗透压力	None	NFAT5	高盐、乙二醇
炎症	IkB	NF-KB	金属、PCBs、烟雾和颗粒
氧化压力	Keap1	Nrf2	能产生活性氧的化学物质
DNA 损伤	MDM2	p53	亲电性物质、紫外辐射

① (Hirota et al.，2010；Yang et al.，2011).

　　金属和一氧化碳暴露可引起细胞含氧量耗尽，这会激活低氧应激反应途径，触发增加氧和铁传输的蛋白质转录（表 4.4）。金属响应通路不同于其他压力响应通路［适应性应激响应（只在激活后表达），相对的其他本构应激响应通路（恒定表达）］，其活化诱导金属硫蛋白合成的增加，这是一种能螯合金属，富含半胱氨酸的蛋白质。内质网在脂质合成、折叠和蛋白质成熟中起核心作用。内质网应激反应通路诱导能帮助蛋白质再折叠，并删除那些损伤基因。

　　渗透出触发导致溶质跨膜运输增加的通路。炎性应激反应是由核因子 κB（NF-κB）介导，它与免疫反应密切相关，并引起细胞因子、细胞色素 P450 和凋亡调节因子的响应。哺乳动物细胞对氧化应激的防御机制主要是转录水平上 Nrf2 的（NF-E2 相关因子 2）介导，Nrf2 的主要作用是解毒和抗氧化基因的诱导（Nguyen et al.，2009）（表 4.4）。Nrf2 可激活含有抗氧化反应成分（ARE）序列的转录。在编码主要解毒酶基因的启动子区发现了 ARE，这些酶包括 GSTA2（谷胱甘肽 S 转移酶）和 NQO1（NAD-PH：醌氧化还原酶 1），是两种主要保护细胞的酶。这些酶有助于中和活性氧物质和化学物质、生物合成谷胱甘肽、直接外排外源性物质，去除氧化蛋白质。最终结果是限制氧化损伤和使细胞解毒。

　　对 DNA 损伤最重要的响应由转录因子的 p53 家族调控。在正常情况下，p53 基因被传感分子 MDM2 负调节。DNA 损伤后，p53 趋于稳定并触发一系列 DNA 修复机制（在第 4.4.3.1 节中讨论）。p53 蛋白也被称为"肿瘤抑制基因"和细胞凋亡调节因子。

　　如前所述，适应性应激反应的激发不直接指示毒性产生，而只是简单地指示压力存在。由于应激发生时微量污染物浓度低于引起可观测到不良结果的浓度，这些通路是非常实用的早期预警信号，在水质评价中应用前

景广阔。报告基因测定法可用于几乎所有适应性应激反应途径，但还没有
实现水体质量筛选的常规应用。

4.6   结论

本章讨论的所有毒性通路是相互高度关联的。完整的真实情况比独立
过程呈现的情况要复杂得多。图 4.12 是图 4.6 的扩展，将这些所有不同的
过程联系在一起。首先，新陈代谢会产生致毒和解毒作用，特别是第 Ⅰ 阶
段的活性代谢物可能会直接造成反应性毒性和氧化应激。其次，谷胱甘肽
（GSH）作为反应中间体的清道夫，如果它被耗尽，则不能继续发挥其保
持氧化还原平衡的作用。最后，细胞调用第二道防线以控制损伤，也就是
在 4.5 节中讨论的适应性应激响应通路。

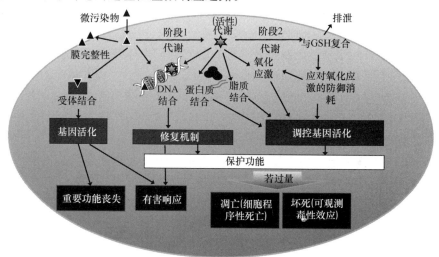

图 4.12   各种毒性通路的相互作用以及如果损伤无法修复所引发的效应

图 4.12 的下半部分重点介绍开始阶段防御和修复机制是如何保护细胞
的，但如果损伤太严重，则细胞无法承受。作为最后的手段，细胞可以调
用程序性细胞死亡（凋亡），如果损伤非常严重，将发生细胞坏死。

第 5 章

化学品对人体的毒性通路

5.1 引言

本章探讨了可能与饮用水相关毒性类型，包括对特定器官（如肝、肾和心脏）、器官系统（如血液、免疫、神经和内分泌系统）和综合生物体效应（如发育和生殖的影响、致癌性）的毒性。在体外水平，分子和细胞效应可分为非特异性、反应性和特异性效应（第 4 章）。而在整个生物体水平上，一般根据受影响的器官或系统和由此带来的健康效应进行分类，而不是它们的分子和细胞机制进行分类。因此，本章的结构与前面关于作用模式的章节略有不同。

分子和/或细胞水平毒性可以转化为对组织、器官和系统的影响，并最终在个体水平上体现（图 5.1）。

在不良结果通路的框架内，一旦毒物达到其目标靶位点（毒物代谢动

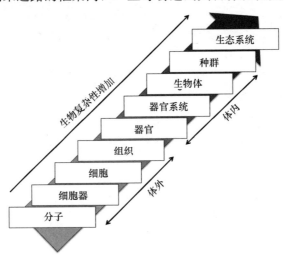

图 5.1 生物组织简化方案说明图

力学）并影响其生物靶标（毒物作用动力学），由此产生的细胞层面效应
将会导致更高水平的功能障碍，这种障碍取决于其严重程度、修复能力和
补偿机制（图 5.2）。

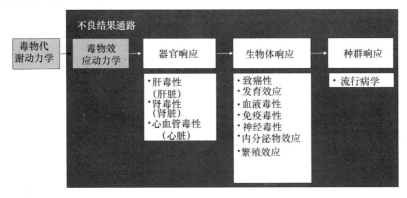

图 5.2　不良结局通路连接细胞水平（毒物代谢动力学和毒物作用
动力学）到整个生物体效应

　　生物体暴露于环境污染物可能会产生各种效应。从广义上讲，毒性是
对细胞生产、功能和/或生存的不利影响。其中一些毒性效应非常普遍，
可能会影响所有细胞；而另一些毒性由于其特殊的结构和/或功能，则特
定影响某些组织。一些生物功能由系统及多个器官（如内分泌系统）完
成，则对涉及的任何器官产生毒性作用均可能会导致整个系统衰竭。充分
了解每一个潜在毒性位点的三方面影响，对于开发一套用于风险评估的综
合筛选方法组是非常关键的。

　　除非另有说明，本章内容是基于传统毒理学教科书，特别是 Ballan-
tyne et al. （1995），Fox（1991）和 Klaassen et al. （2008）的教材。

5.2　暴露途径

　　毒性作用位点取决于化学物质进入生物体不同入口点，因此暴露途径
是至关重要的（图 5.3）。对于饮用水来说，口服摄入是主要的暴露途径，
消化系统成为进入机体的重点部位。大部分摄入的毒物在小肠吸收，小肠
有非常大且专门用于吸收的表面积，使得其不仅可以非常有效地吸收营
养，同时也从食物中摄入了有毒物质。有毒物质可以通过主动转运蛋白吸
收，但通常通过被动过程吸收，即通过穿过上皮屏障到达毛细血管进而通
过细胞扩散的方式吸收。物质的脂溶性通常是影响吸收最重要的属性，亲
脂性的（脂溶性的）的化学物质比亲水（水溶性的）物质更容易吸收。吸

收的化合物通过肝门静脉运送到肝脏。

这些化合物在肝脏内进行初步新陈代谢，包括由细胞色素 P450 酶结合大型亲水分子（如葡糖苷酸）产生的生物转化等。初步新陈代谢的主要目的是使亲脂性毒性物质具有水溶性，以促进它们排出。经过生物转化后，这些化合物通过以下两种途径在体内循环：大的水溶性化合物通过胆管进入小肠，并最终通过粪便排出体外；但如果该化合物足够小且亲脂性，则可进入全身血液循环。对于前者，因为没有进一步接触，这种化合物不再对其他器官造成危害。然而，在后一种情况中，化合物（特别是可被血液中蛋白质运输的脂溶性化合物）可以通过血液循环影响任何组织，换句话说，是所有组织。如果毒性物质是亲水性的，它最终将通过肝脏排到胆汁中，或通过肾脏排到尿液中。耐生物转化的高度亲脂性化合物（如多卤代联苯和氯代烃）是很难消除的，这类物质会在重复暴露时在体内不断富集。

5.3　基础细胞毒性

基础细胞毒性可以被描述为任何综合的细胞层面效应，可导致持续的细胞活动功能障碍、损伤细胞修复、基因表达失调和/或细胞结构受到物理损坏。基础细胞毒性不是特异性的，并可能潜在影响任何类型的组织。这种细胞功能受损可通过坏死或凋亡导致细胞和组织死亡。基础细胞毒性通常是由非特异性毒性作用模式造成，相当于第 4 章描述的毒理学中的"基线毒性"。

5.4　靶器官毒性

在饮用水环境中，与三个器官相关的毒性有重大关系：肝（肝毒性）、肾脏（肾毒性）和心脏/血液系统（心血管毒性）。胃肠道和膀胱毒性当然也很重要，但这些器官毒性的主要机制是基础细胞毒性和/或致癌性，这部分内容将在其他章节讨论（分别在 5.3 节和 5.5.1 节）。

5.4.1　肝毒性

肝脏是将外源化学物质代谢为易于排泄、更具亲水性物质的主要器官，肝细胞可以接触到高浓度的有毒物质。肝脏具有强大的自我修复能力，一旦有毒物质被排出，通常肝脏是可能发生恢复的。

摄入的营养物质、维生素、金属、药物及环境有毒物质被小肠吸收

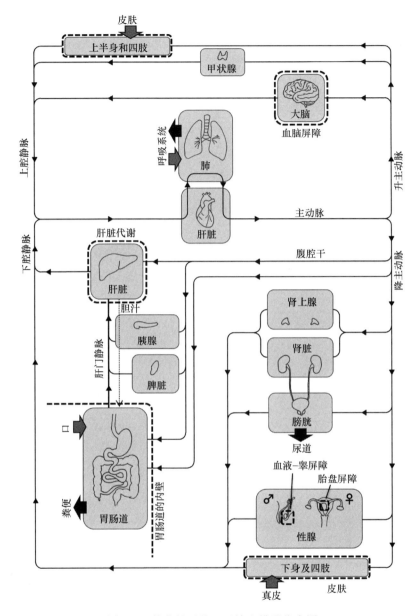

图 5.3　简化的吸收、运输和排泄位点图

注：包括摄入（较大的灰色箭头：口腔、呼吸道和皮肤的摄入量）、排泄（大黑箭头：粪便、尿和呼吸道分泌物）、对外源性化学物质的内部屏障（虚线：胃肠道衬里、皮肤、血-脑屏障、男性血睾屏障、女性怀孕期胎盘屏障以及肝脏的代谢功能）。口服摄入是饮用水的主要暴露途径。GI——肠胃。

后，通过肝门静脉运输到肝脏（图 5.4）。之后通过分解代谢、存储和/或进入胆汁排泄，高效地清除或摄入这些从血液中吸收的物质。肝细胞富含线粒体可保障能量需求，还含有丰富的细胞色素 P450 酶参与新陈代谢和解毒过程。肝细胞在蛋白合成（通过循环利用主要血浆蛋白）、碳水化合物和脂质代谢、胆固醇生产和胆汁分泌中也发挥重要作用，具有重要的解毒机制。

以下是调节肝毒性的几个关键因素：

（1）摄入量和浓度：肝脏是胃肠道直接"下游"，因此接收到最高浓度的亲脂性药物和环境污染物。其他毒素也可通过主动转运机制迅速从血液中转移到肝细胞中。

（2）生物活化和解毒作用：肝脏一个重要的功能是消除外源性化学物质和内源性中间体。然而，生物转化可以生成活性代谢物，可以与蛋白质和其他靶分子反应。

（3）再生：肝脏通过再生作用，具备了很强恢复已失活的组织和功能的能力。肝细胞损耗会触发肝细胞成熟增殖，以此来取代失活的组织（这是由细胞因子和生长因子来启动）。然而，能干扰细胞周期的化学物质（如秋水仙碱）可以阻止这种再生能力。

肝毒性导致肝功能受损，并积累细胞代谢产生的潜在有毒副产物（图5.4）。有几种已知的肝细胞毒性机制，包括直接对肝细胞的细胞毒性（如对乙酰氨基酚、四氯化碳和微囊藻毒素），损伤肝毛细血管的上皮细胞（如在过度剂量的醋氨酚、内毒素及微囊藻毒素），胆汁排泄障碍（通常是有毒物质干扰胆汁盐水泵，如药物、激素和金属），以及过度细胞增殖以替代死亡细胞（增生，如长期慢性暴露于过量的雄激素、酒精和黄曲霉毒素）。

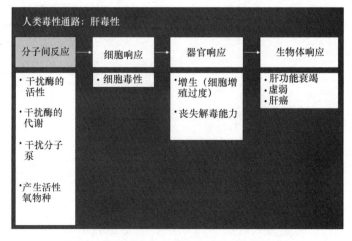

图 5.4　从分子到生物体水平的肝毒性图谱

5.4.2 肾毒性

肾脏的主要作用是过滤血液和维持体内平衡。肾脏在排泄代谢过程中所产生的废物（如尿素）、调节细胞外液量、电解液成分及血液 pH 值方面发挥关键作用。肾脏也分泌调节细胞外液量和红血细胞生产的激素（分别是肾素和促红细胞生成素），还将维生素 D3 代谢为活性形式。与肝脏类似，肾脏具备各种各样的解毒机制，且具有相当大的储备功能和再生能力。

肾脏对血液产生的有毒物质尤其敏感，因为它们接收约四分之一心脏输出的血源性有毒物质（图 5.5），尿液产生过程涉及浓缩肾小管液体中潜在的毒性物质。各种各样的药物，如抗生素、止痛药、X-射线造影介质、防癌剂、血管紧张素抑制剂、阻滞剂，以及环境化学品和金属等，可以通过结构和/或功能性损坏造成肾毒性。正常肾脏功能高度依赖被动和主动（ATP 驱动）运输机制。有毒物质可通过诱导中断主动转运机制所需能源的生产、干扰临界膜结合酶和/或转运蛋白来严重影响肾功能（图 5.5）。肾脏的效率也依赖于严密控制毛细管压力，肾脏对调节血压的血管活性物质特别敏感。

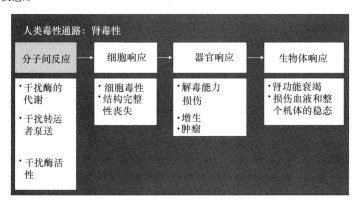

图 5.5 从分子到生物体水平的肾毒性图谱

5.4.3 心血管毒性

心血管毒理学着重于对心脏和血管系统的不良影响。暴露于有毒化合物可导致生化途径改变、破坏细胞结构和功能，以及受心血管系统影响的发病机制。

5.4.3.1 心脏毒性

心跳由专门的起搏细胞控制，而心脏电生理和功能受神经激素调节。心脏主要收缩单元是心肌细胞，生物电刺激心肌细胞归因于运输三种正电荷的离子：钙、钠和钾。在心肌细胞的膜上，每个离子有特定的通道和泵。

　　心脏肌肉有非常高的能量需求（通过线粒体氧化磷酸连续合成 ATP，为心肌功能提供能量），且心脏高度依赖离子通道和泵。许多物质会引起心脏毒性响应，抗心律失常药物维拉帕米和奎尼丁能影响离子通道；药品如哇巴因、一些抗微生物和抗病毒药物，醛、卤代烷烃和金属均可影响钙离子平衡；局部麻醉剂，如苯佐卡因或普鲁卡因胺，影响电兴奋性和作用电位的产生（图 5.6）。

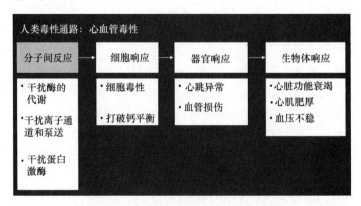

图 5.6　从分子到生物体水平的心血管毒性图谱

5.4.3.2　血管毒性

　　血管系统的毒性反应包括血压改变和血管损伤（图 5.6）。血管系统的主要功能是提供氧和营养物质，以及向/从器官系统除去二氧化碳和代谢产物。血管系统还向靶器官提供激素和细胞因子（图 5.6）。血管的扩张和收缩受神经元和神经激素远程控制，如肾上腺素、去甲肾上腺素和血管紧张素。因此，神经毒性和内分泌干扰性也可能会影响血管功能。

　　血管主要是由平滑肌包裹的上皮细胞组成。化学物质被吸收后，血管系统接会触到所有的化学物质。有血管活性的化合物可能引起特定血管毒性，比如可卡因、尼古丁和金属。阿司匹林、内毒素和一氧化碳可损害上皮细胞，金属可通过干扰钙平衡来损害平滑肌细胞。对血管系统的毒性是如何影响其生理功能和/或引起其他器官的毒性的，但对血管上皮细胞的损害可能是通过产生活性氧物种（ROS）和随之而来的氧化损伤。

5.5　非器官直接毒性

　　非器官直接毒性包括致癌性和发育毒性。

5.5.1　致癌性

引起癌症的化学物质大致分为两类：（1）遗传毒性致癌物（如多环芳烃），通过与 DNA 相互作用来改变或破坏其结构；（2）外源性遗传致癌物质，通过 DNA 甲基化、蛋白质磷酸化和受体介导的影响来干扰 DNA 表达，但不会直接影响 DNA 结构（图 5.7）。无论哪种情况，最终会导致细胞周期动力学异常和细胞生长失控。

致癌作用发展的三个阶段是：

启动是引入一个错误（变异）的 DNA 序列。启动可能是由于在 DNA 合成中遗传毒性致癌物与 DNA 作用并导致错误。错误启动本身不足以导致异常细胞生长，这是因为 DNA 损伤可能被修复，有时细胞会因为突变而失去生存能力。

促进是启动细胞选择性扩张。

发展包括不稳定的启动细胞转换成稳定恶性肿瘤。由于增加了 DNA 合成，额外的遗传毒性事件可能发生在这个阶段，从而导致额外的 DNA 损伤，包括染色体畸变和易位。

完整的致癌物质具备各级功能，即启动、促进和发展。许多致癌物质，本身是没有致癌性，但代谢活化后具有致癌性，这也可能会导致组织特异性的影响，因为不同组织中有不同酶表达水平。

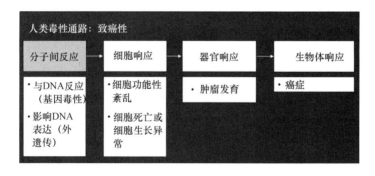

图 5.7　从分子到生物体水平的致癌毒性图谱

5.5.2　发育毒性

本节主要描述发育毒性，即接触有毒物质对发育造成的不利影响。发育的特点是改变，是基因转录调控级联的变化（图 5.8）。发育毒理学的一个特点是生物体对有毒物质的灵敏度根据其发育阶段而改变。

具有胚胎毒性的化学物质影响胎体到胎儿之前的阶段（对人类通常为

前 8 周）。复制、植入、原肠胚形成和器官发育都发生在胚胎发育过程中，干扰细胞增殖、分化和/或凋亡的有毒物质往往会导致胚胎毒性（如环磷酰胺）。胎儿毒性化学物质从胎儿阶段开始影响孕体（对人类通常为 8 周后）。

致畸剂化合物可导致出生缺陷，也可导致产前和产后死亡。在胚胎发育及其随后组织分化和胎儿生长发育阶段，原肠胚形成和器官发育对致畸剂尤为敏感，可以影响细胞的迁移、细胞与细胞间作用、分化、形态变化和能量代谢的有毒物质通常是致畸的（图 5.8）。

暴露于发育毒性物质可导致胚胎死亡、胎儿死亡或致畸。内分泌干扰物（如己烯雌酚）也可能对胎体发育产生不利影响。

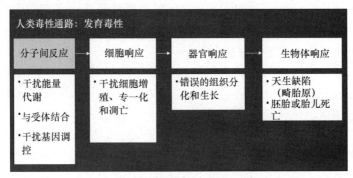

图 5.8　从分子到生物体水平的发育毒性图谱

5.6　系统毒性

实现生物学功能需要多个器官系统（如免疫系统联动），对涉及的任何器官毒性均可能会导致整个系统发生故障。本节讨论血液系统毒性（血液毒性）、免疫毒性、神经毒性、内分泌干扰毒性和生殖毒性。

本书不阐述一些新兴化学品与健康相关的风险评估结果，因为其不可能通过饮用暴露。这些毒性包括：

感官器官毒性，包括眼毒性；

呼吸毒性；

皮肤毒性；

肌肉骨骼系统毒性（如肌肉毒性）。

5.6.1　血液毒性

生产血细胞（造血）是一系列高度调控的事件，通过前体血细胞增殖和分化来满足不间断的氧运输需求、宿主防御和修复以及血液平衡。参与造血的主要器官是骨髓和脾脏。血液毒物是干扰造血或影响红血细胞的有毒物质，它可能会导致贫血和氧不足（缺乏氧气）（注意，对白细胞生存能力的影响包含在后面的免疫毒性部分）。

造血需要细胞成熟和分化，对肿瘤细胞减灭或可用于癌症治疗的抗有丝分裂药物，对干扰与前体血细胞分化和成熟的有毒物质特别敏感。

氧化损伤会影响血红细胞的生存能力，它可能会干扰氧血红蛋白承载能力，或通过修饰细胞表面蛋白，可能会导致损失的"自我"抗原（作为自身的一部分识别细胞表面标志物），随后会由白血细胞破坏（图 5.9），如甲芬那酸。

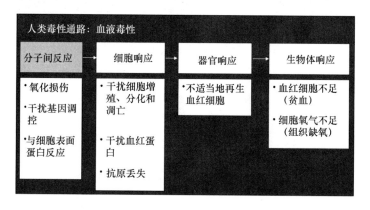

图 5.9　从分子到生物体水平的血液毒性图谱

5.6.2　免疫毒性

从广义上讲，免疫毒性物质对免疫系统造成不利影响，免疫系统保护机体免受病原体和肿瘤侵害（图 5.10）。免疫系统包括许多淋巴器官（如骨髓、胸腺、脾和淋巴结）和具有多种功能的细胞群。抗原识别是免疫系统的基础。抗原，通常是外来物质印迹的蛋白质或多糖，由特定抗体识别，这些抗体随后启动免疫应答确认。

有两种类型的免疫应答：先天性和适应性的。先天免疫系统具有非特异性，是人体的主要防御机制。它依赖于多种蛋白质（称为补体系统），涉及几种免疫细胞，如自然杀伤细胞、巨噬细胞和嗜中性粒细胞。自然杀伤细胞释放细胞因子和破坏靶细胞的细胞毒性化合物。巨噬细胞和中性粒细胞是吞噬细胞，能通过释放活性氧物种（ROS）消除大多数微生物。

自适应（或"后天"）的免疫系统是先天免疫系统触发的抗原特异性反应。简单来说，免疫细胞适应识别入侵的病原体并有针对性地部署复杂

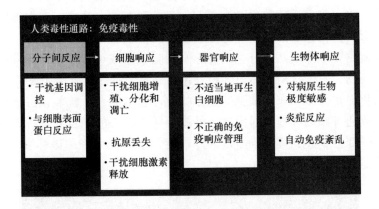

图 5.10　从分子到生物体水平的免疫毒性图谱

的细胞组，如辅助性 T 细胞和杀伤 T 细胞。辅助 T 细胞分泌细胞因子，并帮助直接免疫反应。杀伤 T 细胞结合到靶细胞上，并释放溶细胞颗粒（含有细胞因子、穿孔素和其他酶）到靶细胞上，这个过程称为去颗粒作用。一旦细胞去颗粒，杀伤 T 细胞释放濒死的靶细胞，并去杀其他靶细胞。

免疫系统也可以号召其他特定细胞对抗炎症，如嗜碱性粒细胞和肥大细胞。当受到刺激时，这些细胞去颗粒释放组胺、蛋白聚糖、蛋白水解酶、白细胞三烯和细胞因子。这些化学物质吸引其他免疫细胞。

免疫系统必须在过度和不充分免疫反应之间取得微妙的平衡。有毒物质暴露下可能导致免疫系统功能失调：

免疫抑制导致免疫反应效果降低（即阻力受损），而免疫刺激能刺激免疫系统，这可能会导致过度免疫反应（图 5.10）。很多有毒物质已经表现可抑制或刺激免疫系统的特点，包括多氯联苯、多环芳烃、农药、重金属、溶剂、激素、药物和紫外线辐射。有些有毒物质（如磺胺甲恶唑）。可以通过与膜受体结合直接刺激免疫细胞。

过敏反应（过敏）是由于免疫系统对化学物质反应过度或不恰当反应方式，如抗生素青霉素。超敏反应与暴露于工业化合物有关，如金属、溶剂和药品。

自身免疫性疾病发生时，免疫系统反应都是针对人体自身的组织。建立有毒物质暴露和自身免疫性疾病之间的明确联系是比较困难的。然而，一些化学物质可产生化学诱导的自体免疫性疾病，这些化学物质包括一些药品、塑料（如聚氯乙烯（PVC））、汞和一些杀虫剂（如六氯苯）。有毒物质之间的相互反应，如青霉素和内源性蛋白质反应，可以改变蛋白质结构，从而导致其不再被认为是自身组织。

5.6.3　神经毒性

神经毒性物质是一种影响神经元和神经系统发育、功能和生存能力的有毒化合物（图 5.11）。神经系统在机体中通过神经元和神经递质来协调众多功能。神经组织有两个细胞群，第一个是神经元，其专注于生产、接受和通过神经递质传输信息，如乙酰胆碱和肾上腺素；第二个是神经胶质细胞，为神经元提供营养支持。

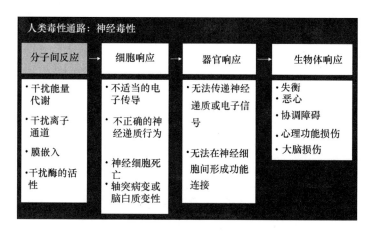

图 5.11　从分子到生物体水平的神经毒性图谱

神经毒性物质最常见的四种靶标是神经元、轴突、髓鞘细胞和神经递质系统。

神经元：虽然神经元与其他类型细胞在许多方面相似，但神经元具有特殊功能。这些独特的功能具有高代谢率，由细胞体和细胞膜支持的长细胞过程。已知大量化学品存在神经毒性，包括金属（如铝、砷、铅、锰、汞和甲基汞）、工业化合物（如三甲氯化锡）、药品和溶剂。

轴突病变：一些有毒物质可以减少轴突，导致物理性神经元传输中断。许多化学物质已被证实与轴突病变有关，包括金属（黄金、白金）、生物碱类、医药品、工业化学品（如丙烯酰胺）、溶剂和杀虫剂。

髓鞘质病：髓磷脂提供神经过程的电绝缘性，缺乏髓磷脂会导致电脉冲传导增长放缓和/或异常。某些毒物会干扰髓鞘维护或功能。

神经递质相关毒性：各种自然产生的毒素、农药和医药品均可以抑制正常的神经递质功能。例如，有机磷和氨基甲酸酯类杀虫剂会抑制负责循环神经递质的乙酰胆碱酶。

神经系统有几种特殊形态，其中一些（如称为血-脑屏障的网状内皮细胞），对到达中枢神经系统的有毒物质提供额外屏障。而另一方面，一些神经系统对有毒物质更为敏感。神经元具有不寻常的细胞形态，例如，它非常细长而不是小球面型的，因此在蛋白质合成、囊泡和细胞器运输中有了非同寻常的需求。髓鞘表含有丰富脂肪，并依赖于一些膜相关蛋白的正常功能，也是一个敏感的有毒物质攻击点。最后，神经元高能量需求使它们对氧和/或葡萄糖供应极为敏感，而氰化物和一氧化碳等有毒物质可引起氧和葡萄糖供应的中断。

一般认为，星形胶质细胞（一种神经胶质细胞的类型）对神经毒物具有重要的防御作用，虽然它们确切功能尚不清楚。

5.6.4　内分泌毒性

内分泌腺体集合了一类特殊细胞，这些细胞合成、存储和直接释放分泌物（激素）进入血液。作为能够应对内部和外部环境变化的传感和信号设备，激素系统协调多种活动，以维持内环境稳定。因此，扰乱正常内分泌功能，可能会影响到许多不同器官系统（图5.12）

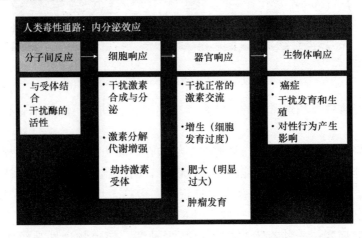

图5.12　从分子到生物水体平的内分泌干扰效应图谱

人体内主要的内分泌腺体有：

（1）脑垂体是大脑下丘脑的一个小突起，通过刺激下丘脑分泌的激素（包括称之为其他内分泌腺体的营养激素），释放与生长（生长激素）、哺乳（催乳素）、生殖功能（促性腺激素和促肾上腺皮质激素）和甲状腺活性（促甲状腺激素）有关的激素。

（2）肾上腺位于两个肾脏之上，主要通过皮质类固醇（皮质醇和醛固酮的合成)、儿茶酚胺 (肾上腺素，去甲肾上腺素和多巴胺)、糖代谢 (糖皮质激素) 和生殖 (雄激素、雌激素和孕激素) 调节应激反应。

(3) 胰腺产生调节糖代谢的消化酶和激素 (胰岛素、胰高血糖素和生长抑素)。

(4) 甲状腺在脑垂体的刺激下分泌甲状腺激素，包括甲状腺素 (T4) 和三碘甲状腺原氨酸 (T3)。甲状腺激素增加代谢速率和葡萄糖供应，刺激新蛋白质合成、心跳速度、心脏输出量和血流量，增加幼龄动物的神经元发育。甲状腺也产生降钙素，参与钙平衡。

(5) 甲状旁腺在钙敏感受体刺激下产生激素参与钙稳态 (甲状旁腺激素、降钙素和维生素 D)。这种独特的反馈系统类似于钙离子的敏感有毒物质 (如铝)。

(6) 生殖腺 (男性的睾丸和女性的卵巢) 产生性激素 (雄激素和雌激素) 和孕激素 (黄体酮)。荷尔蒙的分泌和生殖腺配子的形成直接受垂体激素控制。生殖腺对有毒物质敏感，是因为生殖腺配子形成依赖于细胞的快速分裂，这往往容易受到化学破坏。血液睾丸屏障控制大分子和有毒物质进入配子形成的精小管。

内分泌毒性主要有四种机制 (图 5.12)：

(1) 过度刺激会导致个体内分泌器官增生 (过度细胞发育) 和肥大，并最终导致肿瘤发展。

(2) 干扰激素合成或分泌。有些药物 (如磺胺、2，4-二羟基苯甲酸、氨基三氮唑、安替比林和氨基三唑) 干扰甲状腺激素的合成。

(3) 增加激素代谢 (破坏)。有毒物质，如苯巴比妥、苯二氮卓类药物、DDT、氯化烃诱导肝酶，并因此增加激素结合和排泄速度，如 T3 和 T4。

(4) 干扰激素信号 (内分泌干扰)。激素通过结合到特定激素受体上发挥作用。激素配体受体触发级联反应，并最终会导致效果。有毒物质引起的激素信号干扰可能会导致内分泌沟通错误和/或干扰激素反馈回路复杂系统。有些有毒物质可以模仿激素活性 ("兴奋剂")，而其他可抑制正常激素分泌功能 ("拮抗剂") (第 4.3 节)。在某些情况下，这种影响是人为的，例如用药物控制生育，但有毒物质也可以无意地干扰内分泌系统，如工业化合物中的双酚 A 和邻苯二甲酸盐。性类固醇激素的干扰，也显著影响生殖系统。

大多数内分泌系统活性具有灵敏反馈循环，影响或模仿激素的有毒物质往往会影响多个内分泌腺体。

5.6.5　生殖毒性

生殖系统的目的是为了产生优质配子，能够受精和生产一个可以存活的后代，进而成功生殖。这需要大量的复杂过程，在不同生命阶段精确完成，以获得最佳性能。事实上，化学物质对男性和女性生殖产生不利影响不是一个新概念。只要看药物对避孕的重要性，就意识到敏感的生殖系统是可受外源化学物质影响的。内分泌交流是至关重要的生殖功能，对内分泌腺产生负面影响的有毒物质也通常导致生殖毒性。已知有大量环境化学品（如群勃龙）或抑制雄激素（如乙烯菌核利、腐霉利、利谷隆、p，p-DDE 和邻苯二甲酸酯），或模拟/抑制雌激素（如甲氧滴滴涕代谢物、炔雌醇、双酚 A、壬基酚和 DDT）。暴露于这些激素物质必定会对生殖功能产生不利影响。

性激素（雄激素和雌激素）对胎儿生殖器官的发育、青春期和性成熟特别重要。这些阶段容易受到内分泌物质的干扰紊乱。有毒物质（如多氯联苯、DDT/DDE、溴化阻燃剂、二噁英、六氯苯、重金属等）均可导致生殖异常，尽管还不明确它们确切机制。

女性的生殖周期依赖于微妙的荷尔蒙垂体和卵巢分泌的孕激素和雌激素之间交流。这些激素确定排卵并准备女性附属器官接受男性的精子。这些激素信号中断可能导致不孕，如农药杀虫脒和 N-甲基二硫代氨基，可干扰促黄体生成激素（LH），可阻止或延迟排卵，这已在实验室动物中证实，其可导致不孕不育。

男性生殖过程依赖于通过下丘脑-垂体-睾丸轴精心打造的激素通路，内分泌紊乱也可影响男性生殖。绝大多数男性生殖毒物可影响精子产生（精子形成），其中一些有毒物质通过间接途径作用，如暴露于锌后导致养分中断，或肝脏暴露于四氯化碳会增加清除类固醇。然而，大多数有毒物质通过直接作用睾丸或精子本身来影响精子形成，可通过干扰或破坏支持细胞（塞尔托利氏细胞）（如邻苯二甲酸二酯代谢物、二溴苯甲酸和间二硝基苯）或干扰产生精子细胞所需能量（如氯糖和环氧氯丙烷）。生殖毒性物质也可能影响受精和着床，怀孕成功很大程度上依赖于复杂和微妙的激素通信。这些过程也容易导致内分泌紊乱，例如，一些药品通过干扰孕激素合成来终止妊娠。

5.7　结论

本章综合阐述了关于人体不同器官和器官系统正常功能和意义，描述了毒性效应和毒性机制。人类暴露于受污染水可以表现出各种各样的组织、器官和器官系统级的响应，其中很多都可以追溯到有毒物质在分子和细胞水平的影响，这进一步说明了在上一章介绍的毒性通路概念。因此，利用体外生物测试法监测这些分子或细胞水平的状态可能提供一种简单的检测水中有毒物质的方法。第 9 章将讨论可用于检测毒性作用的体外测试方法。

第6章

化学品在水生生物中的毒性通路

6.1 引言

生态毒性是研究有毒物质及其他压力源对生态系统结构和功能影响的学科。生态毒理学独立于人体毒理学而形成，但随着新概念"不良结局通路（AOP）"的提出，人们意识到化学压力源对细胞功能的干扰，这两个学科便紧密联系起来。本章内容建立在第4章的基础上。

水生生物能够通过皮肤或鳃直接从水中或通过食物链从食物中富集污染物。生物富集的程度取决于化学品的物化性质，亲脂性化学品的富集程度高于亲水性化学品。

生态系统中的水生生物与其他环境组分（包括空气、沉积物和土壤），保持密切接触，且水生生物各个组分的生态毒理学原理都是相似的。

生态毒理学学科形成的关键驱动力来源于1962年雷切尔·卡森的《寂静的春天》（Carson，1962）。书中谴责了DDT等有机磷农药对人类和环境的不良影响。许多教科书中都对生态毒理学作了全面的论述，建议可参考Newman和Unger的《生态毒理学基础》（2003），Walker的《生态毒理学原理》（Walker et al.，2006）和Landis和Yu的《环境毒理学简介：化学品对生态系统的影响》（2004等书）。

在本章中，我们所关注的是水生态环境的毒理学和生态系统健康的基础知识和研究方法，本书中提到的体外生物测试方法将是重要的方法。

6.2 从细胞水平到生态系统

为了解化学物质对生态系统的影响，需要从原理上了解化学物质如何对单个生物体产生影响，同时也需要了解生态系统中混合物之间发生的交叉反应。因非预期污染，对自然生态系统的实地综合研究受到限制，原因很明显，伦理学上不接受生态系统层面上的预期暴露研究（即预期污染）。因此，大多数生态毒理学研究专注于代表不同营养级的单一物种的实验室研究，常用的测试物种和终点在第 3 章中作了概述。然而，生态系统的综合评估比实验室研究要贴近实际，综合评估需要的控制少，能够检测出难以解释的综合非定向反应。由于可以综合考虑食物链和生态系统相互作用的某些方面，所以简化的生态系统研究替代实际生态系统评估是可行的（第 3 章）。而且，模拟系统能够采用阳性和阴性控制，以及重复试验等 QA/QC 措施。尽管具有这些明显的优势，但模拟生态系统研究费用昂贵，通常仅用于杀虫剂风险评估。

在单一生物测试中，一般测定的是发育功能障碍、生殖功能衰竭和死亡等毒性终点（第 3 章）。急性毒性测试需要的时间从数小时到数日不等。为保护整个生态系统，需要根据急性测试得到的信息推断整个群体从短期到长期暴露的安全水平。这个推断过程需要用到不确定因素分析（第 2 章图 2.2）。这一过程必须完成，以获得许多水生物种的物种敏感度分布。

通常情况下，低于长期"最大无响应浓度"（NOEC）分布曲线 5% 的浓度被认定为能够保护生态系统的完整性和功能（Posthuma et al.，2002）。

最近，人们提倡不良结局通路（AOP）的理念（Ankley et al.，2010；详情见第 4 章）。在这个方法中，细胞层次的响应途径一般在不同物种中是保守的，用以获得物种敏感程度的响应机制，进而由细胞响应外推到对生态系统的影响（图 6.1）。

尽管 AOPs 是主要的基本原理，但仍需建立对个体生物影响的定量关系，才能使 AOPs 应用于群体层次的模拟（Kramer et al.，2011）。物种敏感度差异和毒物代谢动力学、不同物种代谢能力的特异性以及毒性通路等方面的差异有关。由于具有相近的同源基因，拥有共同祖先的物种表现出类似的 AOPs。因此，对于高度同源的物种可采取类推的方法，而实验

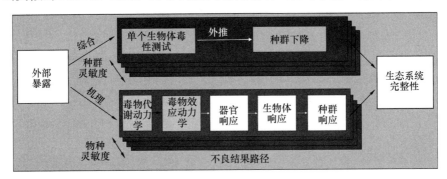

图 6.1   比较用于水中化学品毒性评价的传统整体动物方法和基于
有害结局途径的新型机理方法

物种敏感性评估需关注亲缘关系较远的物种（Celander et al.，2011）。

6.3 对水生生物不良效应通路

在第 3 章介绍了最常见的用于测试的水生生物分类种群——藻类、水蚤和鱼类。常用于测试的顶端终点分别为生长抑制、固定化能力和死亡率。在接下来的部分，将采用这三种分类单元对水生生物 AOPs 的概念进行阐述，每种都有两个例子：首先是作为基线毒物的化学物质，然后是导致非特异响应的化学物质。在本讨论中，我们选择了除草剂对藻类的影响、杀虫剂对水蚤的影响和雌激素类化学物质对鱼类的影响为例，阐明特异性响应模式。

6.3.1 对藻类的结局通路

6.3.1.1 基线毒性
在第 4 章中，我们已经知道基线毒性是每个化学物质所表现出来的最小浓度，基线毒性与水环境高度相关，因为化学物质共同表现出来的是浓度累积效应，以至形成可评估的基线毒性。基线毒物的分子靶标是细胞膜，通过使细胞膜产生漏洞来干扰细胞膜的结构和功能（van Wezel and Opperhuizen，1995）（图 6.2）。基线毒物生物学意义上的有效浓度是恒定的，即在细胞膜之内的每个分子具有相同效应。因此，不同类型化学物质之间所表现出来的效应差异，只是由于吸收和其他毒物代谢动力学过程上的差异。化学物质的疏水性越高，在藻细胞内的积累越多。在群体层次上，基线毒性表现为较低的群体增长速率和群体大小的衰减。基线毒性的特征之一是它是可逆的，藻类转移到干净的水中，能够净化基线毒物，并从不产生二次影响的毒性压力中恢复。

除了影响其他功能之外，基线毒性还影响藻类光合作用的效率。藻类光合作用系统的电子传递链位于叶绿体膜上，因此，对该膜结构的干扰会间接影响光合作用系统的功能。然而，相比于特异性地抑制光合作用系统，基线毒性效应需要更高的毒物浓度。

6.3.1.2 除草剂对光合作用的抑制
除草剂用于控制杂草，但它们也具有影响非靶标植物和绿藻类光合作用的不良效应。重要的除草剂有三嗪类化合物〔例如，阿特拉津、西玛津和 irgarol（2-叔丁氨基-4-环丙氨基-6-甲硫基-均三嗪）〕和苯基脲类除草剂（例如，敌草隆和异丙隆）。这两类除草剂可结合到光合作用系统 Ⅱ 的一个醌结合位点上，进而停止光合电子传递（图 6.3）。

由于光合作用被阻断，没有 ATP 形式的能量产生，导致叶绿素损失、生长较慢、细胞体积减小、分裂减少并最终导致藻类细胞的死亡（图6.3）。光合作用抑制剂与基线毒物的最终影响是一样的，但发生在环境水体中。

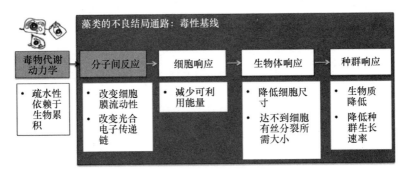

图 6.2　基线毒物对藻类的不良结局通路（改编自 Ankley et al.，2010）

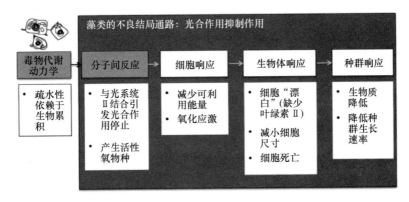

图 6.3　除草剂在藻类中的不良结局通路

6.3.2　对水溞的不良结局通路

6.3.2.1　基线毒性

水溞（如大型溞）出现基线毒性的浓度与藻类内部浓度一样。由于代谢活性较高，水溞对基线毒物的解毒作用比水藻好，因此，外部暴露浓度所表现出来的毒性要小一些。除了这个不同点之外，水溞和藻中基线毒物和细胞膜的分子间相互作用是一样的（图6.4）。尽管分子作用效果一样，但在水溞中观测到的毒性终点却不同于藻。

6.3.2.2　杀虫剂的活性

杀虫剂（如有机磷农药和氨基甲酸酯类农药）能抑制乙酰胆碱酯酶

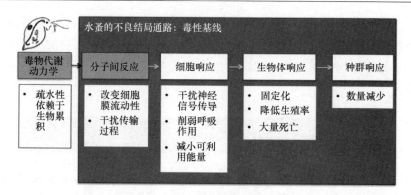

图 6.4   基线毒物在水溞中的不良结局通路（改编自 Ankley et al.，2010）

（AChE）的活性。AChE 通常能分解乙酰胆碱（一种高效的神经递质），抑制乙酰胆碱的分解会产生持续信号，导致过度神经刺激。这种过度刺激最初表现为信号的快速传递，从而导致大量能量消耗，最终导致无法运动和死亡。无脊椎动物（如昆虫）和水溞对有机磷特别敏感。首先，在毒物代谢动力学方面，有机硫代磷酸盐（如二嗪农）必须被代谢活化为其活化形式（如氧化态的二嗪农）才能产生相应的影响（如与 AChE 结合，这是昆虫中的高效降解途径，而二嗪农的直接解毒作用相对不是主要的）（图 6.5）。其次，在毒物效应动力学方面，大型溞的 AChE 对有机磷尤为敏感。氨基甲酸酯类化合物与有机磷不同之处在于不需要经过代谢活化就能进行可逆的结合。在结合位点共价结合的有机磷与酶，进一步水解后导致有机磷与酶的结合更加不可逆转。

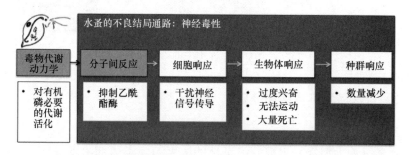

图 6.5   水溞中抑制乙酰胆碱酯酶的还良结局通路

6.3.3   对鱼的不良结局通路

6.3.3.1   基线毒性

基线毒性对鱼类分子和细胞机制的影响与前面所讨论的无脊椎动物和藻类一样，但是结果略有不同（图 6.6）。基线毒性最初的影响是打破稳态平衡。在水流湍急的河流中，游泳的鱼无法保持其位置稳定。无目的性的游动会给捕食者提供机会，并且难以交配。在更高的浓度下，基线毒性会导致麻醉作用并最终死亡。

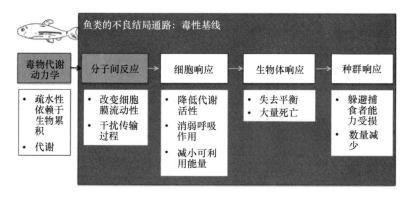

图 6.6　基线毒物在鱼中的不良结局通路

6.3.3.2　雌激素活性

水环境中存在的天然雌激素和外源雌激素（例如壬基酚和双酚 A），可与鱼体内的雌激素受体结合，引发一系列细胞反应，这些细胞反应通常是内源激素引发。（图 6.7）。在不当的时期引发这些细胞反应，可能会导致鱼类结构和功能的异常。雌激素的主要问题是引发雄鱼体内出现雌鱼的部分性周期。在细胞层次上，这意味着在雌鱼和雄鱼内基因表型的雌性化和产生卵黄蛋白原（在肝细胞中产生的卵黄蛋白前体）。对于雄鱼来说，雌激素活性能进一步引起显著性发育，例如形成两性腺（在睾丸组织中有卵细胞）和雌雄两性畸形。显然，这种变化会导致繁殖失败（或者降低繁殖成功率），并最终使整个种群灭绝（Kidd et al.，2007）。

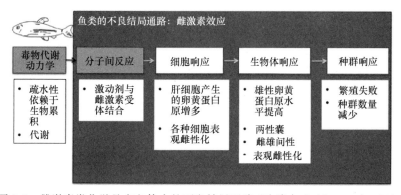

图 6.7　雌激素类化学品在鱼体内的不良结局通路（改编自 Ankley et al.，2010）

6.4 采用体外测试研究水生生物中的毒性通路

在第 9 章中，我们将对利用体外试验阐明毒性通路做阐述，尤其是对于水生生物来说，人们会选择从水生生物组织中分离的细胞株和报告基因试验。考虑到细胞通路的高度保守性，采用明显无关的物种也能为人们所接受，例如，酵母雌激素筛查实验（Routledge 和 Sumpter，1996）是基于转染有人类雌激素受体的酵母细胞株试验。然而，这个试验是广泛用作评估水体雌激素活性的生物分析工具，鱼类是内分泌干扰物的主要靶标。

自 20 世纪 90 年代开始，鱼类细胞株已经应用于化学物质和废水的评估中。由于比体内测试灵敏度低，这些细胞模型在监管领域的使用受到阻碍（Schirmer，2006）。最近的研究表明，这种明显较低的灵敏度是人为假象，因为表观浓度（加到测试系统中的实际浓度）高于自由溶解的可生物利用浓度（Kramer et al.，2009）。

6.5 结论

不良结局通路（AOPs）的理念将毒物在细胞水平上的初始效应和在个体水平上的效应联系在一起。本章阐明了这一概念在水生生物上的应用，显示了如何将体外生物测试用于检测水生生物中微弱的毒性效应，进而突出了它们在取代、减少和/或精简整体生物测试的可能性。

第7章

剂量效应评价

7.1 引言

"剂量决定毒性"是毒理学的中心模式。实际上，所有物质，甚至是食用盐，在大量服用后也会产生毒性。毫不夸张地说，理解剂量效应关系是一个关系到生死的问题。而剂量效应（或浓度效应）曲线是该模式的数学表达。

7.2 剂量效应评价

7.2.1 剂量效应曲线

剂量效应曲线是指随测试化学物质剂量或浓度的增加，研究中所采用实验对象（如鼠、细胞和酶）产生的效应（如死亡率）的变化，通常在对数尺度上绘制这种变化（图 7.1）。

典型的剂量效应曲线通常表现为 S 形曲线。左侧低剂量时，测试体系

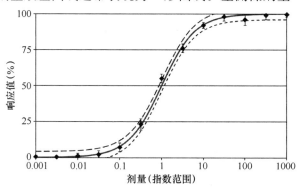

图 7.1　典型的剂量效应曲线

注：x 轴是对数单位剂量，y 轴是效应响应的百分比。虚线表示 95% 的置信区间。

无法测出效应。然而需要注意的是，观察剂量效应曲线较低的浓度段，可发现剂量和效应在低剂量时呈线性关系（图 7.2）。

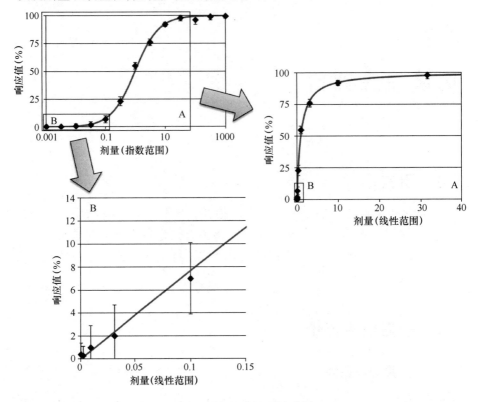

图 7.2　典型的剂量效应曲线

注：左上图描绘了对数尺度下完整的剂量效应曲线。箭头指向的右侧是在线性尺度下的剂量效应曲线。箭头指向的底部图描述了低剂量下剂量效应线性关系。

由图 7.2 可见，随着剂量的缓慢增加，最初没有检测到效应的增加，达到检测阈值后，随着剂量的增加，效应以线性的方式增加（实际上是对数-线性，因为 x 轴是对数单位）。然后曲线斜率增至 100%。该剂量效应曲线是常见的生物响应，尽管在发生多种效应的测试系统中有时会受到影响。例如，肝细胞株中酶诱导会随着浓度的增加呈现先增加，随后在高剂量下降低的现象，这是典型的受到细胞毒性干扰的现象，即由于毒物表现出细胞毒性并开始破坏肝细胞（图 7.3），导致酶活性下降。同样地，高度浓缩样本中的基质也会对标准化学分析方法中的检测器产生影响，从而造成仪器损坏，生物检测中高浓度化学物质对生物检测单元的毒性干扰确实值得关注。在观测效应的同时，监控生物检测单元（不管是细胞还是酶系统）的整体质量十分重要，可以通过测定特异性方法的细胞毒性（例如细胞死亡和生长抑制）实现质量保证。

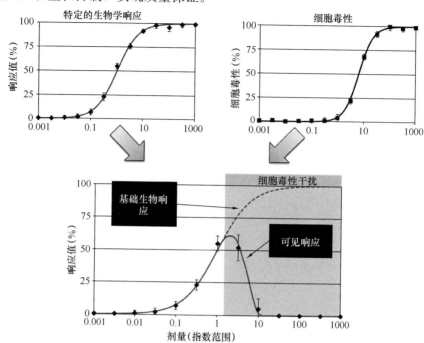

图 7.3　细胞毒性干扰测定特异性生物效应的范例子

注：上面的图显示理论上特异性生物效应（左）和细胞毒性（右）随剂量增加的变化情况。下面的图是在实际生物测试中两种效应叠加后的完整效应曲线，虚线是在没有细胞毒性干扰下的生物反应剂量效应曲线。

　　在生物测试中，特异性效应通过细胞数量测定，细胞毒性（活细胞数量减少）将导致效应增加，因此细胞比例将错误地呈现出增强的特异性效应。在这种情况下，浓度效应曲线将变为指数型，因为部分在暴露结束时死亡的细胞（降低细胞数量）将在产生细胞毒性之前产生效应。

　　无论效应数据如何表达，监控细胞毒性并在最终的分析中删除受到细胞毒性影响的数据（当然除非细胞毒性本身是监控的参数）十分重要。

7.2.2　毒性延续

　　如前所述，化学品诱导的毒性中，根据产生效应的严重程度和处理损伤的补偿修复机制，低水平生物复杂度（如细胞和分子水平）下的效应，可以转化为组织、器官或最终个体水平下的高阶效应。这种毒性延续可以反映在剂量效应图（图 7.4）中，即随着剂量的增加，受影响的生物复杂度水平也随之增加。

　　让我们通过肝毒物干扰肝酶的例子来深入研究这种延续性。低剂量

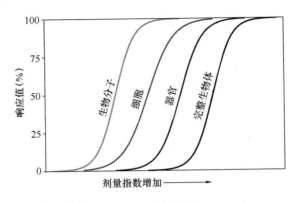

图 7.4　毒性延续

时，毒性物质对分子层面（肝酶）没有明显的效应。随着剂量增加，越来越多的生物分子失去活性。最初，这种影响不会产生进一步的后果，但随着越来越多的生物分子受到影响，分子功能障碍的累积开始影响细胞健康，并最终导致明显的细胞毒性。器官（这里指肝脏）可以应对一定程度的细胞损伤，最初的细胞死亡不会产生进一步的影响，但超过一定程度后，细胞损伤超过了器官的补偿容量，从而发生器官损害。最终，器官的重度损伤对个体生物产生影响并导致死亡。

　　毒性延续是尝试利用体外生物测试方法中分子和细胞水平效应检测毒性物质的依据之一。实际上，产生分子和细胞水平效应的浓度，比产生活体测试中器官和/或生物水平的效应浓度更低。因此，应用设计良好的组合体外测试方法能提高毒物评估的敏感性。如前所述，分子和细胞水平的毒性效应不一定导致更高层次效应，但是，在化学品诱导的毒性中，高层次效应的发生与分子或细胞水平效应密切相关。

7.2.3　描述效应的基准值

　　剂量效应曲线可以表征一些重要的参数。最常见的描述指标是 LD_{50}，即导致 50％生物死亡时对应的剂量。在细胞生物测试中，通常用介质中的化学物质浓度表示（例如 pmol 或 ng 测试化学物质每升水）暴露水平，而不用剂量（如 mg 测试化学物/kg 体重）；效应通常用亚致死效应描述。在基于细胞的测试中，响应的术语用 EC_{50} 描述，即引起最大效应 50％时所对应的浓度。例如，测试雌激素活性的荧光素酶基因报告法中，诱导产生 50％的最大荧光素酶所需要的 17β-雌二醇浓度，即 EC50，为 2～3pmol/L 或 0.5～0.8ng/L（Leusch，2011，未出版）。

　　从浓度效应曲线得到其他常见参数，如最低可观测效应浓度（LO-

EC)，指测试中与正常（控制）组相比产生显著差异对应的最低浓度；最大无效应浓度（NOEC），指与控制组不产生显著差异的最大测试浓度（图7.5）。应该指出的是，这些参数依赖于实验设计和实际测试浓度。如果测试浓度间隔较大，LOEC 和 NOEC 间的差异可能较大。作为一种替代方法，可以利用非线性回归，确定浓度和效应间最合适的曲线方程。将所有的浓度效应关系整合为几个参数的重要优势在于利用了所有数据集，而不是单一的点（如 LOEC 和 NOEC），这为可靠性分析提供了更高的置信度。这些模型可以得到任何有效浓度（EC）的计算值 ECx，即引起 $x\%$ 的总效应所需的有效浓度。最常用的是 EC_{10} 和 EC_{50} 值，分别指引起 10% 和 50% 的最大效应所对应的浓度值（图 7.5）。ECx 值比 NOEC 和 LOEC 值更稳定，因为浓度效应曲线是在所有数据集的基础上得出的，而不依赖于测试中的某些实际浓度。

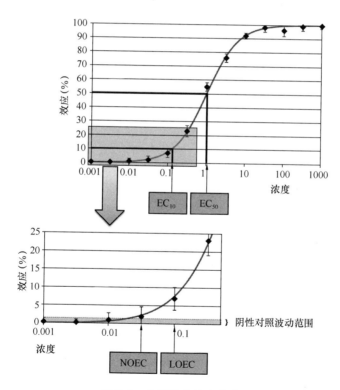

图 7.5　典型浓度效应曲线

注：图示最大无效应浓度（NOEC），最低可观测效应浓度（LOEC），EC_{10} 和 EC_{50} 值。图中数据是 ER-CALUX 生物测试的数据，以平均值±标准差的形式表示（Leusch，2011，未出版）。需要注意的是，活体生物测试的变异性往往比体外测试方法大，且 NOEC 和 LOEC 也较高，在 EC_{10} 到 EC_{20} 的区间内。

原始数据拟合剂量效应（或浓度效应）曲线可以用专门的程序完成，或更简单地使用 Excel 计算器插件进行最小二乘回归。一些 S 型方程可用于描述浓度效应关系，而对数 logistic 方程（也称为 Verhulst 方程）具有可提供 EC_{50} 值的优点，并且等式的其他参数也具有生物意义。方程如下所示：

$$\text{effect}=\min+\frac{\max-\min}{1+10^{\text{slope}\cdot(\log EC_{50}-\log C)}} \tag{7.1}$$

其中，**min** 是最小效应值（在本例中为 0），**max** 为最大效应值（本例中为 100%），**slope** 是曲线的斜率（本例中为 1），**$\log EC_{50}$** 是 EC_{50} 的对数值（本例中为 0），**logC** 是浓度对数值（图 7.6）。

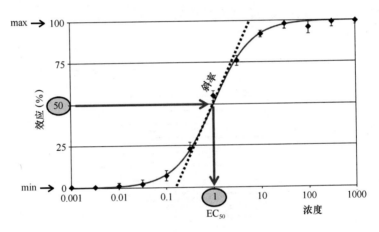

图 7.6　解释等式中描述 4 个参数的浓度效应曲线：min，max，slope，EC_{50}

如果效应变化范围为 0~100%，则方程简化为：

$$\text{effect}=\frac{1}{1+10^{\text{slope}-(\log EC_{50}-\log C)}} \tag{7.2}$$

如果想从曲线方程计算 ECx 对应的浓度，需要转换方程解 logC，如下式所示：

$$\log C=\log EC_{50}-\frac{\log\left(\dfrac{\max-\min}{\text{effect}-\min}-1\right)}{\text{slope}} \tag{7.3}$$

其中，logC 指浓度对数值，$\log EC_{50}$ 指曲线方程中 EC_{50} 的对数值，**max** 指最大效应（通常为 100%），**min** 指最小效应（通常为 0），effect 是目标浓度的效应值（例如 EC_{10} 的效应值为 10%），**slope** 是曲线的斜率。

7.3　毒性当量概念

7.3.1　相对毒性效力（REP）

只使用两个参数（$logEC_{50}$ 和 slope）的数学模型表达完整区间的浓度效应关系，就可以实现不同样本或测试化合物间的毒性效力比较（即毒性强度）。为表达一种化学物质相对于另一种（通常是用于测定的参考化学物质）的效力，需要绘制两种化学物质的浓度效应曲线，并确定方程（图7.7）。

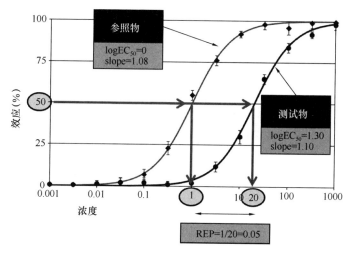

图7.7　参考和测试化合物的浓度效应曲线

注：REP 表示测试化合物相对于参考化合物的毒性效力。

在图7.7所示的例子中，参考化合物的 $logEC_{50}$ 值为 0（即 EC_{50} 为 10^0 = 1），而测试化合物的 $logEC_{50}$ 为 1.3（即 EC_{50} 为 $10^{1.3}$ = 20）。确保两条曲线斜率相等非常重要，如图所示（参考和测试化合物的斜率分别为 1.08 和 1.10）。如何处理非平行曲线将在本节稍后进行讨论。测试化合物 i 相对于参考化合物的相对毒性效力可用以下公式进行计算（Villeneuve et al.，2000）：

$$REP_i = \frac{EC_{50}（参考化合物）}{EC_{50}（化合物 i）} \tag{7.4}$$

对于图7.7所示示例，测试化学物质相对于参考化学物质的 REP = 1/20 = 0.05。换句话说，测试化学物质毒性效力的 20 倍等价于参考化学物质的毒性。

　　当存在完整浓度-效应曲线时，应该用 EC_{50} 值计算化合物的 REP。EC_{50} 值（相比其他，如 EC_{10} 值）是用来计算 REP 最合适的参考值。首先，它的置信区间最窄（即该点的置信度，EC_{50} 真值偏离预测值最小）。其次，EC_{50} 是曲线的拐点，因此它受曲线斜率的影响最小。在某些情况下，EC_{50} 不可用，如测试化合物在其极限溶解度的浓度条件下也不会引起超过 50% 的效应。这种情况下，REP 值可以从任何 EC_x 值计算，但确保曲线的斜率相同或尽可能相近是非常重要的。由于曲线两端处的置信区间很大（图7.1），通常不建议使用低于 EC_{20} 的点，尽管不同测试间差异很大〔对于某些测试，即使浓度低至 EC_{10}，置信度也很高（即置信区间很窄）〕。曲线之间斜率的差异，会由于不同 EC_x 的选择导致潜在的显著变异性。这种非平行曲线的情况如图 7.8 中所示，选择不同的 EC_x 计算，其 REP 值从 0.03变至 0.09。当处理非平行斜率的浓度效应曲线时，建议采用一定范围内的值，如 REP_{20}，REP_{50} 和 RPE_{80}，综合起来可以较好地描述化合物的 REP。该方法在 Villeneuve et al.（2000）中有详细介绍。

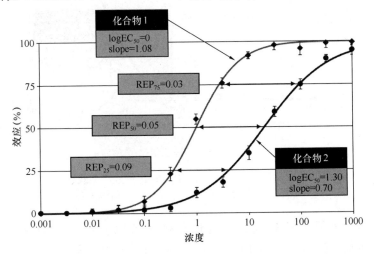

图 7.8　不同斜率曲线比较的 REP

注：该图强调了在不同浓度效应曲线间确保斜率一致性的重要性。

　　同时，来自体内和体外生物测试的 REP 用于计算更综合性的"毒性当量因子"（TEF）。TEF 的概念广泛应用于风险评估，如用于世界卫生组织评价类二噁英效应（Van den Berg et al.，2006）。TEF 的概念将在第 8 章进行拓展论述。

7.3.2　相对富集因子（REF）和毒性当量浓度（TEQ）

　　将体外生物测试应用于水质评价时，必须满足测定结果表达定量化的条件。将生物测试结果表达为一个数值，能将其用于不同水样的定量比较和排名，或进行处理后样品的去除效率评估。体外生物测试检测水样与测试参考化合物类似。水样采集、萃取和浓缩后，将浓缩液稀释成一系列浓度梯度（即递进式稀释，对应一定范围的浓度点）。在体外生物测试中对每个浓度梯度进行测试，就像测试一个化合物的不同浓度一样。在水样测试中，每个梯度不是用常规的浓度单位（如 $\mu g/L$），而是用相对富集因子（REF）来表示。

通过式（7.5）计算 REF，即样品萃取阶段（萃取富集因子来自固相或液液萃取）的富集因子与测试中萃取水样的稀释倍数之比。

$$REF=\frac{富集因子_{浓缩}}{稀释倍数_{测试}} \tag{7.5}$$

采用如图 7.9 所示的体积，萃取阶段的富集因子是 2000，体外测试的最大稀释倍数是 200，那么样品最大测试浓度对应的 REF 值为：$REF=2000/200=10$。第二个样品梯度的 REF 值为 $2000/（5\times200）=2$，而第三个梯度的 REF 值为 $2000/（5\times5\times200）=0.4$，以此类推。测试中的每个这样的样品的生物效应与所对应的 REF 值可以绘制成典型的浓度效应曲线（图 7.10），其中 REF 是对数单位。

同样地，REP 是用于定量描述单一化学品的相对毒性效力，水样可以通过对比参考化合物的毒性当量浓度 TEQ 进行定量。TEQ 是给定样品引起同样毒性效应时参考化合物的浓度。正如讨论 REP 时所强调，确保斜率和 EC_{50} 一致对于 TEQ 定量依然重要。然而在水质评价中，常常无法达到 EC_{50} 值，此时可以使用 EC_{20}（甚至在某些测试中可以使用 EC_{10}，这取决于方法的本身变异性），只要曲线的斜率是一致的。

TEQ 是参考化合物的 EC_{50} 和水样的 EC_{50} 的比值，前者单位是摩尔浓度（如 3pmol/L）或质量浓度（如 0.88ng/L），后者表示为 REF（即没有单位）。

$$TEQ=\frac{EC_{50}（参考化合物）}{EC_{50}（水样）} \tag{7.6}$$

当采用 TEQ 的概念时，参考化合物的选择特别重要。一个理想的参考化合物应当满足：（1）与生物测试的毒性作用方式相关的化学物质；（2）生物测试中毒性最强的化学物质；（3）可能存在于水中。17β-雌二醇作为雌激素内分泌干扰物质检测的参考物质是合适的：因为它是一种天然激素，是雌激素受体的天然配体（雌激素响应的基础），也是最强效的雌激素化合物之一（只比合成雌激素弱一些，如乙炔雌二醇），并存在于污水受纳水体中。

A. 浓缩

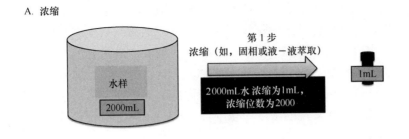

B. 稀释

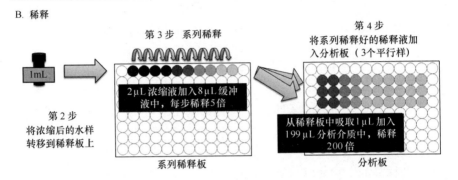

图 7.9　典型的样品处理方式

注：（A）样品的萃取和浓缩，将 2000mL 水样浓缩得到 1mL 萃取液，富集因子为 2000；（B）水样萃取液转移到 96 孔板中并梯度稀释。梯度稀释液转移到试验板中进行两个平行实验（图示为 3 个平行）。

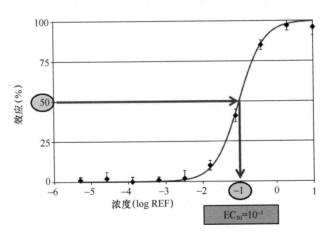

图 7.10　水样萃取液稀释成一系列梯度（图 7.9）
后测试得到的典型浓度效应曲线

　　例如，如果雌二醇生物测试的 EC_{50} 为 2ng/L，水样的 EC_{50} 为 REF0.1，则雌二醇当量表示的 TEQ 浓度 EEQ＝2 ng/L/0.1 ＝20 ng/L。

　　其他常用的 TEQ 有：双氢睾酮当量（DHTEQ），用于雄激素内分泌活性生物测试；敌草隆当量（DEQ），用于光合作用抑制生物测试；毒死蜱当量（ChlEQ），用于乙酰胆碱酯酶抑制生物测试。更多的例子将在第 9 章中单一生物效应等价测试中进行讨论。

7.3.3　TEQ 概念在水质评价应用中的局限性

水质分析对体外测试提出了一些特殊的要求和问题。重度污染的水样（如废水）可能在特异性效应检测时产生严重的细胞毒性干扰，而干净的水样（如饮用水和再生水）测试前需要大量富集才能产生可测量的生物效应。然而，样品只能浓缩到一定程度，否则会产生导致细胞毒性（细胞死亡）的非特异性毒性，从而对测试产生显著影响。（REF 值从废水的 10 到深度处理水 100 之间变化）。在许多情况下只能生成部分曲线，因为样品浓度不足以产生一条完整的浓度效应曲线（图 7.11）。

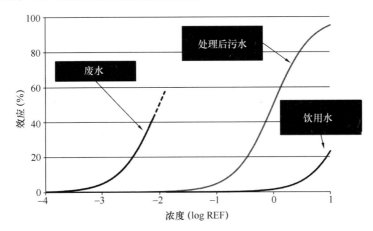

图 7.11　环境水样典型的浓度效应曲线

注：由于高浓度废水样品具有细胞毒性，这部分数据无效。相对干净的处理后污水样品能形成完整的曲线。最大浓缩倍数的饮用水样品在测试中引起的效应低于 30%（REF＝10）。

在只有部分浓度效应曲线情况下，用于计算 TEQ 的 EC_{50} 预测值的置信度过低，而更小的 EC_x 值（如 EC_{20} 或 EC_{10}）可以作为较好的替代选择。如前所述，必须确保曲线斜率的一致。当不能确保相同的斜率时，预测值的可信度将变低。

7.4　结论

剂量效应曲线（或体外测试的浓度效应曲线）是生物系统对毒物毒性

响应的图解表示法，也是毒理学的基础。浓度效应关系可以用简单的数学形式表示，如对数 logistic 方程，由此可实现不同浓度效应曲线的定量比较，以及不同毒物的相对毒性效力（REP）的测定和水样毒性当量浓度（TEQs）的计算。

第 8 章

混合物及毒性当量概念

8.1 引言

化学品很少在环境水样和污水中单独存在，而是经常以混合物的形式存在。虽然单一化合物浓度常低于任何毒性阈值，但混合物中的复合效应仍需引起关注，这取决于这些化合物的互相作用。对于某些种类的水样（如工业废水）和毒性终点，一些典型的已知化合物可解释其主要效应。然而，在其他样品中（城市污水和地表水），被识别的化合物仅能解释观察到效应的很小部分。

大量文献报道了二元（两个组成部分）和多组分（两个以上）混合物的复合毒性实验（Kortenkamp et al.，2009）。但关于诸如废水和再生水中发现的多种低浓度但高度复杂复合化学物质系统性复合毒性的研究仍非常有限。重要的是，应用生物分析工具进行水质评价相当于测定样品的复合效应。很少有研究对这些混合物的各个组分进行毒性分析。

遗憾的是，许多有关混合物的研究仅是实例研究，缺乏明确的机理解释。在过去的几十年中，药理学概念已经被毒理学采用（Kortenkamp et al.，2009）。有了这些概念上的突破，混合物效应通常分为四类（表 8.1），其中两类比较常见，分别称为独立作用（IA）和浓度/剂量相加作用（CA/DA），并有相关的数学模型。IA 适用于作用于不同靶位和/或具有不同毒性作用模式的化学物质。CA（生态毒理学）和 DA（哺乳动物毒理学）适用于化学物质具有相同作用靶位点或相同毒性作用模式，这些概念提供了从现有信息中获取复合效应的可靠定量预测方法，这些信息包括复杂混合物中单个组分的活性，前提是上述混合物组分之间不发生相互作用。如果混合物组分之间发生相互作用，就会面临组分间复杂的相互影响作用，包括协同作用（比 CA/DA 预测的毒性高）或拮抗作用（比 IA 预测的毒性低）。

	相同靶位 相同毒性作用模式	不同靶位 不同毒性作用模式
混合物内化学物质间不存在相互作用	浓度相加（CA）或剂量相加（DA）	独立作用（IA）
混合物内化学物质间存在相互作用	复杂作用（可能导致协同或拮抗作用）	非独立作用（可能导致协同或拮抗作用）

混合物毒理学概念　　　　　　　　　　表 8.1

　　本章结合精心设计的复合毒性研究实例，介绍和阐明复合毒性概念。这些例子帮助我们理解关注化学物质的累积暴露和综合效应而并非逐一考查单个化学物质的重要性。目前国际研讨中主要关注非常低剂量的混合物，这些混合物中单一化学物质均低于其可观察效应的浓度水平，这种情况下的复合效应是可以忽略不计还是尚需探讨，是目前最主要的分歧。

　　考虑到上述争论，法规制定中提供了一些关于如何处理混合物、多重压力因子和多重暴露途径的指导。化学物质之外的压力因子包括生物的或物理的因素（如温度），虽然人们认识到这些额外的压力因子是相互关联的，但本章仅对累积风险评估中多种化学物质共存这一个因素进行讨论。

　　作为 CA/DA 的一个特例，毒性当量方法（第 7.3 节中介绍）已被证实对具有相同作用模式的化学品风险评估是非常有用的。在本章中，我们将回顾这种方法及其在水质评价中应用的历史。

8.2　特定混合物的毒性

8.2.1　独立作用

　　毒性作用模式不同的化学物质引起相互独立的毒性效应，也就是不能简单地将效应相加。例如，两种化合物，每个产生 60％的效应，不会导致120％的总效应，因为这在生物学上是不可能的。总效应是这些化学物质产生效应的总和减去根据统计独立随机事件概念的个体效应的影响（方程8.1），即 60％×60％＝36％，这导致产生 84％的综合效应。

$$effect_{mixture} = effect_1 + effect_2 - (effect_1 \times effect_2) \qquad (8.1)$$

　　对于含有 i 种组分的混合物，式（8.1）扩展为：

$$\text{effect}_{\text{mixture}} = 1 - \prod_{i=1}^{n}(1 - \text{effect}_i) \qquad (8.2)$$

独立作用中，如果单个组分的效应为零，意味着不会发生复合毒性。然而，在哺乳动物毒理学中的"无观测效应水平"（NOAEL）可高达20%，而生态毒理学中"无观测效应浓度"（NOEC）则高达40%。因此，即使化学物质浓度在 NOAEL 或 NOEC 水平时，也可能发生协同作用，并引起一定的复合毒性效应。

8.2.2　浓度或剂量相加作用

如果化学物质影响相同靶位点或毒性作用模式相同，预计它们的复合效应会遵循剂量或浓度相加规律。在这里，不是将检测到的效应相加，复合毒性取决于导致效应的剂量（哺乳动物毒理学）或浓度（体外毒理学和生态毒理学）。对于二元混合物，解释如下：化学品 A 导致 50% 最大效应（EC_{50}）的浓度为 12 $\mu g/L$，化学品 B 的 EC_{50} 值为 20 $\mu g/L$。在这种情况下，化学品 A 的 EC_{50} 值的一半（CA=6 $\mu g/L$）和化学物 B EC_{50} 值的一半（CB=10 $\mu g/L$）相结合，将会导致 50% 的效应。其他任何组分 A 的 EC_{50} 值和 B 的 EC_{50} 值，只要浓度百分比之和为 1，将会导致 50% 的效应（例如，¼ A 的 EC_{50} 值和 ¾ B 的 EC_{50} 值），可以用一个相应的等效图解释二元混合物的浓度相加的概念（图 8.1）。浓度用毒性单位（TU）表征，毒性单位是混合物中一个组分的浓度（C_i）除以其 EC_{50} 值（$EC_{50,i}$）计算所得。

$$TU_i = \frac{C_i}{EC_{50,i}} \qquad (8.3)$$

连接 $TU_A=1$ 和 $TU_B=1$ 的是一条直线，即 $\Sigma TU_1 = 1$，相当于浓度相加作用（CA，图 8.1）。任何导致 50% 效应的毒性单位（TU_s）组合和 $\Sigma TU<1$ 表明，较低的浓度就可解释产生的效应，就是协同作用。任何导致 50% 效应组合和 $\Sigma TU>1$ 表示独立作用（IA）或者拮抗作用。

对于具有 n 个组分（i）的多组分混合物，每部分占总浓度的比例为 p_i，CA 可以根据下述公式确定该混合

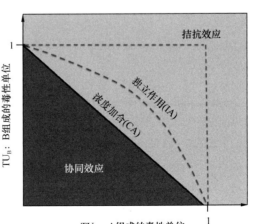

图 8.1　二元混合物的等效线图

物的 EC_{50}（EC_{50}，混合物）：

$$EC_{50,\text{mixture}} = \frac{1}{\displaystyle\sum_{i=1}^{n} \frac{p_i}{EC_{50,i}}} \tag{8.4}$$

IA 和 CA/DA 模型将成为我们建立复合毒性模型的参考。大量基于此的混合物实验已证实这些参考模型的实用性（Kortenkamp et al.，2009）。这些研究的范围简单的体外试验到比较复杂的整体动物试验。这些复合概念最初侧重于生态毒理学终点，现在更频繁地应用于人体毒理学研究。无论对于 CA/DA 或 IA，所有概念研究已经证实，混合毒性明显高于单个化学品的毒性。Kortenkamp 和他的同事最近展望了欧盟毒理学研究的前沿方向，他们得出如下结论："传统通过化学物质逐项分析方法评估风险过于简单，这是复合毒理学领域的共识，我们可能正处于低估化学品对人类健康和环境风险的危险中"（Kortenkamp et al.，2009）。

8.2.3　协同和拮抗效应

当混合物组分相互作用时也会出现除 CA/DA 和 IA 以外的情况，这种相互作用可能发生在毒代动力学阶段（图 8.2）。例如，某个能激活一种代谢酶的组分，会促进其他混合物组分更快地解毒，从而导致所测的混合效应小于 IA 预测的效应，这就是所谓的拮抗作用。如果一个化学品促进另一组分的吸收或者抑制解毒酶，毒代动力学阶段的相互作用则可能会导致协同作用，即实际效应明显强于 CA 模型预测效应。一个典型的例子是胡椒基丁醚（PBO），它是细胞色素 P450 抑制剂，这种酶催化代谢过程中第一阶段的氧化步骤，PBO 经常用于农药制剂，被证实与许多农药有协同效应，如除草剂，阿特拉津。PBO 的存在妨碍这些农药的解毒，并导致它们的毒性比在有机体代谢情况下更高；还有的情况是 PBO 的抑制作用会导致拮抗作用，比如，与有机磷农药共存时，为了抑制乙酰胆碱酯酶，需要代谢活化；最后，一些有机氯农药和阿特拉津诱导细胞色素 P450 活性，从而可以通过增强代谢活性而与有机磷农药发生协同作用。

以此类推，在毒效动力学阶段，在与靶位相互作用时也可能导致拮抗或协同混合毒性（图 8.2）。当化学物质作用在同一靶位点且遵循相同作用模式（毒性通路）时，通常可以用 CA/DA 预测。虽然毒性作用分子途径不同，但在作用模式类似的情况下，CA/DA 也具有适用性。

这种相互作用也可以发生在毒代动力学和毒效动力学之间。例如，芳香烃受体可以通过下调雌激素受体的表达和诱导雌激素代谢酶来抑制雌激素活性。在这些情况下，不同的靶位点不一定直接导致 IA（图 8.2）。

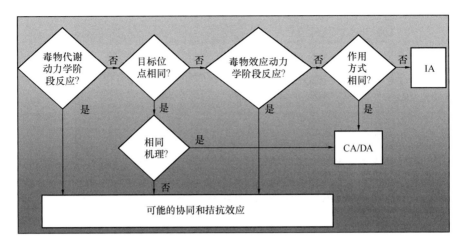

图 8.2　发生协同、拮抗、IA 和 CA/DA 混合效应流程图

　　交互作用也常发生在金属间，却是相当罕见，且不像有机化合物那么重要。尤其是当涉及越来越多组分的混合物时，偏离参考模型 IA 和 CA 的情况变得越来越少。很少有文献报道，将可见效应与 CA／DA 预测效应比较，可以确认混合物的复合毒性效应。（Kortenkamp et al.，2009）。当出现与 CA/DA 偏离的结果时，无论是协同还是拮抗，这种偏离通常不会超过 3 倍。此外，IA 预测的复合毒性仅略小于 CA/DA 的预测（通常也在小于 3 倍之内）。

　　因此，有趣的是，研究不同混合毒性方案之间的细微差别，以推断用于诊断性目标的相互作用机制，CA/DA 可以作为以风险评估为目的复合毒性评价中一个强大的和实际的"最差情况"。CA/DA 另一个优点是，基准毒性值（EC_{50}，LD50）已知或很容易测定，完全可以用于混合物预测计算。另一方面，IA 预测需要建立全剂量响应关系，需要开发复杂的毒物动力学/毒效动力学模型预测协同和拮抗作用。

8.2.4　化学品分类

　　CA/DA 混合毒性概念来自基于明确识别的和相同毒性机制的化学品分类，但是实际经验表明，即使基于相同的毒性作用模式分类，也将导致 CA/DA 响应。当考虑到第 4 章介绍的不良结局通路时，任何相同的毒性通路都可能导致 CA/DA 效应（图 8.3）。美国环保局将相同靶器官或具有相同症状复合效应用附加术语"足够相似的"描述（Teuschler，2007）。

　　对于生物分析工具的应用，这个发现意味着，CA/DA 将发生在明确

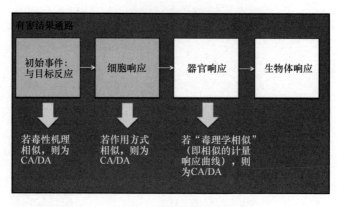

图 8.3   混合毒性概念中不良结局通路关系

定义毒性作用模式或机制的测试分析中。在一系列试验中，从体外和低复杂性的生物测试法到慢性终点体内测试法，雌激素的 CA/DA 已被令人信服地证明（Kortenkamp，2007 综述）。无论是天然雌激素还是外源性雌激素，都以 CA/DA 方式发生作用。

然而这一证据对于其他毒作用模式是不太全面的，但许多文献也证实了 CA/DA 的概念（Kortenkamp et al.，2009）。更重要的是，正如下面的讨论，即使单一化学品以不会导致任何可观测效用浓度时，CA/DA 也是适用的。

8.2.5   "无中生有"

人们通常直观地认为，当混合化学品中每一种化学品存在浓度都低于其已知会产生效应的浓度时，不会造成任何影响。然而，当化学品发生混合时却并非如此。

早在 1988 年，Deneer et al.（1988）混合了 50 种工业化学品，浓度分别低于其各自 EC_{50} 值的 $20\sim400$ 倍，观察到的混合效应符合 CA/DA（表 8.2）。随后，欧洲的研究人员系统地研究和比较了 CA/DA 和 IA 的复合毒性概念。当相似作用的化学品以不同生态毒理终点 EC_{01} 浓度（即 1% 效应水平，实际操作中无法测量）进行混合时，所观察到的效应显著高于基于 CA 的预测值（表 8.2）。

雌激素也存在类似研究（Silva et al.，2002）。将浓度分别为 1% 效应水平的八种外源性雌激素（具有低雌激素效应的工业化学品，如双酚 A）混合在一起后，在酵母雌激素筛查法中产生相当可观的效应。所观察到的效应与 CA/DA 定量预测相一致（表 8.2）。即使是非常强烈的天然雌激素，17β-雌二醇（E2）与很多外源性雌激素混合，且混合比例为 1∶50000

（17β-雌二醇（E2）：外源性雌激素）时，CA/DA 模型仍然有效（Ra-japakse et al.，2002）。在雄鱼中诱导卵黄蛋白原也获得了类似的结果（Brian et al.，2005）。此处卵黄蛋白原的诱导效应是一种雌激素效应的体内实验终点。

具有相同作用模式化合物的"无中生有"效应　　　　表 8.2

作用方式	混合物	生物测试方法	C_i	Exp. effect	CA/DA predict.	参考文献
非特异性毒性	50 种工业化学品	水溞试验	$EC_{50}/400$	50%	50%	1
细胞毒性	10 种喹诺酮类	毒性试验（费氏弧菌的发光抑制）	EC_{01}	54%	72%	2
呼吸解偶联剂	16 种酚类	毒性试验	EC_{01}	82%	95%	3
复制	18 种三嗪类除草剂	绿藻繁殖	EC_{01}	47%	44%	4
雌激素受体结合	8 种类雌激素	酵母雌激素筛查	EC_{01}	~25%	~25%	5
雌激素作用	2 种雌激素，3 种类雌激素	卵黄蛋白原感应（雄性黑头呆鱼）	NOEC	~58%	~50%	6

注：CA/DA——浓度相加/剂量相加；Exp. effect——实验测得雌激素效应；CA/DA pre-dict——CA/DA 预测；C_i——i 组分的浓度；EC_{50}——引起 50% 效应时的浓度；EC_{01}——引起 1% 效应时对应的浓度；NOEC——无观测效应浓度。

参考文献：1（Deneer et al.，1988），2（Backhaus and Grimme，1999），3（Altenburger et al.，2000），4（Faust et al.，2001），5（Silva et al.，2002），6（Brian et al.，2005）。

即使化学品毒性作用模式不同，超过 10 种低效应水平的化学品混合物也可产生与 IA 预测值一致的可测效应（表 8.3）。IA 的概念实际上意味着，如果单个化学品没有效应，混合物也将不会有效应，这一点非常重要。然而，由实验确定的"没有效应"不一定是真正的"零效应"，通常仅仅是一个不可观测的效应。如果以会引起 1% 效应的浓度混合 100 种化学品，复合 IA 效应将高达 63%。如果将会引起 0.1% 效应浓度的 100 种化学品混合，复合效应将达 9.3%。因此，即使是 IA，我们也可以得出复合毒性具有潜在重要性的结论。这些研究结果意味着，对混合效应没有贡献的"安全"浓度水平是不存在的（Kortenkamp et al.，2007）。

不同作用模式（MOAs）化学物"无中生有"效应　　　　表 8.3

混合物中的化学品	生物分析方法	组分 i 的浓度	实验效应	与预测值比较	参考文献
11 种水质优先污染物	绿藻繁殖	NOEC	64%	≈IA（<CA）	1
16 种不同作用模式化学品	绿藻繁殖	NOEC 6.6～66	18%	≈IA（<CA）	2
4 种不同作用模式的农药	E-SCREEN（MCF7 细胞增殖）	NOEC25%～100%	显著的	=IA	3

注：NOEC 无观测效应浓度。CA——浓度相加，IA——独立作用。

参考文献 1 （Walter et al.，2002），2 （Faust et al.，2003），3 （Payne et al.，2001）.

8.3　利用毒性当量概念评估浓度相加效应

毒性当量因子的概念是 CA/DA 混合毒性概念的延伸，且其仅适用于具有相同毒性作用模式（MOA）的化学品。这是一个 CA/DA 的特殊情况，必须满足的条件是具有平行的剂量响应曲线。由于其便于应用和交流，现已广泛应用于混合化学品的风险评估中。

毒性当量因子（TEF）概念最初是由多氯代二苯并二噁英类（PCDD）与芳香烃受体（AhR）结合及相应毒性终点发展而来。TEF 的概念很快被扩展到多氯二苯并呋喃（PCDF）和共平面多氯联苯（PCB）。类二噁英效应的参照化合物是 2，3，7，8-四氯二苯并二噁英（TCDD），它是迄今发现的最强有力的 AhR 活化剂。复合效应由引起同样效应的 TCDD 浓度或剂量表达，而不是将各种化学物质根据 TCDD 一样的 MOA 进行毒性测试处理。

在第 7 章中我们已经知道，具有相同 MOA 的化学物质毒性可以用参照其相对毒性效应 REP_i 表示。对同样的化合物 i 和参考化合物，毒性终点不同，测试物种或细胞不同，以及暴露场景不同，都将会有不同的 REP 值。因此，REF_i 值的估计源于一系列体外、体内和流行病学实验终点。此外，相对一致的毒性当量因子（TEF）由众多专家根据庞大的数据库和专业知识进行推测（Van den Berg et al.，2006）。TCDD 的 TEF 定义为 1，其他二噁英的 TEF 从 1 （penta-CDD）到 0.003 （octa-CDD）。呋喃具有与二噁英（如，2，3，7，8-TCDD 与 2，3，7，8-TCDF）相似的毒性当量因子（TEFs），而多氯联苯的毒性当量因子（TEFs）为 0.00003。

因此，化学品混合物的毒性当量浓度（TEQ）由组分 i 在混合物中的浓度 C_i 和 TEF_i 乘积的总和计算得出：

$$TEQ = \sum_{i=1}^{n} C_i \times TEF_i \qquad (8.5)$$

二噁英的研究已经表明，毒性当量的概念不仅只对受体介导的毒性严格有效，也适用于完整生物体的实验终点。因此，TEQ 的概念也被推荐应用于雌激素（Simon et al.，2007）、多环芳烃（PAH）（Nisbet and Lagoy，1992）和神经毒性的多氯联苯（PCBs）（Simon et al.，2007）的化学风险评估。原则上，只要这样的化学物质通过浓度相加作用，且具有相同的剂量反应曲线斜率（第 7 章），这个概念的使用就可以不受限制。

8.4 风险评估中的混合物

8.4.1 概念

迄今为止，尽管许多管理文件给出或含糊或明确的解决方法，还没有全世界通用的混合物化学品风险评估的方法。

世界卫生组织的国际化学品安全规划（IPCS）已经开发了累计风险评估的框架（IPCS，2009）。这个框架用图 8.4（根据报告略作修改）中层级方法解释了本章讨论的复合毒性概念。作为第一步（问题识别），评估是否会发生暴露是必要的。IPCS 提议在明确考虑复合效应之前，在第一层中采用混合特定外推因子来推导可接受效应水平。在第二层，如果已经确定复合效应的可能性，当仍需进一步描述，默认为 CA/CD。在第三层，需要更多的关于混合组分作用模式（MOAs）的信息，以选择合适的混合毒性风险评估模型。

如果化学品以 CA/DA 为作用模式，个体风险熵值法（RQ_i，参考第 2 章的定义）将加起来，作为 n 个组分 i 的累计风险指数 RI［式（8.6）］。对于 RQ，RI 为 1 是介于可接受（RI ＜1）和不可接受危害（RI ＞ 1）的临界值。

$$RI = \sum_{i=1}^{p} RQ_i = \sum_{i=1}^{n} \frac{暴露水平}{可接受效应水平} \qquad (8.6)$$

不同的暴露和可接受效应水平测量，可能用于生态和人体健康风险评估（如，剂量或浓度）。暴露和可接受效应水平必须具有相同的单位时，式（8.6）才具有意义。

如果可以获得对应的 TEFs 值，RI 值可通过基于混合物的 TEQ 除以参考化合物可接受效应水平得到。

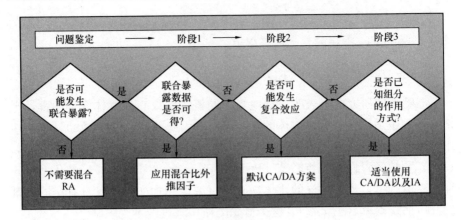

图 8.4　混合物纳入风险评估的步骤（摘自 IPCS, 2009）

CA——浓度相加；

DA——剂量相加；

IA——独立作用；

RA——风险评估

$$RI = \frac{TEQ}{参考化合物可接受效应水平_{参考化合物}} \qquad (8.7)$$

$$RI = \frac{\sum_{i=1}^{n} TEF_i \times 暴露水平}{参考化合物可接受效应水平_{参考化合物}} \qquad (8.8)$$

8.4.2　风险评估中是否需要考虑复合效应

这个问题的答案明显是"有时（视情况而定）"。最大累计比（MCR）可以用于回答"是"或"否"，它是观察到的累计毒性和由一种化学物质引起的最大毒性的比值。

$$MCR = \frac{累计毒性}{由一种化学物引起的最大毒性} \qquad (8.9)$$

在数学上，MCR 可以用 RI 与 RQ_{max} 的比值表示，即 RQ 最大值通过最大暴露和/或效应与化学品有关。

$$MCR = \frac{RI}{RQ_{max}} \qquad (8.10)$$

如果 MCR 等于 1，混合毒性仅有一种混合组分引起。如果所有的混合组分 n 都对累计毒性有贡献，MCR 将达到 n。在第一种情况下（MCR＝1），不需要进行累计风险评估，而在第二种情况下（MCR＝n），累计的风险评估势在必行。

MCR 也是一个混合物最毒组分毒性当量的衡量系数，例如，MCR 为

2，表明最毒化合物引起了复合效应的 50%；MCR 为 1.1，表明其大约引起 90% 的复合效应。实际情况介于两个极值间。在 20 世纪 90 年代，美国地质调查局（USGS）采集了 4000 多个水样，Price and Han（2011）计算了其中农药浓度的 MCR 值。每个样品分析了 83 种农药，其中实际检测到的农药多达 30 种，所得的慢性人体健康 MCR 值的范围为 1~6。在鱼的慢性效应中也发现类似的结论（代表生态风险）。

对于 RI<1 的水样，MCR 值通常高于 RI>1。这些结果表明，在很多单一水样的 RI 超过 1 的情况下，复合毒性由一种或几个组分引起。反过来，对于低毒水样，其主要致毒物质不可能逐个识别，因此，为了评估整体风险需要考虑可能源于许多化学物质的复合效应。

8.4.3　现有法规

IPCS 一直致力于协作开发基于 TEF 概念的二噁英类化学物质复合风险评估的统一方法（Van den Berg et al.，2006）。国际公认的世界卫生组织工作小组定义的 TEF 值，已经应用于许多国家的法规。此外，TEFs 是《斯德哥尔摩公约》的一个重要基础，这是一个保护人类健康免受持久性有机物（POPs）暴露的全球性公约。

国际化学品统一分类和标志系统采用加和模型，其根据已经分类化学品的相对量或基于已分类的相似混合物进行分类（unifed Nations，2003）。除非有迹象表明，以较低浓度存在的组分与毒性关联较大时，否则只有超过质量 1% 的组分需要纳入评估。

美国早在 1986 年就已在其监管框架内实施混合物监管（USEPA，1986）。风险指数方法已用于评价大气污染和危险废弃物风险。美国环保局明确使用复合毒性概念进行农药累积风险评估，采用 CA/DA 评估相同作用模式的农药，采用 IA 评估非相同作用模式的农药（USEPA，2002a）。

同样，在澳大利亚和新西兰，CA/DA 模型已经被推荐用来评估水质是否超过标准（ANZECC/ARMCANZ，2000）。

在欧盟新的化学品法规 REACH 中，明确规范了一些工业混合物（European parliament and Eurpean council，2006a）。REACH 专门针对由未知且可变组分（如石油烃类、表面活性剂）和多组分物质的混合物组成的"物质"。

这类混合物在风险评估中被视为单一化学物质。更具体地说，用以评估化学品是否具有持久性、生物积累性和毒性的（Persistent Bioaccu mulative and Tokic，PBT）评估，是针对混合物毒性的预测（European parliament and Eurpean council，2006b）。对于石油烃类，应用"炔"的方法，将石油烃归类于具有共同物理化学性质的特定组中，并应用 CA/DA 作为混合毒性概念。将来，人们可以期待复合评估的进一步发展，并将其应用于不同环境法规中，正如欧盟委员会最近得出的结论"承认在风险评估中需要考虑化学品联合暴露"（Eu council，2009）。

8.5　混合物和水体质量

8.5.1　成千上万种低浓度化学品存在的水样会出现什么类型的混合效应？

虽然单一组分远低于可观测效应水平浓度的混合物仍可能产生实质性复合毒性的理论已经建立，但还没有文献报道处理超过 50 种已知组分的混合物的方法。因此，如何将基于复合毒性实验结果延伸用于推算包含成千上万种非常低浓度化合物的真实水样尚不清楚。

尽管如此，仍能得到一些结论。基于孔雀鱼的早期混合毒性研究表明，非常低浓度的混合化学品基线毒性可以用 CA/DA 模型进行描述，与这些化学品在高浓度的特定作用模式（MOA）无关（Hermens et al.，1985）。Warne 和 Hawker（1995）将这个概念进一步推广，并指出随着混合物中等效毒性浓度化学物质的增多，结果与 CA/DA 吻合得越好，同时大量实验结果证明了这一假说。然而这意味着，对于真实水样中具有高度可变和非等效毒性浓度化合物的混合情况，影响仍不清楚。

更多关于复杂混合物的研究应该得到提倡，以便得知可能含有成千上万种非常低浓度化学物质的水样中真正发生了什么。尽管目前仅有零散研究，但对复合效应概念的进一步深入理解将大大提升未来的水质评估质量。

8.5.2　缩小混合物化学分析和生物测试的差距：$\mathbf{TEQ_{chem}}$ 和 $\mathbf{TEQ_{bio}}$

毒性当量浓度（TEQ）可以用基于化学分析的预测毒性（$\mathrm{TEQ_{chem}}$）表达，也可以直接源于生物测试（$\mathrm{TEQ_{bio}}$）。$\mathrm{TEQ_{chem}}$ 可以通过个混合物种各组分浓度乘以其相对效应 [REP_i，式（8.11）] 计算。$\mathrm{TEQ_{bio}}$ 是参考化合物的 $\mathrm{EC_{50}}$ 与样品的 $\mathrm{EC_{50}}$ 的比值，如第 7 章所述 [式（8.12）]。

$$\mathrm{TEQ_{chem}} = \sum_{i=1}^{n} C_i \times \mathrm{REP}_i \qquad (8.11)$$

$$\mathrm{TEQ_{bio}} = \frac{\mathrm{EC_{50}}\ (\mathrm{reference\ compound})}{\mathrm{EC_{50}}\ (\mathrm{sample})} \qquad (8.12)$$

当 $\mathrm{TEQ_{chem}} \approx \mathrm{TEQ_{bio}}$ 时，化学分析法可以确定引起可观测效应的主要

化学物质。这是受体介导的毒性机制研究中可能发生的理想情况，其化合物活性已被研究透彻，如雌激素活性、乙酰胆碱酯酶抑制，或通过结合到光合体系Ⅱ的光合抑制作用。这个概念已经在内分泌干扰物研究中得到了广泛应用和测试，特别是雌激素效应。已经有很多研究报道，生物分析法与化学分析法所得的雌二醇当量浓度（EEQ）具有很好的一致性（分别是EEQ$_{bio}$和EEQ$_{chem}$），特别是当两个强烈的天然雌激素和较弱但存在量更大的外源性雌激素（如壬基酚和双酚A）同时被纳入到计算中时（Rut-ishauser et al.，2004；Leusch et al.，2010）。

然而对于非特异性效应，如细胞毒性，化学分析通常只能解释TE-Qbio的1%或者更少（Vermeirssen et al.，2010；Reungoat et al.，2011）。在这种情况下，复合效应的生物分析评估将成为一个宝贵的评估工具。在第12章的实例说明中将进行更深入的讨论。

8.6 结论

如果一种化学品占整体毒性的主导地位，其他化学品是惰性的，或它们的复合效应不超过占主导组分的毒性，此时关注单一化学品进行风险评估是合理的。这种情况只会偶尔发生在受污染的场地或工业废水。然而在污水和处理后的水中，我们通常面对成千上万种化合物，包括很多未知化学品和转化产物。而在这种情况下，完全理解和评价复杂混合物的交互作用几乎不可能，生物分析工具将对整体复合毒性提供有价值的信息。试图解析任何给定水样中所有的化学品都是徒劳的，但是联合化学分析和生物测试，将会提供给我们关于风险特征的丰富信息。利用毒性当量概念，通过比较源自生物测试的TEQ$_{bio}$和化学分析测定的TEQ$_{chem}$，可以估计已知和未知化合物对可观测效应贡献的比例。

第 9 章
水质评价中生物分析工具研究现状

9.1 引言

体外生物测试法基于毒性通路上相关启动响应，或与已知健康结果的毒性模式相关，有潜力成为有用的水质评价工具。但是，有些测试法不适合水样测试。在水基质成分和其他化学品存在的情况下，在作为监测工具应用之前必须说明和验证检测方法的稳定性和特异性。本章介绍已经应用于水质检测的基于细胞的生物测定法，应该指出的是，这个列表不可能包括所有已应用的检测方法，但提供了一个很好的关于目前水质检测方法的综述。这里不包括仅限于单个化合物或已知成分混合物的化学风险评估测试方法，但是也有少数例外情况，如有前景的基于人类和哺乳动物细胞为基础的方法，这些方法可以检测人类及生态环境健康密切相关的毒性终点，但是尚未在水质监测中验证。

正如在第 4 章中介绍，细胞可以作为模拟整个生物体许多关键过程的模型。例如，应用一个与毒效动力学过程相关的细胞系统确保是生物测定。细胞反应可视为三个步骤的毒性通路，即从分子间相互作用到细胞效应（图 9.1）。一些生物测定是能够检测始发事件，即微污染物与目标生物的相互作用。初始事件被视为可衡量潜在效应，因为修复和防御机制可以防止不利结果发生。从防范风险的角度来看，可能产生不良结局是一个重要的评估终点。然而，通常不可能直接测量初始事件。在这种情况下，细胞响应通路中的某个步骤（或使用天然生物标志物或报告基因）可被量化

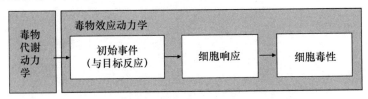

图 9.1　细胞中的毒性通路（据第 4 章改进）

为检测终点。最后，细胞毒性（细胞死亡或减少增殖）是对所有细胞毒性通路的综合量化参数（图9.1）。

9.2　细胞生物检测法的基本原理

生物分析工具中应用到的细胞可为原代细胞或永生化细胞系。原代细胞从活生物体中分离（如从肝组织中分离的原代肝细胞），通常是具有代表性的"自然"细胞功能的有机体。然而，原代细胞在体外的寿命有限，并最终停止分裂，这不仅降低生物分析工具的伦理压力，由于不同批次细胞可来源于不同的个体。这增加了结果的变化性，在另一方面，永生化细胞系已突变为可无限增殖，这意味着可以持续供应相同细胞，以确保使用相同细胞系的不同实验之间的可比性。由于基因突变，即使是永生化细胞，基因表达也可以随时间而改变，因此，保持传代次数（细胞培养物的年龄指标）为40~80代非常重要，这也取决于细胞类型。

各种细胞和细胞系均可用于生物测试，几乎任何生物体均可利用，包括人类和其他哺乳动物（如小鼠和猴），简单的真核生物（如植物和酵母），或原核生物（如细菌）。较高等生命形式属复杂得多细胞生物体，具有许多不同类型的细胞，其中有许多可以在体外培养，并用作基于细胞的生物测试模型。一种生物测试中使用何种细胞和何种细胞类型取决于何种研究毒性终点、作用方式和毒性通路（图9.1）。

在所有细胞测试方法中，均可使用测定细胞生长速率和存活率来定量检测非特异性的细胞毒性，也可通过使用专门的细胞计数（如流式细胞分析仪和血球计）直接计数细胞，或通过间接（如代谢和线粒体活动、主动转运机制和细胞的膜透性等）测量细胞活动，（详见第9.4节）。

在某些情况下，原生细胞中启动响应可导致特定可检测的细胞响应，这就是所谓的生物标志物，可以是变化的状态、化学物质或蛋白质的产生。鱼肝细胞暴露于雌激素化合物时，会生产卵黄蛋白原，这是一个生物标志物的典型例子。通常情况下，本能响应是难以测量的，细胞可以通过基因改良为基因重组细胞，目的是在回应的启动事件时产生可衡量的效应（图9.2）。

MOA——（有毒）作用模式

报告基因检测是基因工程中用于增强细胞响应可视化的例子。在报告基因测试中，具有易于检测产物［如荧光蛋白质（如绿色荧光蛋白（GFP））或酶（例如荧光素酶和β-半乳糖苷酶）］的基因编码与一个特定作用模式的启动子区搭配，当启动事件触发细胞响应时，报告基因转录为信

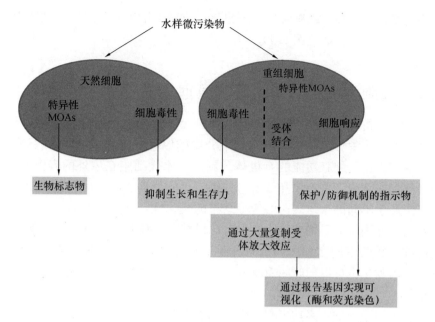

图 9.2　基于细胞检测方法和评估终点类型

使核糖核酸（mRNA），然后翻译成荧光蛋白或酶，进而可用荧光或酶法测定（图 9.3）。

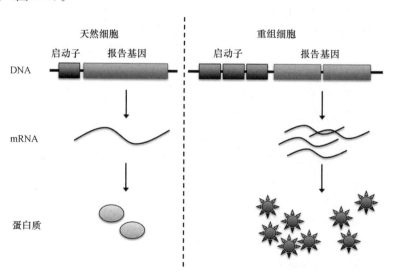

图 9.3　报告基因检测原理

注：质粒含有天然基因启动子，其下游插入一个报告基因的重组细胞，激活启动子的结果是生产荧光报告蛋白。

由细胞遗传机制产生的报告基因产物与诱导受体成正比。在一些重组细胞中，启动子和报告基因的多拷贝复制可提高检测灵敏性。一个典型的报告基因技术例子是 AhR-CAFLUX 测试法（Nagy et al.，2002），本方法利用质粒稳定转染鼠标肝癌细胞（Hepa1c1c7），该质粒含有四个二噁英反应元件（DREs）启动子，其下游链接报告蛋白（增强型绿色荧光蛋白，EGFP）。当暴露于二噁英类化合物时，这些重组细胞产生 EGFP，EGFP 总量与样品刺激 AhR 的数量直接相关。

9.3　一套合理的生物检测方法设计

规划一套完善的生物测试方法时，需要考虑多个因素。首先，组合生物测试法需要至少包含三个主要毒性机制中的一种，即非特异性、反应性和特异性毒性。这意味着组合生物测试法必须包括至少一种基础细胞毒性测试法，至少一种反应性毒性（如遗传毒性、诱变性或氧化应激反应测试法），和至少一个（优选更多）测试干扰与受体结合和/或酶功能的特异性毒性测试法。在过去十年中，研究主要内分泌干扰效应，特别是检测雌激素效应。突出这一重点的原因是，集中于雌激素在非常低的浓度下即可产生效应，地表水中检测到的浓度范围对鱼类生殖已经产生了可观察到的影响。然而，在任何组合各种类型的生物测定方法中确保评估终点足够广泛、提供全面的水质评价至关重要。

此外，利用生物测试法检测自适应压力作为检测细胞压力的一般检测方法。发展组合生物测试方法将进一步明确其包含哪些生物分析方法正如前面章节中讨论的一样，可以针对特定化学物选择生物测试法（如光合作用抑制与除草剂浓度往往具有非常好的相关性），或者以保护为目标的相关毒性终点（如细菌细胞毒性检测对预测有毒物质对污水处理厂中微生物影响非常有用）。在大多数情况下，这两种方法相互交叉。例如，评价雨水回用与灌溉适宜性时，一般采用针对光合作用抑制的测试方法或者检测样品中是否存在的除草剂（化合物质驱动的），因为光合作用抑制是与农作物灌溉相关的毒性终点（保护目标驱动的）。对再生水适用作为饮用水的项目时，一般采用遗传毒性的生物测试法，因为保护人体健康是其目标，一些可能出现在再生水中的有害化合物（例如，消毒副产品）具有遗传毒性。重要的是，组合方法中的每个测试方法需进行充分验证，并且要充分了解影响数据质量的问题。本书第 10 章提供了一些质量保证和质量控制的建议，有助于确保产生可靠且有意义的数据。

9.4　指示非特异性毒性的生物测试法

非特异性毒性通常关注细胞的最终结局：即细胞死亡。细胞综合状态可以直接衡量样品中化学品潜在的基线毒性，因此，在毒性通路中，细胞毒性是最综合的衡量方式（图 9.1）。针对特定毒性作用模式的细胞生物测试法，重要的一点是需要同时测量其细胞毒性，目的是验证特定毒性响应不被细胞毒作用抑制（第 7 章中讨论的"细胞毒性干扰"）。许多直接和间接技术都可以用于测量细胞活性（表 9.1～表 9.4），可以利用流式细胞仪或者利用血球计数板计数，直接测定细胞生长和增殖（Wang and Zheng，2002），尽管后者操作繁琐，但对于多个样品比较实用。更常见的是，使用染料来测量细胞膜完整性或细胞代谢活性这样的间接方法来确定细胞存活率。可用的间接方法包括测量线粒体脱氢酶活性（如四唑盐、MTT 和 XTT 化验）、主动运输和溶酶体功能[如中性红入（NRU）]、代谢活性和能量代谢（如刃天青/ Alamar 蓝法、ATP 化学发光法）和膜的完整性[如乳酸脱氢酶（LDH）和 5-羧基荧光素二乙酸酯的乙酰氧甲基、甲基酯（CFDA-AM）]。测量蛋白质含量（如 kenacid 蓝和磺基罗丹明 B（SRB）染色检测）的方法也常被使用，尽管这些方法通常不是直接的细胞活性指标。染料也可以用于评价细胞生长（抑制程度）。

在体外试验中选用细菌评价水样细胞毒性

（目标：所有潜在化学品）　　　　　　　　　　　　　表 9.1

测试方法	细胞类型	终点	参考文献
生物发光抑制测试（称为 Mictotox，Biotox，MicroLumo，Lumistox，Luminotox，ToxAlert and ToxScreen）	费氏弧菌、明亮发光杆菌和鳀发光杆菌	天然海洋发光细菌（发光抑制）	1～5
微生物风险评估分析（MARA）	多物种（10 种细菌和一种酵母）	生长抑制（形成沉淀）	6，7

参考文献：1（Escher et al.，2008b），2（ISO11348-3，1998），3（Farre et al.，2006），4（Johnson，2005），5（Ulitzur et al.，2002），6（Wadhia，2008），7（Wadhia et al.，2007）.

9.4.1　细菌测试法

细菌生物荧光抑制试验（如 Microtox 和 ToxScreen）是水质监测中使用最广泛的细胞毒性测试方法（表 9.1）。这种类型的检测采用天然发光细菌（费氏弧菌、明亮发光杆菌和鳀发光杆菌）的发光强度来衡量整体细胞能量状态和健康状况。发光输出减少表明干扰了其能量代谢和总体细胞健康，它反映的是样品中所有化学物质的基线毒性。因此，细菌生物发光抑制试验非常适用于筛查非特异性毒性。该方法在水质监测中应用广泛，成本低且操作简便，而且提供了大量的可以比较的信息。Microtox 测试了多种类型水样，如煤炭气化（Timourian et al.，1982）、炼油厂（Chang et al.，1981）、造纸（Rosa et al.，2010）和污水处理厂（Farre et al.，2002）废水，环境水样（Dizer et al.，2002）和饮用水（Guzzella et al.，2004）。已经有研究使用 96 孔板进行测试（Macova et al.，2010）。细菌生物发光抑制检测方法速度快（30min），与人和哺乳动物细胞相比，灵敏度高，部分原因是细菌培养基对化学品的吸附能力比细胞培养基弱，这种吸附作用可导致利用复杂培养时化学品生物可利用性降低（如基于哺乳动物细胞的测试方法）。然而，响应时间短是细菌生物发光抑制试验的一个缺点，它只提供急性毒性测量，没有足够的时间吸收更多疏水化学物以达到稳定状态。

细菌生长抑制是一种简单细胞毒性测试方法，它可通过直接使用光学密度量化和/或形成可肉眼观察的沉淀。用于风险评估微生物（MARA）多组分检测法是细菌生长抑制试验的例子，已应用于水质监测（Wadhia et al.，2007；Wadhia，2008）（表 9.1）。沙门氏菌微孔板细胞毒性测定法通过光密度测量其生长抑制（Kargalioglu et al.，2002；Plewa et al.，2004b），结合改进的艾姆斯（Ames）致突变试验，发展了评估饮用水消毒副产物（DBPs）的组合测试法（第 9.5.1 节，表 9.5），但还没有进行实际水样测试。

9.4.2　酵母测试法

酵母（通常是酿酒酵母（Saccharomyces cerevisiae））是另一种用于测试水样细胞毒性的体外测试系统（表 9.2）。细胞活性的检测终点是存活率和生长抑制，可以通过光密度或染色技术（测量 9.4 节的介绍）来测量。经常检测酵母细胞毒性，作为其特定毒性检测质量保证的第二终点。GreenScreen 是一种酵母检测法，其中细胞毒性测试和遗传毒性试验同时进行（见 9.5.1 节）。该测定方法已在水质监测中应用（Keenan et al.，2007）。

利用酵母体外测试法评估水样的细胞毒性

（目标：所有潜在的化学品）　　　　表 9.2

测试方法	细胞类型	毒性端点	参考文献
酵母生长抑制（包括 Green-Screen 和 MARA 测试方法）	酿酒酵母（几株）	直接测量（吸光度）或染色（如四唑红）	1～6

续表

测试方法	细胞类型	毒性端点	参考文献
酵母细胞存活率	酿酒酵母（几株）	利用染色技术测试细胞生存率	7～9

参考文献：1（Cahill et al.，2004），2（Rutishauser et al.，2004），3（Keenan et al.，2007），4（Schmitt et al.，2005），5（Wadhia et al.，2007），6（Fai and Grant，2010），7（Guzzella et al.，2004），8（Guzzella et al.，2006），9（Zani et al.，2005）.

9.4.3　鱼细胞系测试法

鱼类细胞常用于水质生态毒理学评价（表9.3）。使用细胞毒性试验检测细胞毒性作用，目的是作为组合测试方法的一部分，或为特异性毒性检测提供质量保证。非特异性毒性测试通常是利用不同染色技术（包括Alamar 蓝色和中性红吸收）染色后检测鱼细胞（表9.3）。

使用鱼细胞体外生物测试法评估水样细胞毒性

（目标：所有潜在的化学物质）　　　　　　　　表 9.3

生物测试	细胞类型	终点	参考文献
Alamar 蓝测试（也称为刃天青还原测试）	虹鳟鱼（*Oncorhynchus mykiss*）肝脏和鳃细胞（如，*RTL-W1 RTgill-W1*），布朗大头鱼（*Ictalurus bebulosus*，BB-3 细胞系）	由活细胞产生的荧光物质还原底物（Alamar 蓝）	1～5
CFDA-AM	虹鳟鱼（*O. mykiss*）肝脏和鳃细胞（如，*RTL-W1 RTgill-W1*），布朗大头鱼（*Ictalurus bebulosus*，BB-3 细胞系）	膜完整性 在血清体膜中，酯酶底物（CFDA-AM）转换为荧光产物	2～6
中性红（NRU）测定吸收	虹鳟鱼（*O. mykiss*）肝细胞（RTL-W1）	细胞活性染色（保留中性红）	7～10
碘化丙锭（PI）染色和流式细胞仪	虹鳟鱼（*O. mykiss*）肝细胞	PI 是荧光基因，可与核酸结合产生荧光，DNA 含量可通过荧光含量定量。	11, 12

参考文献：1（Page et al.，1993），2（Schreer et al.，2005），3（Schirmer et al.，2001），4（Grung et al.，2007），5（Farmen et al.，2010），6（O'Connor et al.，1991），7（Borenfreund and Puerner，1985），8（Klee et al.，2004），9（Keiter et al.，2006），10（Wolz et al.，2008），11（Zucker et al.，1988），12（Gagné and Blaise，1998）. CFDA-AM——5-羧基荧光素二乙酸甲基甲酯；NRU ——中性红摄入。

9.4.4　哺乳动物和人细胞系

基于哺乳动物和人细胞的检测方法通常用于测量特定毒性。然而，如前所述，当进行这些测试时也要同时检测基线毒性，这对于确保特定响应没有被细胞毒性屏蔽是非常重要的。例如，哺乳动物细胞改进的沙门氏菌微孔板细胞毒性试验，结合遗传毒性试验（参见第 9.5.1 节），已经被用于筛查游泳池水质毒性（Liviac et al.，2010；Plewa et al.，2011）。微孔板细胞毒性试验采用结晶紫染色 CHO 细胞，以供后续酶标仪分析（Plewa et al.，2002；Plewa et al.，2004a）。表 9.4 中列出了基于哺乳动物（包括人类）细胞的细胞毒性测试法在水质监测中的应用。这些生物测试法针对水中所有化学物质，每个化学物质都应该有细胞毒性作用，但效力不同。对于成功的风险评估，采用与所关注的特定情况相关且有代表性的细胞类型是非常重要的。正如前面章节中讨论，由于选择性和细胞特异性功能，不同类型的细胞可能显示出不同毒性（Seibert et al.，1996）。例如当评估饮用水中化学物诱导毒性时，应该测量肠道和肝细胞的细胞毒性，因为这些细胞类型可能暴露在摄入高剂量饮用水中。使用体外测试评估急性毒性的常见问题在评估化学品急性毒性风险评估的文献中有更详细的描述（Seibert et al.，1996；Gennari et al.，2004；Ukelis et al.，2008）。

9.5　指示反应性毒性的生物测试法

反应性毒性包括由遗传毒性和非遗传毒性导致的致癌性和氧化应激。

9.5.1　具有遗传毒性的致癌物

癌症研究领域已经持续了几十年，一些用于水质综合评价的生物分析工具也适用于医疗领域。遗传毒性试验包括突变（即引入突变，如 Ames 试验）和细胞遗传学损伤（即 DNA 结构损伤，如彗星试验）检测（表 9.5）。

1975 年发表后不久，Ames 试验就用于水质致突变物检测（Ames et al.，1975）。试验已广泛应用于多种水质类型检测，包括地表水（Pelon et al.，1977；Vankreijl et al.，1980）、臭氧化再生水（Gruener，1978）、煤气化过程水（Epler et al.，1978）、饮用水（Simmon and Tardiff，1976；Nestmann et al.，1979；Cheh et al.，1980）、海洋水（Kurelec et al.，1979）、纸浆和造纸厂废水（Bjorseth et al.，1979；Carlberg et al.，1980）和不同类型的污水（Rappaport et al.，1979；Saxena and Schwartz，1979）。

十年后发展起来的 SOS Chromo 测试法（Quillardet et al.，1982）和 SOS umu/umuC 测试法（Oda et al.，1985）成为水质遗传毒性常规筛查工具。这两种 SOS 检测技术都是通过比色法检测 DNA 损伤诱导的 SOS 响应。在 20 世纪 90 年代，SOS umu 和 Chromo 试验优化后作为地表水毒性筛查方法。（Reifferscheid et al.，1991；Langevin et al.，1992）。最近，开发了基于生物发光检测 SOS 响应的 Vitotox 试剂盒（van der Lelie et al.，1997；Verschaeve et al.，1999），Vitotox 试剂盒已在水质筛查中得到应用（Pessala et al.，2004）。

利用人和其他哺乳动物细胞的体外生物测试法用于水质细胞毒性评估

（目标：所有化学品）　　　　　　　　　　　　表 9.4

测试方法	细胞类型	终点	参考文献
Alamar 蓝色测试（也称为刃天青还原测试）	人肾细胞（HK2）	由活细胞产生的物质还原底物发荧光（Alamar 蓝）	1，2
Caco2-NRU	人上皮肠癌细胞（Caco-2）	细胞活性（NRU 测试法测量）	3～5
MCF-7-NRU	人乳腺癌细胞（MCF-7）	细胞活性（NRU 测试法测量）	6，7
LDH 泄漏，96 非放射性细胞毒性测定	人肝细胞（HepG2）	细胞活性 利用比色法测量溶解细胞的 LDH 泄漏	8～10
哺乳动物细胞微孔板细胞毒性测试	中国仓鼠卵巢细胞（CHO AS52）	细胞生长抑制（在 595nm 下测量吸光度）	11～13
MTT 测试	很多人源细胞（如，Hep-G2、MELN、HG5KN-hPXR（转染的 HeLa 细胞））和其他哺乳动物细胞（如，小鼠淋巴瘤细胞 EL4.3）	比色测量活细胞	7，14～18
SRB 测试	老鼠神经母细胞瘤细胞（neuro-2A）；人胎儿肺细胞（MRC-5）	细胞生长（通过蛋白质染色测量）	19，20

　　参考文献：1（Page et al.，1993），2（Bunnell et al.，2007），3（Borenfreund and Puerner，1985），4（Konsoula and Barile，2005），5（NWC，2011），6（Ma et al.，2005），7（Zegura et al.，2009），8（Nachlas et al.，1960），9（Promega，2009），10（Marabini et al.，2007），11（Plewa et al.，2000），12（Plewa et al.，2002），13（Plewa et al.，2004a），14（Mosmann，1983），15（Miege et al.，2009），16（Shi et al.，2009b），17（Creusot et al.，2010），18（Delgado et al.，2011），19（Skehan et al.，1990），20（Cetojevic-Simin et al.，2009）. LDH——乳酸脱氢酶；MTT——四甲基偶氮唑盐，NRU——中性红摄入；SRB——磺酰罗丹明 B。

利用体外测试法评估水样遗传毒性
（目标：氯消毒副产物、芳香胺、多环芳香烃（PAHs）、卤乙酸等消毒副产物（DBPs））

表 9.5

测试方法	细胞类型	终　　点	参考文献
DNA 损伤 SOS 响应测试：umuC 测试法（也称为 umu 和 SOS/umu），umu 微测试和 SOS chromotest	细菌：鼠伤寒沙门氏菌 TA 1535/pSK 1002	诱导 umu 操纵子（SOS 响应）激活 β-半乳糖苷酶，可以代谢基质产生为可比色测量颜色的产物	1~8
有 SOS 缺陷的大肠杆菌细胞毒性	大肠杆菌（几种 K12 AB 和 KL 株）	菌落形成	9, 10
Vitotox 测试（检测 SOS 响应的试剂盒）	基因改造的鼠伤寒沙门氏菌（TA 104 recN2-4 株）	SOS 响应将诱导生物发光（TA 104 prl 株，其持续表达 lux 基因用做阳性对照）	11, 12
彗星实验（单细胞凝胶电泳测试，SCGE）	很多哺乳动物（包括人源）细胞和鱼肝细胞（斑马鱼 Danio renio 和虹鳟鱼 Oncorhynchus）RTL-W1，RTH-149）	检测单细胞中 DNA 双链断裂（在一些变体单中为单链断裂）。染色技术，荧光。图像分析结果，输出的图像像一颗彗星。彗星的主体代表未损坏的细胞，尾巴代表受损的染色体。	13~18
碱性酵母彗星测试/SCGE	酿酒酵母 DLH3	与普通彗星测试一样，但可能比哺乳动物细胞系更敏感	19
利用流式细胞术检测微核形成（FCMN 或 FCMMN 测试）	非分泌的人淋巴母细胞（WIL2-NS）	微核形成，通过流式细胞术检测	20, 21
碘化丙锭（PI）染色和流式细胞术	可以利用哺乳动物和人源细胞	PI 是荧光基因性，结合核酸后可化学计量。DNA 量可以通过荧光进行量化。	22, 23
GreenScreen EM（酵母报告基因检测）	在酿酒酵母中转入携带 γEGFP3 的质粒	DNA 损伤，或而产生 DNA 修复，诱导表达。报告基因绿色荧光蛋白（GFP）	24, 25
致突变性 Ames 实验（以及改进的 Ames 实验）	鼠伤寒沙门氏菌（很多株，包括 TA98、TA100 和 98NR）	组氨酸回复突变体数量	26~29
Mutatox 测试	费氏弧菌	基因损伤（如移码、碱基替换点突变或其他），诱发一个黑暗变体使费氏弧菌恢复发光	30

续表

测试方法	细胞类型	终 点	参考文献
替代诱变试验	酿酒酵母 D7 二倍体细胞株	在选择性培养基上形成突变基因特异的克隆	31
诱导姐妹染色单体交换（SCE）	中国仓鼠肺细胞（CHL）	通过荧光染色技术检测 SCE	32，33

参考文献：1（EN ISO 13829，2000），2（Oda et al.，1985），3（Hu et al.，2007），4（Cao et al.，2009），5（Reifferscheid et al.，1991），6（Langevin et al.，1992），7（Quillardet et al.，1982），8（White et al.，1996），9（Aleem and Malik，2003），10（Aleem and Malik，2005），11（van der Lelie et al.，1997），12（Verschaeve et al.，1999），13（Ostling and Johanson，1984），14（Rydberg and Johanson，1978），15（Singh et al.，1988），16（Schnurstein and Braunbeck，2001），17（Plewa et al.，2002），18（Wagner and Plewa，2008），19（Miloshev et al.，2002），20（Laingam et al.，2008），21（NWC，2011），22（Nicoletti et al.，1991），23（Riccardi and Nicoletti，2006），24（Cahill et al.，2004），25（Keenan et al.，2007），26（Ames et al.，1975），27（Maron and Ames，1983），28（Barrueco et al.，1991），29（Kado et al.，1986），30（Ulitzur et al.，1980），31（Zimmemann et al.，1975），32（Ohe et al.，2009），33（Perry and Wolff，1974）。

彗星试验（也称为单细胞凝胶电泳（SCGE）检测）是一种用于受污染水体反应性毒性检测的常用技术，这种方法依据完整和受损 DNA 在电场中迁移行为差异（Rydberg and Johanson，1978；Ostling and Johanson，1984）。最初，彗星试验用于检测 DNA 双链断裂，但后来被优化为可检测单链断裂（Singh et al.，1988）。2001 年，第一次应用彗星试验对中国和德国的河流水质进行遗传毒性评估（Schnurstein and Braunbeck，2001；Zhong et al.，2001）。GreenScreen 方法在微型板中检测转染绿色荧光蛋白（GFP）酵母中的 DNA 修复（由于 DNA 损伤）（Cahill et al.，2004），GreenScreen 方法已应用于工业废水遗传毒性评估（Keenan et al.，2007）。

最近，已经开始应用流式细胞仪检测人体淋巴细胞（WIL2-NS）暴露于各种水质时微核形成能力（Laingam et al.，2008），包括经过处理的污水、再生水和饮用水（NWC，2011）。

地表水（即河流和湖泊）和废水的水质生物分析筛查最为关注。然而，饮用水化学消毒（如氯、二氧化氯和臭氧）中形成的潜在有害产物也倍受关注，生物分析技术在这一领域是非常有用的工具，主要因为很多消毒副产物还没有被鉴定（Richardson et al.，2007）。Plewa 和其同事已经开发出利用细菌和哺乳动物的检测方法测试消毒副产物 DBP 时遗传毒性。沙门氏菌预孵育法是一种改进的 Ames 致突变试验（Kargalioglu et al.，2002；Plewa et al.，2004b，表 9.5），要结合进行鼠伤寒沙门氏菌（Salmonella typhimurium）微孔板细胞毒性测定（第 9.4.1 节）。在单细胞凝胶电

泳彗星试验中，利用哺乳动物细胞 CHO，同时利用微孔板检测细胞毒性
（Plewa et al.，2002；Plewa et al.，2004a）。沙门氏菌尚未测试水样，但
CHO 细胞测试法已用于评估娱乐水体水质（Liviac et al.，2010；Plewa et
al.，2011）。

　　另外，还有几个体外试验可检测遗传毒性致癌物，包括胸苷激酶
（TK）和次黄嘌呤鸟嘌呤 phosphoribosultransferase（HPGRT）突变试
验，姐妹染色体互换（SCE）检测和染色体畸变试验（ABS）（综述于
Combes et al.，1999；Kowalski，2001），但这些方法通常在水质监测中尚
未应用。表 9.5 中列出了可用于检测水质遗传毒性的方法。

9.5.2　非遗传毒性亲电机制

　　反应性毒性，还可以通过攻击亲电化学物（亲电试剂，如农药阿特拉
津）发生，这些物质通过结合内源性亲核分子（电子给体）对结构照成损
坏。生物亲电试剂，如肽和蛋白质中的氨基酸半胱氨酸和 DNA 碱基。
DNA 反应引起遗传毒性一直研究，但结合无毒性半胱氨酸的生物测试尚
未用于水质评价。蛋白质损伤也可能导致不良影响，但对此方面的理论知
识还不甚清楚。谷胱甘肽（GSH）是一种小分子含有半胱氨酸的三肽，作
为抗氧化剂和解毒亲电子剂来保护细胞，暴露于异型生物质有可能导致
GSH 耗竭，从而最终导致蛋白质损伤。细胞中高浓度 GSH 的消耗可以用
化学法或酶法定量测定，尽管已经评估了各种细胞类型和水样对细胞内
GSH 的耗竭（表 9.6），但仍很难解释其结果代表的意义。

利用体外生物测试法评估蛋白质（GSH 耗竭）的反应性毒性

（目标：所有的化学品）　　　　　　　　　　　　　　表 9.6

测试方法	细胞类型	终　　　点	参考文献
谷胱甘肽（GSH）测试	人肝细胞（Hep-G2）	GSH 消耗 细胞内谷胱甘肽浓度的量化	1，2
谷胱甘肽（GSH）还原酶酶回收试验（修正）	虹鳟鱼原发性肝细胞	GSH 消耗 比色测定细胞内谷胱甘肽浓度	3～5
微分细菌生长抑制试验	大肠杆菌（MJF276 and MJF335（突变株））	生长抑制 比较两个不同菌株 EC50，突变株缺乏谷胱甘肽对细胞的防御	6，7

　　参考文献：1（Hissin and Hilf，1976），2（Marabini et al.，2006），3（Owens and Belcher，
1965），4（Baker et al.，1990），5（Farmen et al.，2010），6（Harder et al.，2003），7（Richter and
Escher，2005），GSH——谷胱甘肽。

　　谷胱甘肽对细胞活性的作用也可以用细菌测定法评估。野生型大肠杆

菌 MJF276 和其突变株 MJF335 的不同之处在于，MJF355 缺乏合成谷胱甘肽的酶，在生长抑制试验中，这两个菌株显示相同的灵敏度，除非测试的化学品是活性亲电子试剂。如果所测化学品为活性亲电子试剂，突变株不能合成谷胱甘肽酶，因此所得到的 EC_{50} 值将低于野生型。至目前为止，该方法只适用于化学品风险评估（Harder et al.，2003；Richter and Escher，2005），但是这种方法在未来具有良好的应用前景，包括在水质检测中应用。

9.5.3 外遗传致癌物

水中大部分致癌性检测集中在遗传毒性致癌物，尤其是致突变物（第 9.5.1 节）。外遗传致癌物是一些能与 DNA 反应的化学物质，通过非遗传毒性机制。可能会导致癌症基因表达改变，在化学品风险评估中，使用 BALB/c 3T3 老鼠胚胎成纤维细胞的细胞转化试验，可精确模拟体内致癌作用各个阶段，并提供一种集成多种机制的致癌性检测方法，包括遗传毒性和非遗传毒性通路（Combes et al.，1999）。据我们所知，这些测试方法尚未用于水质综合评价。

9.5.4 氧化应激

检测水样氧化应激的方法列在表 9.7 中。水样中活性氧物种（ROS）的存在是氧化应激的预警信号（Marabini et al.，2006）。ROS 可以使用比色法量化，其中的活性氧的氧化会导致细胞发荧光。然而，这种检测终点缺乏特异性。在饮用水消毒研究中，测试了氧化应激（表 9.7），这表明脂质过氧化作用产物的存在，尽管没有 ROS，仍然可以检测到抗氧化酶活性（Shi et al.，2009b）。当细胞暴露于水样时，胞内自由基（超氧化物和羟基自由基）产生的 ROS 可以被检测到（Xie et al.，2010）。

可用的或潜在可用的体外试验评估水样氧化应激
（目标：所有活性化学物质和活性氧）　　　　表 9.7

测试方法	细胞类型	终　点	参考文献
活性氧物种（ROS）测试（间接检测 ROS）	人肝细胞（Hep-G2）	氧化底物（DCFH-DA）导致荧光产物	1～3
ROS 测试（同上）	虹鳟鱼原发性肝细胞	氧化底物（DCFH-DA）导致荧光产物	4
抗氧化响应	Hep-G2 细胞	抗氧化酶活，谷胱甘肽过氧物酶（氧化酶）、超氧化物歧化酶（SOD）	3, 5, 6

续表

测试方法	细胞类型	终　点	参考文献
抗氧化响应	人肝细胞（Hep-G2，L-02）	细胞脂质过氧化反应产物丙二醛（MDA）浓度	3，7，8
诱导的氧化应激响应途径：Nrf2 激活①	各种哺乳动物细胞系，Nrf2-ARE 通路与荧光素酶耦合	荧光素酶的生产与压力源浓度成正比	9，10

参考文献：1（Wang and Joseph，1999），2（Marabini et al.，2006），3（Shi et al.，2009b），4（Farmen et al.，2010），5（Flohe and Gunzler，1984），6（Oberley and Spitz，1984），7（Yagi，1998），8（Xie et al.，2010），9（Wang et al.，2006），10（Villeneuve et al.，2008）. DCF-DA or DCFH-DA——2'，7'-二氯荧光乙酰乙酸盐。①尚未用于水质测试中。

更有针对性的终点是利用哺乳动物细胞对氧化应激的防御机制，主要是由 Nrf2 介导的转录因子。有许多基于 Nrf2 及其抗氧化反应元件（ARE）的报告基因检测法，其中大多数是将 ARE 连接到编码荧光素酶的基因上（Wang et al.，2006；Villeneuve et al.，2008）（表9.7）。到目前为止，这些检测只应用于化学品风险评估，但是它们与水样及其提取物的兼容性是未知的。

9.6　特异性作用模式的生物测试法

以下关于特异性毒性作用模式部分的编写方式与本章前面部分有些不同，以下采用基于效应的编写方式，而不是基于机制的方法。这部分组织结构与第5章类似，从目标器官毒性、非器官直接毒性到全身系统毒性。

9.6.1　靶器官毒性

9.6.1.1　肝毒性

大多数肝毒性是通过非特异性毒性机制产生，监测肝细胞生存能力可检测肝毒性（在9.4.4节中阐述了一些试验方法）。暴露于外源性化学物质时，肝细胞有很高的代谢能力。负责阶段Ⅰ和阶段Ⅱ生物转化的肝细胞酶常用作暴露于环境污染物整个有机体的标志物，也可以在体外测定。EROD（乙氧基-O-脱乙基）检测法特定检测细胞色素 P450 酶活性（CYP），作为一个特定 CYP 亚型感应器，即 CYP1A（表9.8），Burke 和 Mayer 在 1974 年首次开发了这种分析方法。早期应用 EROD 微型板测试法检测水质，包括 Huuskonen et al.（1998）开展的研究，评估了接收造纸厂废水的湖水毒性。EROD 测试对二噁英类化学品有响应。Louiz et al.

（2008）证明鱼肝细胞（PLHC-1）暴露于多环芳香烃 4h 后，表现出很高的效应，而二噁英引起类似的响应需要暴露 4h 或 24h。通过改变暴露时间，这种测试法可以专门针对某组化学品检测。表 9.8 概述了选择的附加水样筛查测试方法。

选择体外生物检测法测试水样中肝毒性

（目标：肝毒性化合物如藻毒素和可诱导肝酶的化合物（如多环芳烃和药品））

表 9.8

测　试	细胞类型	终　　点	参考文献
EROD 测试	很多哺乳动物（包括人）和鱼细胞	诱导 CYP 通过间接检测乙氧基试卤灵的荧光量测量诱导	1，2
HepaTOX	人 C3A 肝细胞系，一种肝癌细胞 HepG2 的派生细胞	刃天青还原测定肝细胞特定的细胞毒性	3
HepCYP1A2	人 C3A 细胞	诱导混合功能氧化酶 CYP1A2（通过添加荧光素底物测量）。也可以用来测量肝细胞特异的细胞毒性	3
用于蓝藻肝毒素测试的 PP2A 方法	兔骨骼肌肉（商用）	抑制蛋白磷酸酶（PP2A）。底物（磷酸对硝基苯酯）释放对硝基酚，利用比色法测定	4，5

　　参考文献：1（Burke and Mayer，1974），2（huuskonen et al.，1998），3（NWC，2011），4（An and carmichael，1994），5（Heresztynanc Nicholson，2011）。

　　CYP—细胞色素 P450；EROD—7-乙氯异吩噁唑酮-o-脱乙基酶。

　　有几个永生化肝癌细胞株常用作肝毒性体外模型（如 HepG2 和人肝癌细胞 BC2）。然而，这些癌变细胞系与原代肝细胞相比，在基因和蛋白表达以及降低新陈代谢能力方面存在差异（Donato et al.，2008）。非癌永生化人肝细胞（Fa2N-4 细胞）与原代肝细胞非常相似，最近已实现商品化（Steen，2004）。这些细胞系是研究异生质对肝细胞生存能力和细胞色素 P450 代谢活性的有用体外模型。

　　肝细胞的新陈代谢功能对毒理学至关重要，在很多种情况下，原代肝细胞与其他细胞共孵育可实现联合新陈代谢。（Coecke et al.，1999）。

9.6.1.2　肾毒性

　　据我们所知，针对肾毒性的体外生物测试尚未应用于水质检测。几个基于原代和永生化细胞系的体外肾毒性模型确实存在，肾毒性终点，如肾细胞特异性细胞毒性、细胞增殖和葡萄糖摄取，可以在体外测定（Hawksworth et al.，1995；Morin et al.，1997；Pfaller and Gstraunthaler，1998)。

9.6.1.3　心血管毒性

类似肾毒性，尚未有心血管毒性体外生物测试方法应用于水质检测。心肌细胞 HL-1（Claycomb et al.，1998）可以用来测试外源性化学物质对心肌细胞生存能力（使用中性红吸收测定）和电生理（特别是膜电位）的影响。其他体外测试（Netzer et al.，2001 综述）可以与 HL-1 细胞相兼容，但是仍然有待验证。

9.6.2　非器官直接毒性

9.6.2.1　致癌性

致癌性由反应性毒性引起，反应性毒性的生物分析方法包含在第9.5 节。

9.6.2.2　发育毒性

针对复杂的生殖和发育，设计体外生物测试来替代有机体进行预测具有一定的挑战性（Piersma，2006）。然而，生物测试可以通过检测发育过程中的特殊步骤来检测一些发育毒性物质，这些步骤可以在体外模拟。这些步骤包括使用 BeWo 或 JEG3 细胞（人绒毛膜细胞）或 HTR-8/SVneo 细胞（人滋养层细胞）研究对植入的影响（Bremer et al.，2007 综述），使用小鼠胚胎干细胞进行哺乳动物胚胎毒性测试，（Spielmann et al.，2006 综述）。发展了针对特定器官发育毒理学的体外检测技术，包括发育神经毒性检测技术（Coecke et al.，2007），据我们所知，这些方法尚未用于水质检测。

受体特异性报告基因测定广泛应用于水质监测，包括激素受体（在第9.6.3.4 节中综述）。视黄酸和维甲酸 X 受体（分别为 RAR 和 RXR）在生命早期发育阶段中扮演重要角色，但在水质评价中还是比较新的目标。Schoff 和 Ankley（2002）使用一个稳定转染小鼠胚胎细胞系（F9S：1），评估了造纸厂排水对 RAR/ RXR 的潜在破坏性（Table 9.9）。暴露于废水后，插入维甲酸响应原件（RARE）的细胞系没有被激活，指示水样中没有维甲酸效应类物质

选择体外生物测试检测水样中发育毒性

（目标：天然和合成的视黄醇、类视黄醇、某些农药和多环芳烃）　　表 9.9

测试方法	细胞类型	终　　　　点	参考文献
RAR/RXR 测试（区分绑定 atRA（RAR 选择性）和 9cRA（RAR 和 RXR）)	带有 RARE 的鼠胚胎癌细胞（F9S：1）	激活 RARE，诱发 β-半乳糖苷酶活性，可通过测量生物发光测定	1，2

续表

测试方法	细胞类型	终　点	参考文献
用于 RAR 的酵母双杂交测试	酿酒酵母（Y190）	RAR 受体激活 β-半乳糖苷酶，可通过测量生物发光测定	3～5

参考文献：1（Wagner et al.，1992），2（Schoff and Ankley，2002），3（Nishikawa et al.，1999），4（Shiraishi et al.，2003），5（Kamata et al.，2008）。

RAR——维甲酸受体，atRA——全反式维甲酸，9cRA—— 9-顺式维甲酸，RARE——维甲酸反应元件，RXR——维甲类 x 受体。

　　然而，加入视黄酸配位体（全-反式 RA（atRA）和 9-顺式 RA（9cRA））诱导 RARE，废水抑制了全反式维甲酸诱导活性，没有观察到 9cRA 诱导的活性效应。由于只有 RAR 可以结合到 atRA 上，RAR 和 RXR 可以同时结合到 9cRA，这些结果表明出水中存在 RAR 拮抗化合物（Schoff and Ankley，2002）。

　　Nishikawa et al.（1999）开发了一系列激素受体酵母双杂交测试（表 9.9）。在 Kamata et al.（2008）利用这项技术筛查外源性化学物质诱导 RAR 活性之前，Shiraishi et al.（2003）利用酵母双杂交技术评估了羟基多氯联苯的雌激素效应。最近，酵母双杂交测试技术用于筛查中国（Cao et al.，2009；Zhen et al.，2009）和日本（Inoue et al.，2009a；Inoue et al.，2009b；Inoue et al.，2010）的地表水和废水。Cao et al.（2009）使用的成组测试中还有三个附加的测试，评估几个污水深度处理过程中有毒物质的去除效率。

9.6.3　系统毒性

9.6.3.1　血液毒性

　　当前检测血液毒性用到的体外方法通常关注于造血作用（血液细胞生产），检测对支持造血的干细胞和间质细胞的影响。测量终点包括造血干细胞和成纤维细胞集落形成（综述在 Gribaldo et al.，1996；Parent-Massin，2001；Rich，2003）。目前还不清楚这些检测方法在水质检测中的用处，已有一些研究使用血细胞作为体外模型筛查水样。但是，包括血液毒性体外测试方法在内的技术并不适用于水质毒性检测。

9.6.3.2　免疫毒性

　　在环境监测中，免疫毒性检测主要应用于空气质量检测，只有少数研究应用于水质监测（Kontana et al.，2008；Kontana et al.，2009；Pool and Magcwebeba，2009；NWC，2011）。几种体外免疫毒性检测方法（Gennari et al.，2005；Carfi et al.，2007），包括对免疫细胞（如淋巴细胞和巨噬细胞）非特异性毒性检测法以及特异性毒性的测试方法（如对细胞因子表达和抗体产生的干扰）（表 9.10）。永生化细胞模型包括 Jurkat E6 人类 T 淋巴母细胞（淋巴细胞前体）、U937 和 THP1 人类白血病单核细胞（巨噬细胞的前体）和 SKW 细胞（人类 B 淋巴细胞）。最近的一个综述和研究（Gennari et al.，2005；Carfi et al.，2007）已经确定了几种可能的体外系统，更全面地检测免疫毒性，包括免疫抑制（淋巴细胞生存能力测试、扩大细胞因子分析和杀伤功能分析）和超敏反应（人类树突细胞测定）。

最近一项研究检测处理后的污水、再生水和饮用水对淋巴细胞前体细胞（WIL2NS 毒性分析）和调制巨噬细胞前体细胞因子 IL1β［THP1 细胞因子生产试验（CPA）］的细胞毒性（NWC，2011，表 9.10）。研究发现，利用 WIL2NS TOX 检测污水样品，呈现低水平的免疫细胞毒性。在THP1-CPA 测定中没有观察到 IL1β 刺激，但是，在经过处理的污水和氯化消毒后的水样暴露后，脂多糖（LPS）诱导的单核细胞中正常 IL1β 生产被抑制，说明水样中存在免疫抑制化合物。

选择体外生物测试法检测水样中免疫毒性

（目标：对水质评价来说还没有很好的定义，但包括内毒素（如蓝藻毒素）

以及一些天然激素和消毒副产物）　　　表 9.10

测试方法	细胞类型	终　　点	参考文献
淋巴细胞增殖测定＋ IL1/IL2 说明特性	小鼠脾淋巴细胞	细胞增殖，使用 ^{3}H 标记	1～3
THP1-CPA（细胞因子产生试验）	人类急性单核细胞的白血病细胞（THP1）	刺激或抑制 IL1β 生产，通过酶联免疫检测	4
WIL2-NS TOX	人类淋巴母细胞瘤细胞（WIL2-NS 是 WIL2 的非机密变种）	淋巴细胞特定的细胞毒性，由刃天青测试法测定	4

参考文献：1（Yiangou and Hadjipetroukourounakis，1989），2（Kontana et al.，2008），3（Kontana et al.，2009），4（NWC，2011）。

9.6.3.3　神经毒性

抑制乙酰胆碱酯酶（AChE）是水质评价中最常见的特异性神经毒性体外检测终点（表 9.11）。乙酰胆碱酯酶（AChE）是负责回收神经递质乙酰胆碱的酶，其被抑制指示神经递质代谢受到干扰。乙酰胆碱酯酶抑制实验最早由 Ellman et al.（1961）开发，是一种用于检测神经毒性杀虫剂的有用工具，如有机磷和氨基甲酸酯类杀虫剂。之后 Hamers et al.（2000

年）优化了该测定方法，可用于环境样品测定，他使用该技术检测了雨水样品。乙酰胆碱酯酶抑制测定法的一个缺点是不能区分乙酰胆碱酯酶特异性抑制和非特异性变性，因此，假阳性结果对相对高浓度微量污染物来说是个问题，如废水样品。

对于水质评价来说，当前可用的其他体外神经毒性测试方法仍待验证，包括使用 SK-N-SH（及其衍生产品，如 SH-SY5Y 细胞）和 C6 细胞的神经元和神经胶质细胞活性检测。这些试验还包括前体细胞分化和凋亡检测，分别利用神经母细胞瘤细胞、U-373MG 人脑星形细胞瘤细胞中成熟神经胶质（髓鞘化）、分布在神经母细胞瘤中的神经递质受体以及干扰神经递质酶或突触受体（Atterwill et al.，1994；Costa，1998；Tiffany-Castiglioni et al.，2006；Coecke et al.，2007）。开发神经母细胞瘤测试法检测天然神经毒素，如藻毒素和贝类麻痹性毒素（Kogure et al.，1988；Jellett et al.，1992；Manger et al.，1993；Manger et al.，1995，表 9.11），这个测试法与水域性质（如湖泊、饮用水与地表水）相关。神经母细胞瘤测试大多用来测试液体或冷冻干燥的样品，它正成为一种应用越来越被广泛采用的水质测试工具（Wood et al.，2006；Cetojevic-Simin et al.，2009；Campora et al.，2010；Kerbrat et al.，2010）。对中枢神经系统有毒的异型生物质，必须首先穿过血-脑屏障，这个过程可以在体外模型中使用脑内皮永生化细胞（模拟如 SV-HCEC，HBEC-51 或 BB19 细胞）（Prieto et al.，2004），但尚未用于水样检测。

选择体外生物测试法检测水样中神经毒性

（目标：神经毒性的化学物质，如有机磷和氨基甲酸酯类杀虫剂、天然神经毒素，
（包括蓝藻和麻痹性贝类毒素））　　　　　　　　　　　表 9.11

测试方法	细胞类型	终　点	参考文献
乙酰胆碱酯酶（AChE）抑制分析	从电鳗鱼（*E. electricus*）或蜜蜂头（*Apis mellifera*）中纯化 AChE	AChE 抑制。AChE 水解的底物产生可测的荧光产物	1～3
神经母细胞瘤试验	老鼠的神经母细胞瘤细胞（neuro-2A），人类神经母细胞瘤细胞（SK-N-SH）	抑制开放藜芦定通道的影响。抑制作用保护细胞免于肿胀和溶解。利用 MTT 测定评估细胞存活能力（表 9.2）	4～7

参考文献：1（Ellman et al.，1961），2（Hamers et al.，2000），3（DIN，1995），4（Kogure et al.，1988），5（Jellett et al.，1992），6（Manger et al.，1993），7（Manger et al.，1995）。

9.6.3.4　内分泌效应

目前不可能在体外复制人体内分泌腺体之间复杂的相互作用。然而，有一些体外系统能够检测特定的内分泌反应，如干扰激素受体（内分泌干扰）。核受体超家族包括大量受体，包括48个人类基因组同分异构体，如ERα 和 ERβ（Zhang et al.，2004）。基于毒性通路多样性，已经开发了一系列报告基因测试法来评估内分泌干扰效应。除 RAR/ RXR 外（见第9.6.2.2节，表9.9），适用于筛查水样的核受体包括芳香烃受体（AhR）、雌激素受体（ER）、雄激素受体（AR）、糖皮质激素受体（GR）、孕 X 受体（PXR）、孕激素受体（PR）和甲状腺受体（TR）　（NIEHS，2002；Charles，2004；Soto et al.，2006；GWRC，2008；Svobodova and Cajthaml，2010；表9.12）。AhR 对致癌物质有响应，如二噁英类化学物质和多环芳烃（PAHs）。有几种 AhR 特异性检测法可供水质测试，包括 AhR-CALUX（化学活化荧光素酶基因表达；Murk et al.，1996）和 AhR-CAFLUX（化学活化荧光表达式；Nagy et al.，2002）测试法。

在持续报道了水生野生动物性别失衡和雌性化后，研究人员开发了许多专门针对雌激素效应的体外检测法（Smith，1981；Purdom et al.，1994；Jobling et al.，1998），E-SCREEN（Soto et al.，1995）和酵母雌激素筛查技术（YES；Routledge and Sumpter，1996）是检测环境水样中雌激素效应的常用方法。YES 检测雌激素受体（ER）在重组酵母（酿酒酵母）中的活性，而 E-SCREEN 检测依赖雌激素的人乳腺癌细胞增殖，这两种检测方法在20世纪90年代末率先用于污水水质评价（Desbrow et al.，1998；Körner et al.，1999）。有超过20多种检测方法可用于水中雌激素效应评估，具有各自不同的优点和局限性（GWRC，2006）。最近一项研究比较了五种最常用的雌激素测试法（YES，E-SCREEN，MELN，T47D-kBluc and ER-CALUX），发现基于哺乳动物的测试法比基于酵母的测试法更灵敏。总体而言，不同测试法和化学分析结果之间有良好的一致性（Leusch et al.，2010）。表9.12提供了常见的用于水中内分泌干扰性评估的体外测试方法。

在检测水中内分泌干扰物（EDCs）方法时，重点考虑以下几个因素：首先，这些测试方法可以在竞争模式下运行。到现在为止，大多数研究只测试竞争活性。然而，重要的是两者之间有显著重叠。雌激素抗雄激素，雄激素往往也抗雌激素，因此，这两个终点必须一起进行评估；其次，虽然受体介导的基因组效应似乎是环境内分泌干扰效应的主要机制，暴露于环境内分泌干扰物时，非基因组效应也可能发生（Watson et al.，2010）。纯基因组专注于大多数报告基因检测法，可能会忽视一部分内分泌作用；

最后，内分泌干扰并不只通过受体介导效应，干扰体内激素的合成和释放，这是另一种常见的内分泌干扰机制。迄今为止，只有少数检测方法可以研究这些类型的作用机制。这些实验包括类固醇测定，该方法测定H295R人肾上腺皮质癌细胞内甾体激素的生产（Sanderson and van den Berg, 2003）。对于体外测试来说，如何补偿体内的影响尚需研究。

选择通常用于测量水中内分泌干扰效应的体外生物测定法
（目标物：内分泌干扰化合物，如二噁英、呋喃、
多氯联苯、多环芳烃、天然和人工合成激素、药品、工业化
合物（例如，邻苯二甲酸酯、壬基酚和双酚 A）和一系列的农药）

表 9.12

测试方法	细胞类型	终 点	参考文献
竞争结合测试（放射性标记配体置换或荧光偏振分析）	不是在细胞中进行，而是使用从任何生物中分离的受体（通常是雌激素受体，但可使用任何受体），包括人类、老鼠、羊和鱼	通过使用放射性标记配体或荧光偏振量化样品和受体配体之间的竞争绑定，荧光偏振量化已用于ER测定	1～5
HEP-Vtg（卵黄蛋白原）和 HEP-Zrp（放射带蛋白）测定（天然雌激素活性的生物标志物）	从大西洋鲑鱼、幼龄虹鳟鱼和其他鱼种分离的原肝细胞	利用酶联免疫吸附测定Vtg 或 Zrp 产物，作为雌激素刺激的测量	5～7
E-SCREEN 和流式细胞术 E-SCREEN（用于雌激素活性的细胞增殖测试）	人类乳腺癌细胞（MCF-7 or T47D）	依赖于雌激素的乳腺癌细胞增殖，通常利用代谢染料量化，但最近也通过流式细胞仪量化测定	8～11
共激活剂 CoA-BAP 系统/核受体配体（NRL）测定	混合分析，包括人类TIF2（hTIF2 NID-BAP）在大肠杆菌表达（BL21(DE3) pLysS）	蛋白质-蛋白质（共激活剂（TIF2）-配位体（污染物））交互，利用比色测量碱性磷酸酶活性	12, 13

测试方法	细胞类型	终　点	参考文献
报告基因测试 YES、YAS 和酵母双杂交，重组酵母分析（基于报告基因测试 ER 和 AR）	酿酒酵母转染携带人雌激素/雄激素受体（或融合蛋白包括配体结合域）的质粒，该质粒还携带 β 半乳糖苷酶或绿色荧光蛋白	受体活性导致激活 β 半乳糖苷酶，β 半乳糖苷酶可以激活底物产生可比色测量的产物，或者测量绿色荧光蛋白产生荧光	14～29
基于人源细胞的雌激素（在某些情况下是雄激素）受体报告基因测试法（包括 MELN、MVLN、ER-CALUX、Erα-CALUX、T47D-kBluc、HELNα、HELNβ 和 HGELEN）	人类乳腺癌、宫颈或骨肿瘤细胞（MCF-7、T47D、HeLa 和 U2-OS），稳定转染结合雌激素响应元件的荧光素酶报告基因（Luc）	ER 活性诱导荧光素酶，通过结合到底物（荧光素）测定发光量	30～37
AR-CALUX 和 MDA-kb2（（反）雄激素效应分析）	人骨肉瘤组织 U2-OS（AR-CALUX 分析）和乳腺癌细胞 MDA-MB-453（MDA-kb2 分析），稳定转染人雄激素受体报告基因	结合雄激素受体诱导荧光素活性，通过测试生物发光测定雄激素效应	30，38～40
孕激素受体（PR）报告基因测试	酿酒酵母（YPH500）转染携带人类孕激素和孕激素响应元件上游 β-半乳糖苷酶	结合诱发 β-半乳糖苷酶的产生，通过比色法测量（光密度）	15，41
PR-CALUX、TRβ-CALUX 和 GR-CALUX（TRβ——甲状腺激素受体β，GR——糖皮质激素受体）	人骨肉瘤 U2-OS 稳定转染，携带人 PR、TRβ 或 GR 响应元件的荧光素酶报告基因	结合到 PR（PR-CALUX）、GR（GR-CALUX）或 TRβ（TRβ-CALUC），诱导荧光素酶活性，进而利用生物发光测定	39，42

测试方法	细胞类型	终　点	参考文献
AhR-CAFLUX、AhR-CALUX 和 DR-CALUX（AhR——芳香烃受体）	鼠肝癌细胞系（H4IIE）Rat hepatoma cell line（H4IIE）	结合到 AhR，诱导绿色荧光蛋白（在 CAFLUX 测试中）或荧光素酶活性（在 CALUX 测试中）	43、44

参考文献：1（ICCVAM, 2003），2（Bolger et al., 1998），3（Checovich et al., 1995），4（Parker et al., 2000），5（GWRC, 2006），6（Tollefsen et al., 2003），7（Rutishauser et al., 2004），8（Körner et al., 1999），9（Soto et al., 1995），10（Mastsuoka et al., 2005），11（Vanparys et al., 2006），12（Kanayama et al., 2003），13（Zhang et al., 1008），14（Li et al., 2010），15（Routledge and Sumpter, 1996），16（Sohoni and Sumpter, 1998），17（de Boever et al., 2001），18（Garcia-Reyero et al., 2001），19（Balsiger and Cox, 2009），20（Balsiger et al., 2003），21（Riggs et al., 2003），22（Allinson et al., 2007），23（Nishikawa et al., 1999），24（Shiraishi, 2000），25（Louvion et al., 1993），26（Bovee et al., 2004），27（Zacharewski et al., 1995），28（Li et al., 2008d），29（Li et al., 2008b），30（Sonneveld et al., 2005），31（Demirpence et al., 1993），32（Gutendorf and Westendorf, 2001），33（Balaguer et al., 1999），34（Pillon et al., 2005），35（Legler et al., 1999），36（Wilson et al., 2004），37（van der Burg et al., 2010b），38（van der Burg et al., 2010a），39（NWC, 2011），40（Wilson et al., 2002），41（Gaido et al., 1997），42（Van der Linden et al., 2008），43（Nagy et al., 2002），44（Murk et al., 1996）。

9.6.3.5　生殖毒性

生殖是一个复杂的元细胞过程，依靠多个个体和生物层面的事件来成功完成。许多这样的过程（例如，青春期、第二性征和行为）显然不能在体外模拟，但存在一些体外生物测定方法可测量参与到生殖过程中的分子和细胞事件（Brown et al., 1995；Bremer et al., 2005）。可利用体外方法测试潜在影响生育能力，比如测量 H295R 细胞内的类固醇、Leydig 和 KK1 细胞内生产孕激素和性激素、以及芳香化酶酶抑制。Bandelj et al.（2006）评估虹鳟鱼卵巢暴露于各种类型水后的终点，Wang et al.（2010）的研究是利用细胞测试法（例如，测试 Leydig 细胞分泌睾酮）评估水中生殖毒性（表 9.13）。内分泌系统交流对于成功繁殖是至关重要的，检测内分泌效应（在上一节所述）与生殖毒性也是相关的。胎盘来源细胞系（例如，JEG-3，JAR 和 BeWo 细胞）的功能和发育能力也可用于测定胎盘的毒性。这些测定方法尚未应用于水质检测中。

选择用于测量水样中生殖毒性的体外端点
（目标物：石油化工类物质）　　　　表 9.13

测试方法	细胞类型	终　点	参考文献
MTT 测试（细胞毒性），质膜完整性、LDH 泄漏凋亡/坏死细胞测量、睾丸激素分泌	Sprague-Dawley 鼠支持细胞、精子和睾丸间质细胞	细胞生长、生存能力、细胞凋亡、坏死及 LDH 泄漏，均利用染色技术测量（9.4.4 节）。睾酮分泌，利用放射免疫法测定	1～4 和表 9.4 中的参考文献

参考文献：1（Wang et al.，2010），2（Li and Han，2006），3（Wu et al.，2009a），4（Li et al.，2008a）。LDH——乳酸脱氢酶。

9.6.4　植物毒性

保护食物链底端进行光合作用的初级生产者，对于保障生态系统健康是至关重要的。因此，虽然不与人类健康直接相关，但植物毒性对于水质评价来说也是非常重要的毒性终点。水生植物和单细胞绿藻经常被用来评估植物毒性，本书关注于体外试验，表 9.14 只包含单细胞绿藻。由于藻类增长快速，植物毒性标准的测量方法为藻类指数生长速度，许多有毒物质可以影响指数期生长速度，特别是除草剂。

选择体外生物测定法测量水样中植物毒性物质
（目标物：除草剂、金属、多环芳烃和氯代消毒副产物）　　　　表 9.14

测试方法	细胞类型	终　点	参考文献
藻类生长抑制	各种绿藻，例如，小球藻、月牙藻和栅藻	细胞生长抑制率	1～4
IPAM 测试	各种绿藻，例如月牙藻	抑制 PSII 参与的光合作用。测量叶绿素 a 的荧光增量，其与 PSII 光合产量成反比	3，5
联合绿藻测试	各种绿藻，例如月牙藻	联合上面两种的终点的分析方法	3

参考文献：1（OECD，1984），2（Di Marzio et al.，2005），3（Escher et al.，2008b），4（Microbiotests，2010），5（Bengtson Nash et al.，2006）。
PAH——多环芳烃；PSII——光合体系 II。

光合作用效率也可以直接通过脉冲幅度调制荧光测定法测量（PAM）（Muller et al.，2008）。这种测试法已经广泛应用于地表水除草剂定量检测中（Bengtson Nash et al.，2006）。最近，建立了综合藻类测试法，该方法结合了藻类生长抑制试验和通过 PAM 荧光测定法测定的特异性光合体系 II（PSII）抑制作用。如果水中藻类毒性由除草剂或通过非特异性作用于藻类的化学物质引发，该综合藻类测试法是非常有用的评价方法（Escher et al.，2008b；Escher et al.，2009）。

9.7　结论

　　体外测试法已广泛应用于水质评价，尤其是细胞毒性、遗传毒性和内分泌干扰性生物测试法。在水质评价中，应用现有的生物测试法指示应激响应途径有明显的差距。今后的研究应一方面对现有已被证明有用的水质监测方法进行验证和标准化；另一方面，应继续发展目前仅作为研究工具的生物测试法，进一步科学地评价目标化学品风险。

第 10 章

质量保障和质量控制（QA/QC）

10.1 引言

很多对体外生物测试方法的批评是它们在不同实验室之间缺乏重复性、可靠性和标准化，这些批评可以通过在所有开展工作的实验室建立质量保证和质量控制（QA/QC）验证加以解决。

在研究中，通过在实验方案中纳入额外的 QA/QC 步骤可能会带来麻烦。但是，由额外的置信度生成的数据，不可否认地值得付出额外的努力。在水质量检测中，置信度是必需的，以保证生物分析的精确性和重复性，因为这对于测定来自（污）水处理厂或流域的样品有重要意义。

在早期发展阶段，生物分析经常在试剂瓶内进行，并且每次只能检测少量样品。虽然在最初测试方法发展中低通量没有问题，但是测试法向高通量微孔板模式（即小型化）发展，是使测试方法适用于水质监测的必要条件，因此本章以最普遍的 96 微孔板测试为基础。尽管一些细节可能不同，但是提到的概念和准则必然适用于任何测试模式，并可以很容易改变以适应不同情况的需求。

后面的章节介绍了方法验证。一旦确定一种方法，并定义了用于常规检测的标准操作程序（SOP），就需要实施 QA/QC 过程，以监控和保证结果一致性。在后续章节中讨论 QA/QC 的实施。

10.2 方法验证

"方法验证"是将研究工具或应用于化学品风险评估的生物测试方法变为可用于水质评估的生物分析工具的关键一步。生物分析方法的验证表明该测试是适用于目标实现的，并可保证测试的可靠性，并且结果具有良好的置信度。无论是生物还是化学的方法，确定分析方法的性能有助于理解它是如何操作的。生物分析方法的验证包括确定各种分析性能特性，例如准确度、精密度、鲁棒性、选择性、灵敏度、特异性和样品稳定性（CDER/FDA，2001；EMEA，2009）。这些参数可以使用相对简单的测试方法确定，即一系列样品在不同分析流程、不同人员操作和几周时间内进行重复分析。

10.2.1　准确度

准确度描述生物分析结果靠近真实值的程度。准确度是由至少三个不同浓度的目标分析物重复分析得到。在体外生物分析中，分析物通常用模式化合物作为参考毒物（例如测定雌激素活性的生物分析中用 17 β-雌二醇）。准确体外分析结果的平均值应该在实际值的 15%～30%内。

10.2.2　精密度

精密度描述同一样品重复单次测量的一致程度。精密度取决于不同操作级别，包括批内精密度、对于相同操作者的批间精密度（即重复性）和对于不同操作者甚至实验室的批间精密度（即分别为实验室内和不同实验室间重现性）。精密度用重复性和重现性变异系数（分别为 VCr 和 VCR）表示，二者均应小于 15%～20%。

10.2.3　鲁棒性

鲁棒性表征方法对操作变化的灵敏度，是对其他操作人员或实验室测试移植情况的评估。稳健性通常用重复性变异系数（VCr）与重现性变异系数（VCR）的比值来表示，对于一个稳健的分析，其比值应该接近 1。对于低稳健性的方法，对于不同操作人员或实验室，可能无法得到一致结果。

10.2.4　选择性

选择性用来衡量基质干扰，以表征分析方法多大程度地受到水样中存在的其他成分的影响。这是生物分析方法从目标化合物的毒性检测转换到水质检测的特别重要一步，其中各种固有（如溶解性有机碳，DOC）和转移萃取（如溶剂）的因素均可能影响分析。选择性应由各种溶剂（如，乙醇、甲醇和二甲基亚砜）和水中基质决定，包括已处理和未处理的市政污水、工业和农业污水、地表水、再生水和饮用水。

10.2.5　灵敏度

灵敏度表示分析方法对目标化合物量的响应程度，包括确定检出限（LOD）、定量限（LOQ）和校准曲线。LOD 和 LOQ 通常用空白样的 3 倍和 10 倍标准差计算。对生物分析而言，校准曲线通常是参考物和其他相关化合物的浓度-效应曲线（见第 7 章）。

对于特异性毒性分析，特别重要的是特异性效应和细胞毒性之间的边缘差距。有效的特异性毒性分析需要两者有尽可能大的边缘差距，否则特异性毒性效应会被细胞毒性干扰（见第 7 章）。

10.2.6　特异性

特异性反映了生物分析方法对广泛化学物质的响应，对生物分析工具特别重要，因为可能用于检测广泛存在的化学物质。通常，对特异性毒性作用模式的生物分析，相对于对反应性或非特异性毒性作用模式的生物分析，会对更有限范围的化合物有响应（即更窄的特异性）。

10.2.7　样品稳定性

最后，检测样品的稳定性确保生物测试不受样品准备（将在第 10.4 中节详述）和分析步骤的影响。样品稳定性的检测有助于确定合适的存储条件，如评估循环冻融的影响。

10.3　实验室质量控制

QA/QC 的概念最初在制造工业中形成，用一系列文件和流程确保产品质量的一致性。在实验室中，应用 QA/QC 准则可确保生物分析结果的准确性和一致性。实验室 QA/QC 步骤至少包括：平行分析、适当的阳性和阴性对照、利用质控图与固定控制标准验证试验性能、良好的数据记录以及适当的标准操作规程。一系列 OECD 文件详述了良好实验室规范（GLP）原则，其中包括专门针对体外测试的研究（OECD，2004）。

10.3.1　重复性

实验的重复性在任何分析中都至关重要，包括生物测试分析。对于适当的 QA/QC，重复性分以下几个层次：板内、板间和流程间。

10.3.1.1　板内重复性

首先，将样品平行地排在同一块板上（通常根据检测固有的变异性，设置 2 个或 3 个平行样，如图 10.1 中板内重复性）设置。第一层次重复性的目的是确定不同孔间的变异性。该变异性可能是由于各种操作因素（如不稳定的液体转移）或者环境因素（如湿度）引起。在数据分析时，需要计算重复样品分析结果的变异性，不能超过预设的变异系数（不同分析可能不同，一般设置在 10%～15%）。一旦确定，内部的变异性就不能超过预设的变异水平。仅重复样品结果的平均值是有用的，因为不同孔之间的变异性表示操作的变异性（可能是测试方法固有的或由操作者及环境引起的），并不是样品真实的变异性。

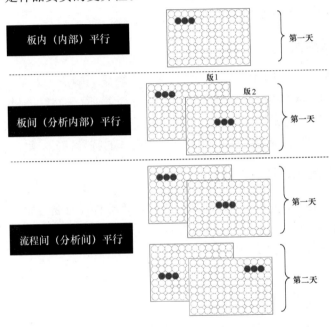

图 10.1　3 种不同层次的重复性：板内（内部）、板间（组内）和流程间（组间）重复性

10.3.1.2　板间重复性

批内重复性（图 10.1 板间重复性）是指多次采用相同测试方法但是在不同阶段分析相同样品。例如，在板的前端和后端，更好的情况是同时在不同板上分析。在分析批内重复性过程中，没有因为环境因素（如温度增加）或者仪器问题（例如，在实验期间分光光度计灵敏性降低）导致的时间漂移。数据分析时，对各个重复样品结果进行比较，以确保变异性不超过预设的值（通常为 10%～15%）。我们仅使用批内重复测试的平均值，而不使用变异性，因为这里的变异性并不表示样品的变异性，只是对一组随机选择样品子集进行批内重复性测试是必需的（但是每组至少测试一

次）。

10.3.1.3　再现性

批间重复性（图 10.1 流程间重复）是在独立测试流程中检测相同样品，用来验证分析结果是否随时间发生偏移。样品至少需要在不同时间单独检测两次。在数据分析中，将独立值进行比较。如果变异系数超过预设值（多次分析批间变化，但是通常不超过 15%～20%），需要进行第三次测试，以得到更精确的结果。这种情况下，所有重复的剂量-效应曲线可以一起分析，最终结果是最接近两个结果的平均值。该层次结果的变异性表示生物分析方法的变异性（假设不存在样品降解）。尽管测试间的变异性可以得到分析结果的置信度，但它并不是水样真实的变异性。

10.3.1.4　真实样品检测的重复性

在设计得当的检测项目中，应当采集和检测真正独立的重复样品。独立样品的分析结果写成平均值±离散度估值（通常是标准误差或标准差），因为在这种情况下，变异性是精密度的测量。然而，要注意该值是样品收集、处理（即保存和提取）和检测变异性的总和。

10.3.2　质量控制样品

在化学分析中，定期保养和维护分析设备的物理检测器是非常重要的。对于生物分析工具，维护和维持生物感应器（即细胞）更为重要，这需要更细心地控制环境和培养基条件。对每一次测试体系，细胞培养基的条件需要细心维护，要记住优质细胞培养基很重要（Cooper-Hannan et al.，1999；Coecke et al.，2005）。任何变化都可能引起测试体系出现不正常现象，从而导致不准确结果。分析质控样品可以检测到不正常事件的发生，并确保充分验证的数据的可靠性。

质量控制样品是生物分析工具 QA/QC 的重要组成部分，每次分析都应包含一条完整的参考物质浓度效应曲线（标准曲线）、阳性和阴性对照组、空白对照和组间样品，接下来对这些方面进行详述。样品质量控制的结果与控制表（见 10.3.3.3 节）进行比较，如果某个参数在可接受范围外，则整个数据组都会被驳回，样品必须重新分析。

10.3.2.1　标准曲线

标准曲线是一条覆盖 0～100% 全范围的参考物质浓度-效应曲线（见第 7 章）。对细胞活性而言，最小效应定义为 0（所有细胞都是活的），最大效应定义为 100%（所有细胞都死了）。在报告基因测试中，在大多数情况下效应是通过颜色变化（吸光度）或相对光单位（RLU）来表征的。在这种情况下，最小值和最大值可能有不同的具体数值，但是以百分比表示的效应标准曲线必须是可重复的。典型的标准曲线如图10.2所示。

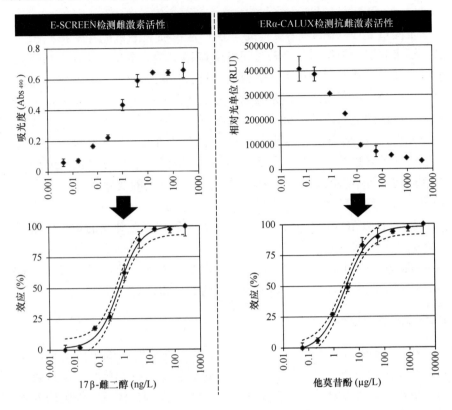

图 10.2　两种典型的常用生物测试的标准曲线

注：雌激素活性的竞争模式 E-SCREEN（左）和抗雌激素活性的拮抗模式 ERα-CALUX（右）。上面的图表显示原始测量结果（E-SCREEN 的吸光度和 ERα-CALUX 的相对光单位），下面的图表显示浓度效应曲线（Leusch，2011，未发表）。

　　对于任何测试类型，为确保曲线的正确性，标准曲线应该包括一些浓度低于极最小（即 NOEC）和高于极最大浓度（引起 100％ 效应所需的最低浓度）测试（图 10.3）。

　　每次都必须包含一条标准曲线，并作为基准对比之前相同方法得到的曲线。特别指出，标准曲线得到 4 个参数：EC_{50}、斜率、最小和最大效应值（见第 7 章）。最大和最小效应值之间的比率通常用诱导率作为参考。根据测试的变异性，每块板上不需要有一条完整的标准曲线（在每次实验有多块板同时进行的情况下）。仍建议每几块板做一次完整的标准曲线（例如每 4 块板），对于其他板设计简化的标准曲线。这种简化曲线是指仅包括极最大、EC_{50} 和极最小浓度。这种方法，任何板间的变异情况（例如板漂移）都可以从简化曲线和适当的处理得到验证。

如果 QA/QC 的参考物质和 TEQ 概念的参考物质相同，标准曲线通常可用于计算 TEQ。

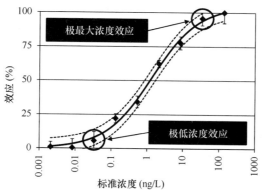

图 10.3 典型的体外测试标准曲线

注：图中高亮标注了极最大和极最小测试浓度。虚线表示 95% 置信区间。

10.3.2.2 阳性质控

阳性对照是包含除了参考物质外，极最大浓度的测试物质。阳性对照应该优先选择具有相对不同物理化学性质的参考物。例如在雌激素测试中，好的参考物质（参考标准）是天然雌激素 17β-雌二醇，而好的阳性对照是合成的 4-壬基酚。

10.3.2.3 阴性质控

阴性对照有两类：溶剂和培养基阴性对照。溶剂阴性对照（优先选择的阴性对照）是与实际水样浓缩所用溶剂一档的空白样品（通常是乙醇、甲醇或二甲基亚砜）。阴性对照用于证明溶剂自身对任何检测效应没有影响。培养基阴性对照用于检测没有任何额外影响下培养基的最小响应。实际上，溶剂和培养基阴性对照的响应具有可比性。否则，表明水样溶剂提取物后会干扰测定。如果观察到溶剂的影响，需要减小测试过程中溶剂的量，通过在加入培养基测定前蒸发去除溶剂，或使用另一种不会产生影响的溶剂。

10.3.2.4 现场和实验室空白

空白样品很重要，证明采样和提取过程没有对结果产生可观测的影响。尽管这个影响在方法验证阶段已经测试过，但是设置空白仍然重要，因为一个未知参数的改变可能影响检测结果（例如，操作过程中引入化学物质及渗入样品会造成采样和提取过程中意外污染）。

空白分为两类：现场和实验室空白。现场空白是超纯水，带到现场，经过相同的条件，作为一个真实样品（例如运输过程中温度变化），然后提取、浓缩和测试，与真实样品同时以相同的方法操作。实验室空白除了不被带到现场，其他是相同的。空白样不应该引起任何高于检测限的效应。

10.3.2.5　组间样品

组间样品是之前分析的阳性样品，从进行调查的类似水基质中获得（例如，废水和饮用水）。分析和定量样品以及与之前得到的结果相比较，证实不论何时由何人进行测试，量化步骤是可靠和可重复的，并显示测得相同的毒性当量浓度（见第8章）。

10.3.3　质控图及固定控制标准

10.3.3.1　质控图

质控图（也称 Shewart，X 表）是有用的 QA/QC 工具，通过与之前测试得到的结果比对，用于校准生物测试结果，质控图也帮助确定是否存在测试性能的偏移。

在质控图中，将控制参数值（例如 EC_{50} 和斜率）随时间（或测试顺序）的变化绘制出来（图 10.4）。所有之前测试的平均值警戒线和控制线（或作用）也标示在图中。控制线设为平均值±3 倍标准差。任何落在控制线之外的值，表示生物测试不正常，整个测试数据要丢弃，样品要重测。警戒线设为平均值±2 倍标准差。任何落在警戒线和控制线之间的值，表示数据质量可能有问题，需要调查。整个数据组和其他控制参数应该被检查，以确定其可靠性。

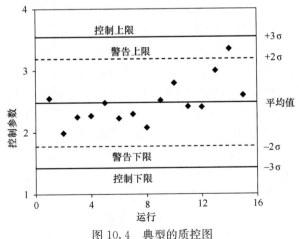

图 10.4　典型的质控图

注：显示了平均值、上下警戒线（平均值±2 倍标准差）和上下控制线（平均值±3 倍标准差）。

当连续 6 个值在一排，均落在平均值的一边，则表示测试性能的偏移。该偏移可能由多种因素引起，最常见的是细胞传代数、仪器老化（例如灯泡和检测器）和试剂降解。真正偏移的原因需要进行调查，因为这可能是潜在大问题的早期预警信号。

10.3.3.2　固定控制标准

对一些控制参数（典型的是最小值、最大值和诱导率），更合适的方式是确定一个最大或最小值而不是确定一个范围，称为"固定控制标准"。如果控制参数满足固定控制标准，测试过程是有效的。例如，在报告基因分析中，最小诱导率为 6 是荧光酶活性测量的控制标准，诱导率为 2 是细胞增殖测定的最小限。

使用质控图和固定控制标准取决于分析类型。重要的是，在分析前确定可接受的值和范围，用基准判断接受（或驳回）某次生物测试结果。

10.3.4　标准化及存档

可说明性是所有实验室工作的一个重要方面，包括水质监测。通过限制发生错误的可能性，方法学标准化将有助于 QA/QC 和 SOP 的实施。SOP 应当包括实验室准则、应用范围、仪器操作和标准化数据分析方法（例如一个预先设好格式的 Excel 模版，其中含有相应的公式，只需对原始数据进行简单的复制和粘贴）。

在需要的时候，良好的数据记录将保障所有必要的信息。这些记录应该包括文件（如监管链和采样时现场观测表格），样本来源与操作信息的跟踪数据库，维护良好且记录了详细实验操作细节（如细胞传代数和操作者）的实验记录本，以及安全保存原始和分析后的数据档案。

10.4　样品处理的重要性

虽然样品准备问题不特定于生物分析工具，但是好的样品准备如同对于化学分析，对生物分析是同样必要的。即使最好的生物测试，也不能校正因不良样品采集和准备产生的问题。液液萃取（LLE）和固相萃取（SPE）是目前最常见的用于生物分析的水样浓缩方法。大多数环境科学家都熟悉这些方法，在样品准备教材中有详细的描述（Wells，2002）。

简而言之，LLE 已自 19 世纪开始使用，依靠分析物从水进入不与水互溶的溶剂中［例如二氯甲烷、乙酸乙酯或甲基叔丁基醚（MTBE）］扩散。经过剧烈振荡，溶剂和水被分离成明显的两层。收集溶剂层，并用新溶剂对该水样重复操作两遍，尽可能达到水样中分析物最佳的回收率。通常利用蒸馏或蒸发将三批次的溶剂混合并浓缩。LLE 的优势是操作相对简单。然而另一方面，LLE 需要大量的溶剂，费时，在两相之间会形成乳液，影响萃取的可靠性。

SPE 可以追溯到 20 世纪 70 年代，是使水样通过吸附剂填充柱，得到分析物。反相和离子交换柱通常应用于水相。各种不同的吸附剂已用于水样浓缩，例如硅基（C2、C8 和 C18 等）、亲水亲油平衡（HLB）共聚合物和石墨化炭黑（GCB）。这些吸附剂对不同种类的化合物具有专一性，能实现选择性地从水样中提取分析物，用于化学分析。对生物分析测试而言，样品准备应当尽可能具有非选择性，否则只有一部分化学物质被收集并用于生物测试。共聚合物柱（如 HLB）因为具有较广的吸附谱带，被广泛应用于生物分析监测。SPE 常用于生物分析，因为它容易实现自动化，不产生乳液，溶剂用量少，通常比 LLE 有更高的回收率。SPE 主要的缺点是富含有机质的样品可能堵塞柱子，且溶剂有吸附饱和（通常 1%～5%的吸附剂质量，例如 200mg 的吸附柱可以吸附 2～10 mg 的分析物），对高污染样品的可能发生吸附饱和，引起污染物未吸附而穿过吸附柱。

有必要在正式检测前使用化学和生物测试方法对所选的萃取方法进行验证。为针对一系列环境相关分析物建立良好稳定的回收方法，这样的验证是必须的（如，Leusch et al；2006b）。预先验证特别重要，因为生物分析不同于化学分析，化学分析中可以加入标准物质计算各个样品的有效回收率，生物测试分析时水样中不加入替代标准物，因为这不能区分添加化合物和原始样品中存在的化合物。理论上可以对相同水样测试两遍，一遍加标，一遍不加标，然后根据两个样品的差异计算回收率。然而该过程加倍了进行分析的样品数量并假设混合样品的可加性，而可加性是可能的，但不能得到保证。其他 QA/QC 文件（例如溶剂和/或吸附剂的分析验证、保管链和现场观测表格）和流程（比如现场空白和阳性对照）对缺乏标准进行补偿是非常重要的。

10.5　结论

实施 QA/QC 过程，增加了进行生物测试的时间，但是提高并保障了数据的准确度、置信度、可靠性和一致性，这是非常值得的。

对水样检测来说，一个好的生物测试要求准确性，批内批间（可重复）及在不同操作人员和实验室时（可重现）的精密度、稳健性和灵敏度，不受基质因素影响。对于特异性毒性测试，特定效应和细胞验证效应之间的区分度应该足够明显，这样确保特定的效应不被细胞毒性掩盖。

第 11 章

应用生物分析工具进行水质评价的案例研究

11.1 引言

11.1.1 历史背景

几十年来，基于细胞的生物测试法已应用于水质评价中。早期工作主要集中在检测致癌性（反应性毒性）和基线毒性（非特异性）检测。例如，20世纪 70 年代以来，Ames 试验（Ames et al.，1975）已用于水质监测（Simmon and Tardiff，1976），而且至今仍有广泛应用。在 20 世纪 80 年代初，发光细菌检测法应用于水质测试，该方法通过检测海洋发光费氏弧菌的生物发光抑制来指示细胞毒性（Chang et al.，1981）。在 20 世纪 90 年代，出现了特异性毒性检测方法，用来检测内分泌干扰物（EDCs），这引起了很多关注，因为这些外源性化学物质对野生动物存在潜在的不良影响。尤其是，已经观察到鱼类繁殖的减少与环境暴露相关，这引起广泛关注（Jobling et al.，1998）。最近，基于哺乳动物细胞的检测法越来越多，水质检测的重点已经从生态系统健康（地表水水质和废水处理）扩大到人类健康（高级污水处理和饮用水的处理）（Pellacani et al.，2006；Leusch et al.，2010）。

在过去十年中，应用生物分析工具评估水质的出版物数量已成倍增加。但是，全面的综述并不是本书的范畴，图 11.1 a 和图 11.1b 提供了利用生物分析法评估水质研究的历史，至少包括三种不同的测试法（至少包括一种基于细胞的测定）。一般情况下，早期的工作，成组生物测试法明确地专注于非特异性毒性和遗传毒性，而从 21 世纪初，内分泌干扰日益受到重视，雌激素的影响广为关注。最近，这个范围扩大至包括一系列核受体介导的终点，除了针对雌激素受体（ER）终点，还有其他终点。如前所述，这种重点的转移反映了从最初主要针对污水和地表水的评估转变为对高级污水处理和饮用水处理的转变，后者在现今的调查中更为常见（图 11.1 a 和 b）。

样品	代谢途径简介	非特异毒性		特异毒性							反应性毒性		参考文献
		AhR	生长/细胞毒性	Dev	内分泌		Imm	Neur	PSII	Rep	Geno-tox	OS	
					雌激素	其他							
Mixed			xxxxl								xxx		1
LF			xxxxllll										2
WW			x		xx								3
Mixed			xxxllll										4
WW			xxl										5
R, WW			xlll+										6
GW			xl							ll			7
WW			xx								x		8
WW					xxx								9
WW			xlll										10
OR		x	xxxx										11
R, WW			x				l				ll		12
R, WW					xxx								13
LF			xlll										14
WW			xxxlll								x		15
R, WW					xxxll								16
WW			xl	l	x						x		17
ADWT			xxx								xx		18
ADWT			xx								xxxx		19
ADWT			x								xx		20
R, WW			xxxxx+										21
Mixed		x	xxx+		x						x		22
WW			x		xx								23
WW			xl		x								24
R			xlll										25
WW			xxl										26
DWT											xxxl		27
AWWT		x	x		x								28
R					xxx								29
R		x			xx								30
ADWT			xx								xxxx		31
R, PME,WW					x	xxl							32
WW											xx+	xxxx	33
ADWT			xx								xxx		34
R, PME,			xx	l	x						xx		35
WW					xxx	x							36
ADWT			x									xx	37
Lake			xx								xxl		38
ADWT			xllll										39
WW			x		x	x							40
WW		x		l								x	41
WW			l		x						xx		42
DWT			xxx								xx		43
WW			xxxxll										44
R, WW			xx						x				45
R, WW			xx		x			x	x		x		46
WW											xxxx		47
AWWT			xxl+				x						48

图 11.1a　组合测试方法采用三种或更多的生物测定，至少包括一种基于细胞的测试法（这些研究按照时间顺序排列）

样品	代谢途径简介	非特异毒性	特异毒性							反应性毒性		参考文献
	AhR	生长/细胞毒性	Dev	内分泌		Imm	Neur	PSII	Rep	Genotox	OS	
				雌激素	其他							
OFPW	x	x								x		49
R		xxlll+	l						l			50
DW, R, WW				x	xxx							51
AWWT		xxll										52
PME						xxxxx						53
AWWT		l	xl							x		54
AWWT		xx		x			x	x		x		55
WW (mix)		xxll								xx		56
R			xx	x	xx							57
AWWT		xll+++				xx						58
DWT		xxx								xxx		59
WW				x	x		x					60
WW		xxxll+		x								61
WW		x++										62
R		(x)			(x)xx							63
WW				x	xx							64
ADWT		x								xx	xxxx	65
AWWT		x		xx								66
Mixed		x								xx		67
DW		x								x++		68
WW	xx	x		x	xxx							69
OFPW		x									xx	70
PME		xxll+								x		71
WW		x++										72
WW				xxxxx								73
WW				x	xxx							74
AWWT	x	x		x			x	x		x		75
AWWT		x		x	x							76
R		xll							l			77
OR		+								x+		78
PME		xxlll+										79
AWWT		ll+		x					l	l		80
PC		x							xxxx			81
DWT										x	xx	82
AWWT		xxx	ll									83

图 11.1b　组合测试方法采用三个或更多的生物测试，至少包括一种
基于细胞的测试法（这些研究按照时间顺序排列）

图 11.1 中符号：x——体外；(x)——全血，l——体内；+——植物。

样品类型代码：ER——雌激素受体；1mm——免疫毒性；Neur——神经毒性（主要是乙酰胆碱酯酶（AChE）抑制）；PSⅡ——光合体系Ⅱ抑制（光合藻类）；Rep——生殖毒性；Genotox——遗传毒性；OS——氧化应激。ADWT——高级饮用水处理；AWWT——高级污水处理；DW（T）——饮用水（处理）；GW——地下水；LF——垃圾填埋场渗滤液；OFPW——油田生产水；OR——炼油厂；PC——石化；PME——纸浆厂污水；R——河流；WW——污水。毒性终点；Met：代谢途径诱导（在这个类别的所有反应指芳基碳氢化合物受体（AhR）活性）；Dev——发育毒性；

参考文献：1(Sanchez et al.，1988)，2(Clement et al.，1996)，3(Gagné and Blaise，1998)，4(Rojicková-Padrtová et al.，1998)，5(Tarkpea et al.，1998)，6(Blinova，2000)，7(Gustavson et al.，2000)，8(Castillo et al.，2001)，9(Garcia-Reyero et al.，2001)，10(Guerra，2001)，11(Schirmer et al.，2001)，12(Dizer et al.，2002)，13(Murk et al.，2002)，14(Isidori et al.，2003)，15(Manusadzianas et al.，2003)，16(Pawlowski et al. 2003)，17(Aguayo et al.，2004)，18(Buschini et al.，2004)，19(Guzzella et al.，2004)，20(klee et al.，2004)，21(Latif and Licek，

2004），22（Pessala et al.，2004），23（Rutishauser et al.，2004），24（Schiliro et al.，2004），25（Di Marzio et al.，2005），26（Emmanuel et al,.2005），27（Lah et al.，2005），28（Ma et al.，2005），29（Matsuoka et al.，2005），30（Pillon et al.，2005），31（Zani et al.，2005），32（Bandelj et al,.2006），33（Fatima and Ahmad，2006），34（Guzzella et al.，2006），35（Keiter et al.，2006），36（Leusch et al，2006a），37（Marabini et al.，2006），38（Pellacani et al.，2006），39（Petala et al.，2006），40Allinson et al.，2007），41（Gustavsson et al.，2007），42（Isidori et al.，2007），43（Marabini et al.，2007），44（Wadhia et al.，2007），45（Escher et al.，2008a），46（Escher et al.，2008b），47（knishnamurthi et al.，2008），48（Kontana et al.，2008），49（Li et al.，2008c），50（Mankiewicz-Boczek et al.，2008），51（Van der Linden et al.，2008），52（Antonelli et al.，2009），53（Basu et al.，2009），54（Cao et al.，2009），55（Escher et al.，2009），56（Garitser et al，2009），57（Inoue et al.，2009b），58（Kontana et al.，2009），59（Maffei et al.，2009），60（Mahjoub et al.，2009），61（Mendonca et al.，2009），62（Ostra et al，2009），63（Pool and Magcwebeba，2009），64（Shi et al.，2009a），65（Shi et al.，2009b），66（Wu et al.，2009b），67（Zegura et al.，2009），68（Ceretti et al.），69（Creusot et al.，2010），70（Farmen et al.，2010），71（Gartiser et al.，2010），72（Gouider et al.，2010），73（Leusch et al.，2010），74（Li et al.，2010），75（Macova et al.，2010），76（Mnif et al.，2010），77（Palma et al.，2010），78（R0drigues et al.，2010），79（Rosa et al.，2010），80（Stalter et al.，2010a），81（Wang et al.，2010），82（Xie et al.，2010），83（Lundstronm et al.，2010）。

迄今为止，尚缺乏国际协调，不同的研究组采用不同的检测方法，很少有联合的或实验室之间的交流。然而，随着报告基因检测法应用于水质评价，这种状况正在改善。领导这一领域的是荷兰生物检测系统公司（Van der Linden et al.，2008），该公司商业化了仍在发展中的、利用受体诱导的组合 CALUX 测试终点。直接使用参考化学品和水样比较不同的生物测试法，是验证生物分析方法的另一个重要步骤（Leusch et al.，2010）。在 2010 年出版的 16 个全球应用基于细胞的成组测试方法中（图 1.6），只有两个研究是全面包括每个作用模式（MOA）类型，即非特异性、特异性和反应性毒性（Macova et al.，2010；Stalter et al.，2010a）。

11.1.2　生物测试组合方法设计要素

非特异性毒性依据特定的机制进行评估，以确保细胞毒性评估不受细胞毒性干扰，这是至关重要的。细胞毒性作用对于报告基因检测法特别重要，必须进行细胞存活率校正，以避免假阳性和/或假阴性结果。独立于这些技术问题，最好是对水样进行全面分析，组合方法应包括使用非特异性、特异性和反应性毒性终点，以确保覆盖广泛的水中污染物。尽管组合测试法不一定充分全面，但可以假定非特异性效果代表了样品中存在的所有化学物质，特异性终点覆盖了该混合物中化学物质的特定子集（图11.2）。

世界上有机微污染物超过 6100 万种，其中超过 100000 种在商业/工业中应用（这个数字不包括没有命名的转化产物）。化学分析可以揭示一组结构和性能相似的化学物质，而生物分析法依照作用模式（MOA）区分化

学物质（图11.2）。化学分析和生物分析从两个不同的角度去解析，两者
之间可能也有重叠。

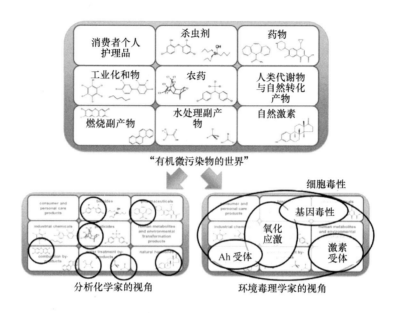

图 11.2   环境化学领域

注：化学分析（左）和生物分析工具（右）的靶标

圆圈表示所涵盖的各类生物测定化学品和作用模式（MOA）子集

在组合生物测试中，应仔细找出不同群体之间潜在的重叠。图11.2中
的组合生物测试法包括细胞毒性测试、指示外源化学物质代谢途径（芳香
烃受体）测试、类激素（内分泌）效应、遗传毒性和指示氧化应激自适应
响应通路的测试法。细胞毒性测试是广谱性的，而其他测试法只对一部分
有机物有响应。在这个例子中，会发生一些重叠，因为一些化学品导致的
氧化应激也会引起遗传毒性。同样地，激活 AhR（芳香烃受体）的化学品
可能同时造成氧化应激，尽管程度低于氧化应激和遗传毒性的重叠。选择
激素受体（例如，雌激素受体）效应的测试法必须能够检测非常特异的响
应，该响应是由确定类型的化学品引起。本章讨论的案例研究遵循这个原
理，在某些情况下，结合化学和生物分析技术进行水质评估。

虽然可以设计覆盖一系列毒性作用模式的组合测试法，因此可以检测
一系列化学品，组合测试法可设计为全面针对一组特定的毒性作用模式
（MOAs）。在这种情况下，组合测试法应关注特定问题，而不是尝试包容
一切。Basu et al，（2009）应用一套与神经毒性相关的不同终点以确定造纸
厂废水中的神经活性物质，而 Leusch et al.（2010）对比了几种不同雌激素

筛查方法，以全面了解其作用模式（MOAs）。为了检测消毒副产物，研究者往往关注遗传毒性和氧化应激（Shi et al.，2009b；Xie et al.，2010）。

11.1.3 生物检测法有效性评估

生物分析工具已经广泛应用于处理效率评估，尤其是一级和二级污水处理（Escher et al.，2008b）。已经证实，利用絮凝、臭氧氧化和生物处理的三级处理工艺能减少特异性毒性（如雌激素活性）至定量检测限之下，而且非特异性毒性也大幅减少（Kim et al.，2007；Tsuno et al.，2008；Escher et al.，2009；Stalter et al.，2011）。尽管观察到的毒性降低，但发现微量污染物的浓度仍足以引起某些特定生物测定表现明显反应。通过这种方式，生物测试可以对不同处理工艺过程进行评估。在比较臭氧氧化、超滤和反渗透（RO）时，Cao et al.（2009）发现反渗透技术是最有效去除遗传毒性、水蚤死亡率和维甲酸受体（RAR）效应的技术。在另一项研究中，最后的反渗透处理工艺能进一步去除残留污染物的影响，尽管在这个高级处理阶段，许多毒性终点低于检测限（Escher et al.，2011）。

11.1.4 案例研究概述

从目前可用的出版物中，选择了三个案例进行进一步介绍。这些选定的研究与人类和生态系统健康相关。此外，它们还涵盖讨论组合测试法应用的基本原理（即包含了与水质基准和处理工艺评估相关的方法）。

第一个研究案例仔细核查了从污水到饮用水处理循环中，去除微污染物要跨越的所有障碍（Macova et al.，2011）（第11.2节）。为了全面评估去除效率，生物分析法的选择遵循以化学物质为导向，涵盖了已知广泛存在于污水中的污染物。这个案例研究进一步进行了化学分析和生物分析测量效果的对比。

第二个案例研究不同类型的直饮水和非饮用水回用（NWC，2011）（第11.2节）。这项研究系统地从人类健康相关性的角度选择评估终点。

第三个案例研究了一个污水处理厂全流程，该水厂带有一个可选择的三级处理工艺臭氧处理（第11.4节）。这个案例代表了一系列应用体外生物分析工具和综合生态毒性终点评估污水和受纳水体的生物活性研究。

这三个案例研究表明生物分析工具具有广泛的适用性，可为应对不同研究和评估问题提供适当组合生物测试法的设计原则。

11.2　应用生物分析工具评估微污染物在城市水循环系统中的去除效果

11.2.1　城市水循环：从污水到饮用水

一个典型的水处理循环始于城市排放的污水，随后是饮用水处理之前的几个处理步骤，包括在工程系统和自然系统中的降解（图 11.3）。在混合排水系统中，雨水也被收集。然而，在大多数情况下，雨水和农业面源径流直接流入地表水体中。

根据所需的水质，可以在循环处理过程中的任何步骤进行适当的水回用。例如，二级（生物）处理过的污水适用于高尔夫球场灌溉，在许多国家也可以直接排放到环境水体中。这样的排放将不可避免地导致下游地区间接地作为饮用水源水，除非下游地区是海洋。

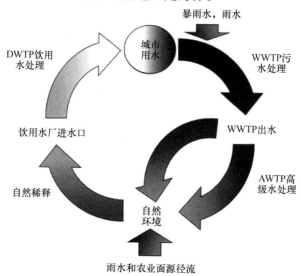

图 11.3　从污水到饮用水的水处理循环
WWTP——污水处理厂，AWTP——高级污水处理厂；
DWTP——饮用水处理厂

二级处理的主要目的是去除悬浮物、溶解有机物、氮和磷，以避免水体富营养化。另外，许多有机微污染物通过吸附在污水污泥或微生物降解转化而去除。某些污水处理厂（WWTP）有高级处理工艺，例如臭氧处理、生物过滤和/或活性炭处理，以提高微污染物的去除。

　　高级污水处理厂（AWTP）常采用膜技术和高级氧化（如微滤和反渗透，后续是紫外线和过氧化氢消毒），或臭氧联合活性炭过滤，以处理到适合饮用的水质。只有少数项目通过直接回用生产饮用水，如在纳米比亚温得和克的直接水回收系统。更常见的方法是间接利用再生水，再生水首先通过环境缓冲净化，如通过回灌到含水层（例如，在加利福尼亚州的 21 世纪水厂和在比利时的 Torreele 项目），或补充地表水水库（如，新加坡新水厂（NEWater））和在澳大利亚昆士兰州的西部走廊计划（Traves et al.，2008）。在处理周期的最后一步，饮用水厂（DWTP）从地表或地下水中取水进行处理（图 11.3）。

　　这个案例研究详细回顾了在澳大利亚昆士兰州应用生物分析工具对间接回用饮用方案进行评估。Bundamba AWTP 作为一个深度处理例子，包括微滤、反渗透和使用紫外线和过氧化氢消毒（Traves et al.，2008）。与南卡布尔彻水回用厂（SCWRP）相比，Bundamba 处理厂采用臭氧氧化（O_3）和活性炭过滤的三级处理工艺（Reungoat et al.，2010）。

11.2.2　一些实际问题

　　如果不经过预处理和浓缩，污水和二级处理后的水往往不足以直接诱导生物响应（参考第 3 章）。地表水、饮用水和高级处理后的水，其毒性往往降低到检测限之下。对于这种相对干净的水样，样品浓缩是必需的（见 7.3.2 节）。此外，除了评估初始样品中最大效应减少量（记录号＝0，在图 11.4 中），必须测试全剂量效应曲线，以评估 EC_{50} 值。这些阈值可以用来推导毒性当量浓度（TEQs）。从图 11.4 中明显看出，WWTP 和 AWTP 中每一步骤都降低出水的毒性效应，使得净化后的再生水与河水及瓶装水质相当。

　　进一步处理样品的优点是从样品基质中分离有机微污染物，它由不同浓度的盐、金属和天然有机物组成。某些天然存在的小分子有机分子将与有机微污染物被共同提取，并可能导致实验假象。因此，建议进行对照实验，即样本提取过程中加入参照化学物，以便检查和纠正基质成分造成的潜在影响。

　　样品提取确实存在一些缺点，处理和添加溶剂会引入一些污染源。如果这些样品测试的浓缩因子高于 100（图 11.4），这可能造成实验室和现场空白（超纯水）的差异。在第 10 章有样品制备的更多细节可参考。

11.2.3　水循环系统的水质基准

　　共有不同来源的 30 个样品进行了 6 种生物测试，其中包括基于发光细

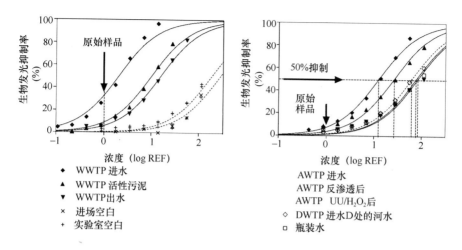

图 11.4　Oxley Creek 污水处理厂（WWTP）（左）、Bundamba 高级水处理厂
（AWTP）和 Brisbane 河水（右）水样经 Microtox 费氏弧
菌生物发光抑制测试的浓度-响应曲线

REF——相对浓缩因子，第 7.3.2 章中描述（数据来自 Macova et al. 2011）。

菌测定的非特异性毒性、四种特异性毒性测试和遗传毒性 umuC 测试（表
11.1）（Macova et al.，2011）。

　　为简化起见，只评述了四个特异性终点的两个结果。所选择的特异性
毒性测试是光合毒性测试，它可以检测抑制光合作用的除草剂，而 E-
SCREEN 检测类雌激素化学物质。

　　以下部分详细说明了所选择的 30 个样品的处理和测试流程，从未经处
理的污水到饮用水，通过二级和三级处理工艺，包括膜过滤（MF），整个
数据都已经发表（Macova et al，2011）。图 11.5 描述了处理全流程的毒性
当量浓度（TEQs）测定（注：TEQ 对数刻度）。该测定方法的分辨率足
以定量检测 2～4 个数量级差异的效应水平。尽管分辨率高，许多反渗透
（RO）处理后的样品浓度下降至检测限。

　　以下为便于比较，水样毒性相对于未经处理污水毒性的百分比在线性
坐标轴上显示（图 11.6）。尽管每个生物终点减少的程度不同，污水处理
厂明显减少了微量污染物负荷。利用 Microtox 方法测试的 TEQ 基线毒性
减少了 90% 以上，而以敌草隆等价物（DEQ）表征的除草剂活性降低了
40%～50%。污水处理厂将雌激素活性和遗传毒性降低到很低的水平，仅

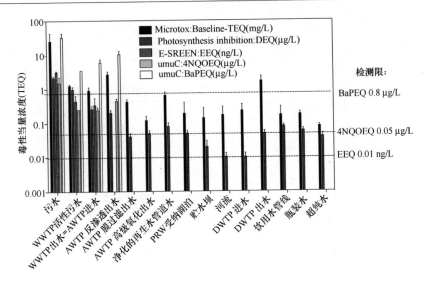

图 11.5　沿着水循环流程的水样毒性当量浓度（TEQ）
注：注意用于 y 轴的对数尺度。在图例中，在不同的 TEQs 中单位不同。
4NQOEQ——4 硝基喹啉氧化物等当量，AWTP——高级污水处理厂，
BaPEQ——苯并［a］芘当量，DEQ——敌草隆当量，DWTP——饮用水处理厂，
EEQ——雌二醇当量，PRW——净化再生水，WWTP——污水处理厂

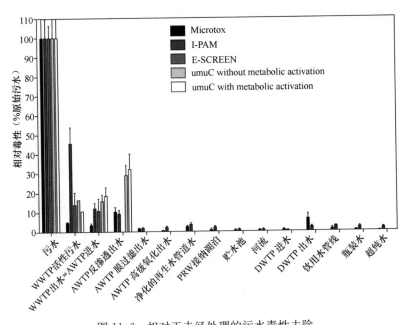

图 11.6　相对于未经处理的污水毒性去除
AWTP——高级污水处理厂；DWTP——饮用水处理厂；
PRW——净化循环水；WWTP——污水处理厂

略高于检测限。尽管经过微滤（MF）后略有增加。高级的水处理进一步减少了可测量的遗传毒性和非特异性毒性，观察到现象可解释为由氯胺消毒引起，这是一种消毒副产物的前体物。然而，消毒副产物经过反渗透膜处理后被去除，在此之后，所有目标的毒性响应都接近或者低于检测限。由于在氯和氯胺消毒中形成消毒副产物，在饮用水厂出口处观测到基线毒性 TEQ 呈现升高趋势。最终产品水与瓶装水及空白样（超纯水）在生物分析上没有区别。

成组生物测试应用于评估水处理循环的水质（Macova et al.，2011）　　　表 11.1

作用模式	测试	可检测化学品	结果表述
非特异性基线毒性	Microtox：费氏弧菌发光抑制测试	所有化学品	基线毒性当量（基线 TEQ）
特异性神经毒性	乙酰胆碱酯酶活性抑制测试	有机磷农药和氨基甲酸酯	对硫磷当量（PTEQ）
光合作用毒性	利用 IPAM 检测光合作用（光合体系 II）抑制	除草剂	敌草隆当量（DEQ）
雌激素活性	E-SCREEN	雌激素和具有雌激素效应的工业化合物	雌二醇当量（EEQ）
芳香烃受体活性	AhR-CAFLUX	多氯联苯和多环芳烃	二噁英当量（TCDDEQ）
反应性遗传毒性	UmuC	亲电的化学物质，如环氧化合物、芳香胺	4 硝基喹啉氧化物当量（4NQOEQ），苯并 a 芘当量（BaPEQ）

注：AhR——芳香烃受体；TEQ——毒性当量浓度；IPAM——成像脉冲幅度调制荧光测定术（一种测试光合作用活性的方法）。

本研究结果可用于水质基准测试。通过在澳大利亚城市的不同地点进行雨水采样，发现含有 1～2.2 mg/L baseline-TEQ（基线毒性当量浓度），0.003～0.4 μg/L DEQ（敌草隆等价浓度），0.02～0.15 ng/L EEQ（雌二醇当量）和 0.1～0.4 ng/L TCDDEQ（二噁英当量），遗传毒性低于检测限（未发表数据）。基线毒性当量浓度和敌草隆等价浓度与二级处理后的污水确定的范围进行比较，而可以作为排水系统溢流指示指标的雌激素活性，在雨水中的浓度比处理后废水中的浓度低。因此，很有可能，检测到的响应是由径流直接引起，而不是污水溢流引起。遗传毒性和 AhR 活性分析进一步证实了这一结论。通过这种方式，保存生物分析结果数据库可以对环境/或饮用水样快速测试进行基准校正。

11.2.4 处理技术基准检测

由于基于细胞的测试法具有高分辨率，即使是经过深度处理的水样也可检出，可以计算单个处理步骤或整体处理流程的去除效率。在本节中，对两个不同的高级污水处理技术进行比较（Macova et al.，2011）。第一个处理工艺包括 MF，随后是 RO 和利用 UV/H_2O_2 的高级氧化，而第二个处理工艺包括臭氧和粒状活性炭过滤（GAC）（Reungoat et al.，2010）。图 11.7 清楚地呈现了去除效率，两种处理工艺都非常有效地去除了大多数生物毒性终点。然而，臭氧-活性炭（O_3 和 GAC）工艺比反渗透（RO）和高级氧化工艺对乙酰胆碱酯酶（AChE）抑制作用的去除效率低，而经过臭氧-活性炭（O_3 和 GAC）工艺处理后无法直接抑制光合作用，但是反渗透（RO）和高级氧化对抑制光合作用去除较少。这种比较论证了不同生物分析工具不同水处理技术的适用性。

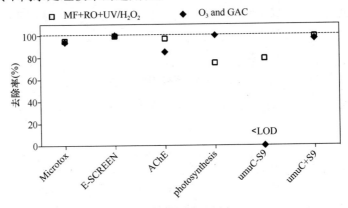

图 11.7   两个高级污水处理工艺的去除效率比较

注：数据来自于 Macova et al.，2011。AChE——乙酰胆碱酯酶；
GAC——粒状活性炭过滤；H_2O_2——过氧化氢；
MF——膜过滤；O_3——臭氧，RO——反渗透

11.2.5 化学分析和生物分析方法对比

在本章的引言中，述及基于每个已知量化组分的生物效能。化学分析和生物分析测量产生并不总是重叠的互补信息（图 11.2），生物测定法（TEQbio）获得的毒性当量浓度可以与通过化学分析（TEQchem）预测的毒性当量相比较。详细的计算方法在第 7 章和第 8 章有描述。

　　图 11.8 描述了来自不同生物测定和样品类型的 TEQ_{chem} 和 TEQ_{bio} 之间关系（Escher et al.，2011）。TEQchem 通常低于或相当于 TEQ_{bio} 值，因为对于许多毒性终点，生物分析能够有效检测许多意外的或未知的化合物（图 11.8，左）。众所周知，抑制光合作用最有效的化合物是除草剂，通过化学分析和生物分析测量的光合作用抑制 DEQ_{chem} 和 DEQ_{bio} 在 4 个数量级范围内几乎完全一致，如图 11.8 右图所示。在其他研究中污水处理厂出水和地表水样品中，也发现 $DEQ_{chem} \approx DEQ_{bio}$ 是真实的（Escher et al.，2006；Vermeirssen et al.，2010）。

　　通过化学分析定量检测，小于 1% 的 EEQ_{bio} 可归因于天然雌激素和外源性雌激素（图 11.8）。这个结果是不典型的，因为之前大多数研究已经发现，污水、污水厂出水和地表水的 EEQ_{chem} 和 EEQ_{bio} 之间存在良好的一致性（Rutishauser et al.，2004；Leusch et al.，2010）。然而，对于相对干净的样品，如膜过滤（MF）出水，EEQ_{chem} 和 EEQ_{bio} 之间存在差异并不常见，这可以解释为存在强有力的雌激素，如天然和合成激素，这往往发生在浓度低于化学分析法的检测限（LOD）之下（对于每个化学物通常为 1 ng/L）。因此，这些雌激素不影响 EEQ_{chem}，但是很容易被生物分析工具检测出，生物分析工具对雌激素的检出限（LOD）非常低（本研究使用分析法为 0.01 ng/L EEQ）。

　　在这项研究中，在测试的 106 种化学物中，仅有少数对基线毒性当量（baseline-TEQ_{bio}）（图 11.8）有贡献。这个结果与以前的研究结果相符（Vermeirssen et al.，2010；Reungoat et al.，2011），可以解释为，样品中存在的所有化学物质都对基线毒性当量（baseline-TEQ_{bio}）有贡献，而只

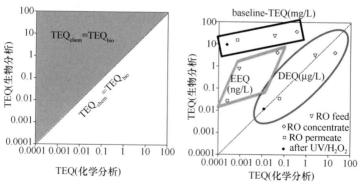

图 11.8　左：生物测试法测定的毒性当量浓度（TEQ_{bio}）和化学
分析数据建模获得的毒性当量浓度（TEQ_{chem}）概念比较
右：实验数据（数据来自 Escher et al.（2011））.
DEQ——敌草隆当量（用于除草剂等价物）；EEQ——雌二醇当量
（用于雌激素等价物）；RO——反渗透

对相对少量的化学物质进行化学分析。同样重要的是，要考虑化学物亲体和转化产物对复合基线毒性当量（baseline-TEQ）的贡献。

总之，本研究案例表明，生物分析工具检测高级处理水样的优势，这些水样中许多单个化学物质低于检测限，生物分析工具是唯一足够灵敏评估水处理工艺每一步处理效率的方法，污染物的含量明显减少，且浓度低于任何令人担忧的程度。然而，鉴于监测目的，有明确的基准比仅有一个模糊的"低于检测限"更有利。

11.3　不同类型水域的人体健康风险基准

第二个案例是应用组合生物分析工具检测再生水作为饮用水水源的人体健康风险（NWC，2011）。生物测试法选择过程始于全面分析毒性终点与化学物质污染饮用水引起人类健康不良结局的相关性，并进行并行的体外评价方法来监测这些毒性终点（见第5章）。在此评估的基础上，开发出保护为目标导向的生物组合测试（表11.2）。

组合生物测试应用于再生水用作饮用水水源的
人体健康风险基准评价（NWC，2011）　　　　　　表11.2

作用模式		测试方法	毒理学终点	结果表述
非特异性毒性	细胞毒性	Caco2-NRU（Caco-2细胞吸收中性红测定）	基础细胞毒性和抑制胃肠道细胞活性	相对毒性单位（rTU）
	细胞毒性	WIL2NS TOX（利用流式细胞术检测WIL2-NS细胞）	基础细胞毒性和白细胞的活性下降	相对毒性单位（rTU）
	细胞毒性	HepaTOX（利用刃天青检测C3A细胞减少）	基础细胞毒性和肝细胞的活性下降	相对毒性单位（rTU）
反应性毒性	致突变性	Ames TA98 and TA100测试，含有和不含S9代谢活性	致突变潜能	相对毒性单位（rTU）
	遗传毒性	WIL2NS FCMN（流式细胞术微核测试）	DNA损伤导致微核形成	相对遗传毒性单位（rGTU）
	肝毒性	HepCYP1A2（通过荧光素酶前体测定酶活性测定）	诱导肝细胞中的多功能氧化酶CYP1A2	苯并a芘当量（BaPEQ）

续表

作用模式		测试方法	毒理学终点	结果表述
反应性毒性	内分泌物：雌激素效应和抗雌激素效应	ERα-CALUX（ERα-荧光素酶报告基因检测）	ERα-介导的转录雌激素效应	对于刺激剂为17β雌二醇当量-（βE2Q）；三对于拮抗剂为苯氧胺当量（TMXEQ）
	内分泌物：雄激素效应和抗雄激素效应	AR-CALUX（AR-荧光素酶报告基因检测）	AR-介导的转录雄激素效应	对于刺激剂为DHT当量（DHTEQ）；对于拮抗剂为氟他胺当量（FluEQ）
	内分泌物：糖皮质激素受体刺激剂和拮抗剂	GR-CALUX（GR-荧光素酶报告基因检测）	GR-介导的转录糖皮质激素效应	地塞米松当量（DexaEQ）
	内分泌物：孕激素受体刺激剂和拮抗剂	PR-CALUX（PR-荧光素酶报告基因检测）	PR-介导的类-孕激素效应	Org2058 当量（Org2058EQ）
	内分泌物：甲状腺激素受体刺激剂和拮抗剂	TRβ-CALUX（TRβ-荧光素酶报告基因检测）	TRβ-介导的类-甲状腺素效应	甲状腺荷尔蒙-EQ（T3EQ）
	免疫毒性：诱导和抑制	THP1-CPA（IL1β生产由 THP1 细胞，用ELISA 测量）	转调由单核细胞产生的细胞因子 IL1β（或抑制）	对于诱导，PMA-当量（PMAEQ）；对于抑制，地塞米松当量（DexaEQ）
	神经毒性	AChE 测试	乙酰胆碱酯酶抑制	毒死蜱当量（ChlorpyEQ）

AR——雄激素受体；CALUX——化学品活化荧光素酶基因表达；CPA——细胞因子产生试验；DHT——二氢睾酮；ER——雌激素受体；EQ——当量浓度；Org2058 ——己酸各司孕甾醇；PMA——佛波酯

基于化学物质在再生水中存在可能性，采用化学和生物测试方法检测的有效性以及它们的危害性组合测试法，第一次对 39 个优先控制化学品进行测试。优先控制化学品清单涵盖了一系列化学物，包括天然和人工合成激素、工业化合物、药品及个人护理产品、兽药、农药及消毒副产物。这个基准测试形成化学物质指纹图谱形成物质。例如，雌激素有非常高的雌激素效应和抗雄激素效应，也有一定细胞毒性和遗传毒性。两种被认为有雌激素效应的农药（毒死蜱和二嗪农）也具有神经毒性。消毒副产物有遗传毒性、细胞毒性和抑制免疫力毒性（表 11.3）。当应用组合测试策略（ITS）方案时，对大多数化学物质有效应的基准生物测定法是有价值的，可采用生物分析工具筛查样品，后续直接进行化学分析。

当基准测线完成后，从几个不同处理工艺中再生水样品取样，以及再生水用户终端、饮用水、瓶装水和取自一个郊区雨水收集器中的雨水。在进行化学分析（针对 39 种优先控制化学物）和组合生物测试之前，使用固相萃取（SPE）提取和浓缩水样。

　　研究发现，生物活性随着处理水平的不断提高而降低，从处理后的污水和用于灌溉的 A 级回用水（二级污水经紫外线和/或氯消毒，去除病原体，但没有大幅去除化学污染物）到反渗透出水、饮用水、瓶装水和雨水（表 11.4）。特别是处理后的污水和 A 级回用水，显示出显著水平的雌激素和类孕激素活性，最可能是由天然和合成激素导致。总体来说，化学分析与复合效应指纹吻合情况较好。有趣的是，在反渗透处理的水中，检测到微弱的雌激素和抗雌激素效应。在 RO 处理样品中没有检测到可解释这种效应的化学品。作者假设，RO 膜中的增塑剂可能导致这些活性，众所周知，这些化学品有低雌激素效应活性。

　　化学分析的结果表明，高级水处理工艺能有效去除所有测试的化合物。生物测定结果证实无毒的未知化合物存在于 RO 处理水或饮用水中。本案例研究表明，生物分析工具，结合适当的风险评估、管理和沟通，有能力显著改善当前对化学品逐一进行风险评估的方法。

对于不同类型化学物质的影响指纹　　　　　表 11.3

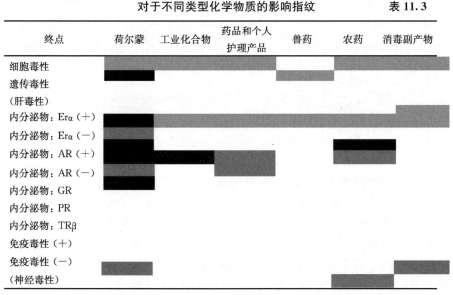

终点	荷尔蒙	工业化合物	药品和个人护理产品	兽药	农药	消毒副产物
细胞毒性						
遗传毒性（肝毒性）						
内分泌物：Erα（+）						
内分泌物：Erα（-）						
内分泌物：AR（+）						
内分泌物：AR（-）						
内分泌物：GR						
内分泌物：PR						
内分泌物：TRβ						
免疫毒性（+）						
免疫毒性（-）（神经毒性）						

　　注：1. 彩色编码反映了测试化学物质的潜能：白色：没有影响；灰色：低到中度影响；黑色：严重影响（NWC，2011）。

　　　　2. 在括号中突出的肝毒性和神经毒性，相关分析是不完善的，和/或是间接毒性指标，即，肝毒性试验检测肝酶诱导（不一定是毒性）以及神经毒性测试乙酰胆碱酯酶（相对有限的总神经毒性）。

　　　　（+）表示活化作用；（-）表示拮抗作用；缩写：ER——雌激素受体；AR——雄激素受体，GR ——糖皮质激素受体，PR——孕激素受体，TR——甲状腺激素受体，Horm. ——荷尔蒙（自然和合成的），Industr. ——工业化合物，PPCP——药品和个人护理品，Vet. ——兽用药物，Pestic. ——农药，DBP——消毒副产物.

11.4 利用臭氧处理工艺的污水处理厂生态风险评价

第三个案例是瑞士雷根斯多夫传统污水处理厂。为了改善受纳河流的水质，该污水处理厂建设臭氧和砂滤工艺（Zimmermann et al.，2011）。为了开展受纳环境的生态评价，这项研究应用化学分析、生物分析工具和包括活体生态毒性分析在内的测试系统。这套组合技术在处理和减少微污染物水平方面表现出一致性，并引发了瑞士联邦办公室的环境决策，在瑞士很多污水处理厂实现了三级处理。

不同水样毒性结果总结　　　　　　　　　　　　　　表 11.4

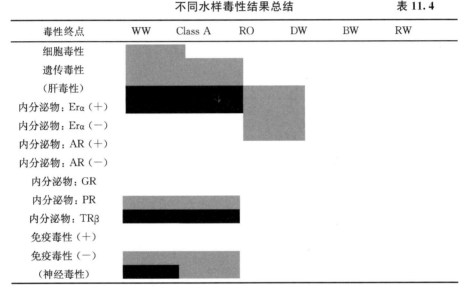

毒性终点	WW	Class A	RO	DW	BW	RW
细胞毒性						
遗传毒性						
（肝毒性）						
内分泌物：Erα（＋）						
内分泌物：Erα（－）						
内分泌物：AR（＋）						
内分泌物：AR（－）						
内分泌物：GR						
内分泌物：PR						
内分泌物：TRβ						
免疫毒性（＋）						
免疫毒性（－）						
（神经毒性）						

注：1. 彩色编码反映了被测样品的生物毒性：白色：没有影响；灰色：低到中度影响；黑色：严重影响。

　　2. 在括号中突出的肝毒性和神经毒性，相关分析是不完善的，和/或是间接毒性指标，即，肝毒性试验检测肝酶诱导（不一定是毒性），以及神经毒性测试乙酰胆碱酯酶（相对有限的总神经毒性）。

（＋）表示活化作用；（－）表示拮抗作用；缩写：ER——雌激素受体；AR——雄激素受体；GR——糖皮质激素受体；PR——孕激素受体；TR——甲状腺激素受体；WW——处理后的污水；A 类——用于灌溉的 A 类再生水；RO——反渗透处理水，可能用于饮用；DW——饮用水；BW——瓶装水；RW——雨水

二级处理污水厂污水仍然含有数量可观的药品，包括卡马西平、双氯芬酸、阿替洛尔、一些抗生素以及消费品如苯并三唑及其衍生物。这些外源性物质的含量经臭氧可处理后大大减少（Escher et al.，2009；Hollender et al.，2009）。利用一套生物分析工具验证了臭氧可成功去

除微量污染物，这与在第一个案例研究中的应用相类似（第 11.2 节，表 11.1）。所需臭氧剂量随所选毒性终点而变，相对较低剂量的臭氧足以消除雌激素活性，需要更高的剂量（0.1g O_3/gDOC）以消除非特异性毒性、光合抑制性、抗雄激素活性和芳香烃受体的拮抗效应（Escher et al.，2009；Stalter et al.，2011）。图 11.9 显示了处理工艺中使用臭氧剂量≥0.8g O_3/gDOC 时，利用不同生物分析方法测试，毒性均为减少。

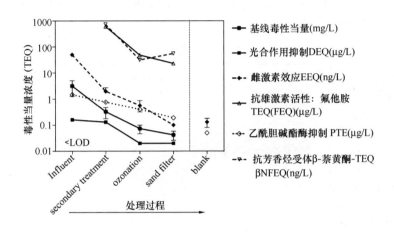

图 11.9　在含有臭氧（≥ 0.8g O_3/gDOC）
和砂滤工艺的瑞士污水处理厂中 TEQ 去除情况
注：基线——TEQ，DEQ，EEQ 和 PTEQ 引自 Escher et al.（2009），
FEQ 和 βNFEQ 引自 Stalter et al.（2011）. TEQ——毒性当量浓度；
DEQ——敌草隆当量；EEQ——雌激素当量；PTEQ——对硫磷当量

　　利用大型植物、泥螺、沉积物寄生蚊、黑虫和遗传毒性测试所用的斑马贻贝进行活体生态毒理测试，暴露于臭氧处理水时显示出不良影响（Stalter et al.，2010a）。然而，观测的毒性程度随后续砂滤而减少（Stalter et al.，2010a）。类似地，片脚类动物甲壳纲动物 Gammarus fossarum 的进食率在臭氧处理水中被促进，但是对砂滤水没有响应（Bundschuh et al.，2011a）。这些发现可能反映了臭氧氧化与微污染物温反应和，不足以导致完全矿化，氧化产物不显示母体化合物的特异活性，但是仍保留一定程度的一般毒性。氧化可进一步代谢天然有机物，导致形成可生物利用的有机物，这也可在后续的砂滤工艺过程中进一步去除。Bundschuh et al.（2011b）观察到，二级处理废水的排放减少了受纳河流中 Gammarus 的进食率，而实施臭氧氧化/砂滤过程后，其进食率恢复正常。物种丰富性风险分析表明，实施臭氧氧化后，脆弱的大型无脊椎动物物种得以恢复（Ashauer 2011，未出版）。

利用活体监测工具不可能评估每一个处理过程，但是，活体测试结果与生物分析结果具有良好一致性，这无疑表明体外分析方法兼具成本效益优势的监测工具。

第 12 章

生物分析工具的发展前景

12.1　引言

　　水质评估生物分析工具的应用仍处于初级阶段，化学风险评估替代试验方法发展迅速，将大大促进该方法学的成熟发展。本章中，我们将总结到目前为止该领域内取得的成就、分析知识缺口以及对未来研究的展望和机遇。最后，讨论若使水质评估生物分析工具得到管理层的认可，还需要做哪些工作。

12.2　目前取得的成就

　　通过前面几章我们了解了在人体和环境健康领域内，就暴露评估和风险评估而言，生物分析工具的科学背景。此前，文献中越来越多的案例证明，仅仅依靠化学分析，无法获得水体中有机微量污染物的所有信息，而生物分析工具却传达了相关信息。在验证与核实阶段，生物测定传达的其他信息可用来作为水质标准，也可用来评估某一水处理技术或全部处理系统的整体处理效率。

12.2.1　选择基于毒性通路概念框架的生物测试的良好指导

　　在第4章中所述的毒性通路、不良结局通路概念以及书中随后的内容，为选择生物分析工具的种类和合理化提供了很好的基础。通过关注细胞效应和响应，毒性通路概念使我们进一步得出人类健康和生态风险评估之间的共同点。

　　在这个概念框架下，很清楚的是，没有"一体适用"的生物测试，一个组合试验应该包括几个生物测试方法，其中至少有一种选自任意作用模式（例如，非特异毒性、活性毒性及特异毒性）。此外，第4章介绍的适应性细胞应激响应通路很重要，因为这些通路会对毒性产生累积反应，而且比评估单个毒性作用模式更有综合性。尽管目前无法评价存在的受体，适应性应激响应通路很好地表明了化学压力源的存在。因此，指示这些通路的生物测试可以为水体中存在的化学品评估提供第一层筛查。

12.2.2　更加综合的化学污染物范围测量

生物分析工具很好地连接了单个化学品分析和水样直接毒性评估。尽管直接毒性评估全面，因为所有成分都会一并评估，包括盐分以及如磷酸盐和含氮化合物（硝酸盐和亚硝酸盐）等常规污染物（图 12.1），但这种方法在以下方面有其不足，如灵敏度、病原体评估和避免人为影响（由非化学因素引起，如酸碱度和温度）。通过化学分析，可以全面识别及定量常规污染物及金属。有机微量污染物包含一系列化合物及其转化产物，单靠化学分析不能提供充足信息，需通过提供总参数及指示参数的替代方法来补充（图 12.1）。生物分析工具为有机微量污染物提供了一个比化学指标如总有机碳（TOC）、可同化有机碳（AOC），或总有机卤素化合物（TOX）更加精细的综合指标。

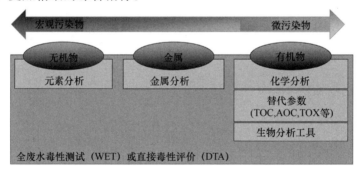

图 12.1　生物分析工具是水体综合化学品污染评估的一部分
AOC——可吸收有机碳；TOC——总有机碳；TOX——总有机卤素化合物

与化学分析相比，生物分析工具具有的另一优点是生物测定反映的是本质风险，如在生物测定中，毒性大的化学品比效力小的化学品比重大；缺点是可观察到的效果不能直接与某一化学品联系在一起，因此，生物分析工具总要与其他技术（例如化学分析等）共同使用。

12.3　未来研究的需求及机遇

尽管取得了重大进展，仍有知识缺口需要解决。水质评估中最重要的问题是水样制备方法和基质本身的有效性。基于细胞的生物测试处于化学分析和活体毒性测试之间，这些不同工具之间的定量关联会帮助我们理解生物分析工具的性能和限制。然而，基础科学仍需改进，需要进一步发展某些终点和生物测试。一旦解决了眼前的研究问题，毒理基因组学和三维细胞系统将会用于水质评价，为未来带来机遇。

12.3.1　基质效应和萃取法

没有经过净化和浓缩，直接测试水样，无法评估再生水和饮用水，原因有两点：（1）无法检测出浓度过低的微量污染物；（2）盐分和有机物影响，基质效应会干扰生物测定。

通过外加化学标准物，化学分析已经解决了萃取效率的问题，可以在水样准备过程中校正。但这种加标方法与生物测定不相符，因为很难区分添加的标准化学品和水样中原有的化学品。然而，也可将标准品和样品作为二元混合物并进行回收率评价，这种方法相当于化学分析中的加标方法，加入常规标准后，峰值强度增加，也可用来计算萃取效率。

水样萃取方法，如液液萃取（LLE）或固相萃取（SPE）已运用了几十年，固相萃取吸附剂材料的发展和新的萃取方法仍需进行常规评价，以确保选择最佳的萃取技术和针对某一特定基质的生物测定分析参数。在某些情况下，有必要使用不同或依次使用不同的萃取技术，以实现最佳产量。

利用生物分析方法测量挥发性化学品是有问题的，因为在样品萃取和暴露在 96 孔板的过程中，挥发性化学品会挥发。即使密封 96 孔板也无法阻止挥发性化学品挥发，因为密封 96 孔板中至少允许细胞呼吸时所需的气体交流。被动剂量技术为挥发性化合物测试提供了一个有用的平台，该技术将克服与溶剂媒介有关的问题，但这些方法与生物分析工具的结合仍有待实施。

12.3.2　综合生物分析和化学分析

所有现行的风险/安全评估和指导方针都基于单一化学品测试，我们所有的管理条例也是用这一种单一化学语言书写。为了实现更加真实的复合评估，让大量的单一化学毒性信息派上用场，一定要确保我们知道如何将生物分析方法和化学分析联系起来。本书第 8 章讨论了复合毒性的科学基础，几项研究已经使预测生物测定反应和测量生物测定反应之间达到了较好的融合，特别是针对相对清楚基质中的特异毒性。更多的研究会向风险评估者和管理者证明，化学和生物测定分析是相辅相成的。

12.3.3　综合生物分析和整体动物试验

理解体外生物测试如何预测完整有机体效应对于回答"所以又如何"这一问题至关重要不良结局通路为这些联系提供了逻辑框架，但仍需进行大量研究来填补空白。化学风险评估替代测试方法的发展引起了人们思维模式的变化，从单纯依赖体内（活体）毒性测试到依靠体外生物测定以及从体外到体内的外推模式。这些替代测试方法的验证可以用作水样检测的基础。体外到体内外推模式为生物分析工具的应用提供了基本原理。但是，想要全面发展未知组分复杂混合物的体外到体内外推模式，路途依然长远，因为物理化学属性不同的化学品之间，毒物动力学不同。结合基于生理学的毒性动力学模型和来源于细胞生物测试效应的方法（详见第 2 章）具有实用性，可以从单一化合物扩展到混合物，将来还有可能延伸至环境样品。

12.3.4　需要进一步发展的生物测定

如前所述，适应性细胞应激响应途径为化学品暴露提供了可能的早期指标。通过强调细胞应激响应，而非最终表现效果，可将毒性通路应用于水质评估中。例如，诱导 DNA 修复是比表现 DNA 损伤灵敏度更高的早期预警指标。适应性细胞应激响应途径数量有限，重要的有机微量污染物对炎症、氧化应激和 DNA 损伤会产生应激响应。这些途径中的大多数，无论形式如何，都可获得报告基因测试，但只有几个报告基因测可应用于水质评价。

应用包含 14 种指示适应性应激响应通路的细菌报告基因成组生物测试，检测一系列化合物，获得其诱导图谱，用作化学品作用模式分类。这种方法也可设想为利用哺乳动物报告基因检测，以及针对水样中存在化学品的复杂混合物检测。

如第 5 章所述，目前体外方法模拟某些终点效果较差，特别是如果这些终点要依赖于细胞和综合生物反应。现在还没有综合的体外模型的经典例子是生殖和发育毒性。近期非胚胎组织多功能干细胞的发展免去了使用胚胎干细胞的道德担忧。微流控的发展促成了"动物芯片"平台的形成（Sin 等，2004；Baker，2011），该技术可能使在体外层面综合模拟有机体反应得到发展，但要使这些技术可应用，仍有大量的工作需要完成。

我们还需注意，大多数基于哺乳动物细胞的生物测定和报告基因测定来源于未分化的癌细胞。因为原代细胞只能在体外存活几个细胞周期，之后就会相继死去，需要不断地从新组织中获取资源，这就产生了伦理道德和重现性问题。相比之下，癌细胞是永生的，可以在很长时间之内以稳定的形式保存，但根据定义，这些癌细胞是突变体，可能不同于原代细胞。今后工作的方向应转向新兴的永生细胞技术。

12.3.5　组学技术

基因组学、转录组学、蛋白质组学和代谢组学等组学技术有实际应用的潜力。该领域正在渐渐从定性评估转向定量评估，从单一化合物转向混合物（Spurgeon 等，2010）。一旦可以评估和评价混合物，就可以进一步转向水样中复杂和未解决的混合物研究。但仍有许多问题有待解决，最相关的一个问题就是"与对照组相比，如果一个基因转录变化了×倍，这将意味着什么"，我们在第 12.3.3 节中讨论了与这一问题相关的体外至体内外推法。

12.3.6　三维细胞系统可以更好地模拟完整有机体反应

通常用于体外毒性试验的未分化细胞，细胞间缺少交流，而这样的交流对于器官功能十分重要。因此，人们多次尝试发展三维细胞模型以模拟内脏（Cencic 和 Langerholc，2010）、皮肤（Vandebriel 和 van Loveren，2010）、肝脏（Anene-Nzelu 等，2011）或特异肺功能（Roggen 等，2006）。

直肠癌细胞株 Caco-2 是一个广泛用于肠道吸收的体外模型，在制药工业测试药品口服有效性中有特别重要的应用。如果 Caco-2 生长于微孔膜上，Caco-2 细胞有能力形成一层三维上皮屏障，该屏障可起到紧密连接并可以支持主动和被动吸收过程。

通过化学品和皮肤渗透进行的皮肤过敏试验往往是在人类三维重建表皮模型中完成的，包括几种类型细胞和一个真皮基质。这些三维皮肤模型可以模拟许多皮肤功能，例如屏障和免疫学功能。

大多数三维细胞模型的一个不足就是实际上它们都不是真实的体外系统，而更像是体内的模型，在这一模型中，原始动物细胞株或组织与活的有机体是分离的，也无法长时间培养。除了动物试验的道德问题外，这些系统重现性低，而且获得的难度更大，但是它们的优越性使其发展前景一片光明。

12.3.7　生物分析工具就像"煤矿中的金丝雀"

监督监测要求立刻检测出化学污染物的变化或事故，理想方法是通过现场和在线监测。目前，所有的生物分析工具只能离线应用，例如，水样需要运送至实验室，并且在实验室进行预处理。随后，暴露细胞，时间从几分钟到几天不等，最常见的情况是暴露 24h。由于许多应用的细胞株是转基因细胞，它们只能在有安全检疫和密闭的设备中保存。因此，结果至少要推迟 24h 才能得到，甚至更久。分析化学、药物开发以及 Tox21 项目的进展都已证明，自动化在线萃取和自动高通量筛查技术上是可行的。因此，缩短从样品收集到获得分析结果之间的时间是可能的，确保生物分析方法可以完成监督检测的任务也是可以实现的。

12.4　通往监管使用之路

目前，生物分析工具是流行的研究工具，在它们继续发展的同时，验证还远远没有完成，我们相信假以时日，生物分析工具可以应用于监管。水行业的监管者和支持者都赞成我们需要克服从化学品到化学品方法的局限。那么，是什么阻止了生物分析工具在水质评估中的应用呢？

我们决定制定基于化学品的水质标准，而不是等待先进化学工具的发展，例如液相色谱-质谱联用仪/质谱法，实际上，标准值的制定加速了化学分析的发展。同样地，我们没有时间等到完美的生物组合测试方法出炉，而应该考虑它当前的应用，并开始积累更多关于其适用性和限制性的经验。

生物分析工具最重要的好处是它们的测量是基于风险的，即一个更具毒性或效力的化学品比效力较低的化学品有助于引起生物测定反应，就像其作用于完整有机体一样。因此，生物分析作为有优先级的工具具有很大潜力。在分层方法里，生物分析工具可用于初筛和危害识别，只有那些超过某一限值的样品才需要进行更细致的评价（图 12.2）。

世界上资源有限，分层方法可以将复杂的样品按风险次序排列。这样，根本的问题就变成了"怎样设定限值？"限值定义决定可接受效果的触发值、什么时候需要进一步调查以及风险管理。有几种方法是可以的，但实施前，还需要进一步研究。

12.4.1　选项一：未稀释水样的无观测效应

选项一中，如果未稀释水样引起生物基线毒性响应，则需进一步检测水样，即相对浓缩因子为 1（REF：相对浓缩因子；详见第 7 章）。过去，相对分析检测限较高，这种方法可行。随着检测限越来越低，监管部门不得不形成越来越有意义基于健康的标准参考值。以整体动物试验为例：过去，评价高度整合的体内毒性终点时，"无效应"意味着无需进一步测试，但如果观察到毒性，则需继续测试。新的生物分析工具可以检测到毒性通

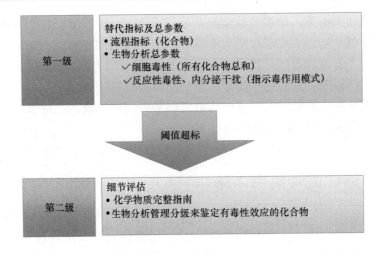

图 12.2　水质化学品评估分层方法

路的早期活动，而不是最终的表现效果，也就是说这些工具可以在浓度非常低时探测到引起生物活性的化合物，而这些化合物浓度非常高时，可能会产生不良健康后果。虽然这种方法有保守性的优势，但它并不包括暴露测量。更现实的措施是为生物分析工具定义生物相关效应水平（如选项二）。

12.4.2　选项二：定义基于效应的触发值

这个选项中，基于效应的触发值定义是，在某个生物测定中，对比水样中测量的毒性当量浓度（TEQ）和现有相关化学品触发值。如果生物测定采用 TEQ 这一概念，这一选项可即刻应用于生物测定中，但就其他而言，TEQ 方法仍有待发展。实践中，这一选项意味着在不同的生物测定中，只要一组化学品有参考或标准值，则每一生物测定都要测试一组化学品，得出的 TEQ 结果（或一致的值）就作为生物测定标准参考值。例如，类雌激素活性既可以用雌二醇当量（EEQ）表达，也可以用 4-壬基酚当量（4NPEQ）表达，这两种表达方法可以与之相对的单一化学品标准参考值进行对比。尽管这种方法起初建立时耗时长，但是方法很简单，而且可以适应一系列不同的标准值。一旦建立剂量响应关系，这种方法也能很简单地适用于新情况，另一浓度下的 TEQ 值也能很方便地计算出来。

这种方法虽然听起来简单，但仍有问题。如何将现有标准参考值和生物测定匹配？如果有一系列参考化合物，应该选择哪些？如果现有的不同标准参考值产生不稳定的 TEQ 值要怎么办？那么要选择哪一个 TEQ 值？如果 TEQ 标准源自某一化学品标准，而这一指导准则是根据现如今流行的做法，即单一化学品毒性试验确立的，那么我们要如何解释复合效应？此外，定义非特异性和反应性毒物的 TEQ 已被证实有问题，因为能产生这类效应的化合物太多，不能确定特异毒物的范围。由于这些困难的存在，于是产生了第三种选项。

12.4.3　选项三：再定义基于效应的指导方针

这种方法从头开始，试图将基于细胞的生物测定里观察到的反应和不良健康结局直接联系起来。这种科学上严谨的方法固然有其优点，但从实际角度看，由于这种方法需要思维模式上的大转移，而且不一定与现有方法相匹配，该方法的实施还是困难重重。

最终，根据毒性作用模式，可能会混合使用这三种选项。选项一可应用于非特异性和反应性毒性（例如，细胞毒性和遗传毒性），因为建立一个 TEQ 可能会很困难，选项二可应用于已建立 TEQ 的特异性毒性，若两种情况都不是，则可考虑使用选项三。时间会证明这三个选项或其他选项中哪些会帮助生物分析工具应用于监管。

12.5　结束语

本章概述了生物分析工具的潜力和限制，并展望了可能的未来发展。我们期望本书中总结的这一尖端科学可以鼓励研究人员坚持将生物分析方法从研究工具发展到实际应用方法，并进一步帮助管理者实施这些重要的技术工具。

最后，我们想说，对未来我们持有乐观态度。目前，我们仍处于美好发展的开端，并非结尾。希望不久后，新的发现将会把本书中总结的案例不断更新。

术语解释

AA-EQS：年均环境质量标准（→EQS）。

ABC transporters ABC 转运体：ATP 结合盒，即药物主动运输中的药物转运体家族（→主动运输）。

Abiotic 非生物的：一种不包含活体的过程，不是生物学过程，比如通过物化过程发生的非生物转化反应（→生物的）。

Acceptable（or allowable）Daily Intake（ADI）日允许摄入量（ADI）：终生暴露期间无明显风险的化学品量（日耐受摄入量，参考剂量）。

Acetylcholinesterase（AChE）乙酰胆碱酯酶（AChE）：一种催化乙酰胆碱水解的酶。

Active transport 主动运输：通过细胞膜且需要能量（比如 ATP）的分子转运（→ABC 转运体，被动运输）。

Acute exposure 急性暴露：短期暴露（几小时或几天）（→慢性暴露）。

Adaptive stress response pathway 自适应应激反应通路：化学品和其他压力源导致的细胞应激响应通路。

ADI：→每日允许摄入量。

Adverse Outcome Pathway（AOP）不良结局通路（AOP）：机体内毒物和受体之间初始相互作用下产生的概念框架，从细胞和器官响应到机体或种群水平上的不良结局（→毒性路径）。

ADWG：澳大利亚饮用水指南。

Aflatoxin 黄曲霉毒素：一种霉菌毒素（真菌毒素）。

Agonist 兴奋剂：模拟自然基质作用的化学品，比如连接在细胞受体上并引起细胞自然响应（→拮抗剂）。

AGWR：澳大利亚水回用指南。

AhR：芳香烃受体（二噁英受体），涉及细胞色素 P450 以及二噁英和类二噁英化合物（比如多环芳烃）的诱导。

AhR-CAFLUX：芳香烃受体化学活化荧光表达试验，是检测水样中类二噁英活性常用的报告基因测试。

Ames test　Ames 试验：诱变性试验，测定毒物使得依赖组氨酸并能在缺少组氨酸培养基上生长的鼠伤寒沙门氏菌株的突变能力。

Anaemia　贫血症：血液不足。

Androgen　雄性激素：天然或合成的激素，包括通过雄性激素受体（AR）调节雄性特征发育的睾酮。

Antagonist　拮抗剂：抑制兴奋剂功能的化合物（→兴奋剂）。

Antibody　抗体：免疫系统检测和中和外来物质用到的蛋白质。

Antigen　抗原：导致抗体产生的外来物（比如细菌、病毒）。

Antimitotic drug　有丝分裂抑制剂：抗癌药，通过干扰有丝分裂抑制细胞分裂的药物。

ANZECC：澳大利亚和新西兰环境与保护委员会。

AOC：可同化有机碳。

AOP：→不良结局通路。

Apical endpoints　尖端终点：完整生物体毒性的传统测定结果，比如致死率或生殖障碍。

Apoptosis　细胞凋亡：细胞程序性死亡。

AR：雄激素受体，是由天然或合成雄激素诱导的，对雄性发育和生殖很重要 。

ARE：抗氧化剂响应元件（也可用作雄激素受体响应元件）。

ARMCANZ：澳大利亚和新西兰农业与资源管理委员会。

Aromatase　芳香化酶：CYP 酶家族的一种，对雌激素的生物合成很重要，因此对性发育也很重要。

Assay　试验：测试化学物质对生物系统（细胞、机体和种群）活性的毒理学过程。

ASTM：美国材料试验学会（现在是国际材料试验学会）。

ATP：5'-三磷酸腺苷，细胞内一种传输能量的多功能核苷酸。

Autoimmune disorder　自身免疫失调：免疫系统开始攻击机体自身组织的一种病。

AWTP：深度水处理厂。

Axon 轴突：传导电脉冲的神经元突触。

BACI（研究设计）：前，后，对照和影响。

BaP：苯并［a］芘。

Basal toxicity　基础毒性：人体毒理学基线毒性的术语（→基线毒

性)。

Baseline toxicity　基线毒性：任一化合物显示出的最小毒性。将化学物质嵌入生物细胞膜中所导致膜完整性与功能的非特异性扰动。

BEC：→生物有效浓度。

Benchmark Dose（BMD）基准剂量（BMD）：与确定水平效应有关的剂量。

Bioaccumulation　生物积累：通过周围环境暴露导致机体内化学物质的积累（比如大气、水、沉积物、食物）（→生物富集）。

Bioactivation 生物活化：化学物质的生物活化作用，比如生物转化产生的代谢物比其前体物毒性更大。

Bioanalytical tool　生物分析工具：基于细胞或低复杂性的离体生物试验，指示与人类和环境健康有关的特定终点。

Bioavailability　可生物利用性：指的是某种化学物质能被细胞吸收的部分。

Bioconcentration　生物富集：水生生物从周围水中通过鳃、表皮和甲壳富集化学物质，生物富集不包括饮食积累或其他非通过水的富集（→生物积累）。

Biodegradation　生物降解：微生物（比如细菌）对材料和物质的生物降解。

Biologically Effective Concentration（BEC）生物有效浓度（BEC）：BEC 是指毒物进入细胞、位点或膜并产生不利影响的量。BEC 可能只代表传送浓度的一部分，但是最适于测定暴露量以预测不利影响。

Biological Pathway Altering Concentration（BPAC）生物通路改变浓度（BPAC）：指示特定毒性通路的体外试验有效浓度。

Biomarker　生物标志物：易于衡量细胞或机体对压力源的生物学、生理学或组织学响应，并作为暴露或效应的标记物。

Biotic 生物的：包含活体过程，比如通过生物学过程发生的"生物转化反应"，与物理和化学过程截然相反（→非生物的）。

Biotransformation 生物转化：细胞和机体内化学物质的代谢转化。

BMD：→基准剂量。

BPAC：→生物途径改变浓度。

BTEX：一组芳香烃：苯，甲苯，乙苯和二甲苯。

CA：→浓度相加。

CA/DA：浓度相加/剂量相加（→浓度加和）。

CALUX：化学活化荧光素酶基因表达试验，包含检测一些核受体介导活性的细胞系，比如雌激素受体（ER-CALUX）、芳香烃受体（AhR）、雄激素受体（AR）、糖皮质激素受体（GR）、孕激素受体（PR）和睾酮受体（TR）。

CAR：基本雄烷受体，参与保护胆汁酸导致的毒性，并调节生理功能。

Carbamate pesticides 氨基甲酸酯农药：通过抑制酶（乙酰胆碱酯酶）发挥作用的一组杀虫剂（→乙酰胆碱酯酶）。

Carcinogenesis 致癌作用：癌细胞形成，比如癌症的发生。

Carcinogenicity 致癌性：癌症的毒作用方式，可能直接由 DNA 损伤导致，或者干扰基因调控（后生的）（后生致癌物质，遗传毒性）。

Carcinom 癌：恶性组织增长（→肿瘤）。

Cardiomyocyte 心肌细胞。

Cardiovascular toxicity 心血管毒性：对心脏和血管系统的毒性。

Catabolism 分解代谢：内生和外生分子的代谢分解。

Chemical-group motivated approach 化学基团驱动的方法：一种组合测试设计的方法：优先检测相似作用的特定化学物质组，而不是出于保护的目标（→保护目标驱动的方法）。

Chronic exposure 慢性暴露：长期暴露（几周到几年），与急性暴露相对（→急性暴露）。

Co-activator 辅助激活因子：通过另一种与 DNA 有结合能力的蛋白（比如转录因子），能增加基因表达的一种蛋白。

Comet assay 彗星试验：检测不同类型细胞（包括人类、其他哺乳动物和鱼类细胞）DNA 链断裂的试验，也叫单细胞凝胶电泳（→SCGE）。

Concentration Addition（CA） 浓度相加（CA）：化学物质复合毒性定量模型：复合毒性通过相同的靶位点和/或方式起作用，比如单个毒性（用有效浓度表示）相加以得到混合物总毒性；CA 用于生态毒理学，剂量相加（DA）用于哺乳动物毒理学（→独立作用）。

Concentration-effect curve 浓度响应曲线：试验种群内观测到的在一定程度上（%）与暴露浓度增加相对的响应（→活体试验是剂量响应曲线）。

Confidence interval 置信区间：比如 95% 置信区间，是指 95% 的数据落在里面的数值范围。

Conjugate 共轭结合：外源性化学物质与亲水性生物小分子（比如葡萄糖醛酸苷或硫酸盐）形成的加合物，这种结合是由代谢酶催化，比较典型的是发生在肝脏中。

Conjugation 共轭结合作用：第二阶段的代谢反应包括亲水性生物分子加合到异型生物质上以形成更亲水的产物，便于排泄出去。

CWA：美国清洁水法案。

Cyanotoxin 蓝藻毒素：蓝细菌（蓝-绿藻）天然分泌的一种毒素，在淡水和海水中能产生有毒水华。

CYP：→细胞色素 P450。

Cytochrome P450（CYP450） 细胞色素 P450（CYP450）：包含在内生和异型生物质代谢中的单加氧酶超家族。

Cytokine 细胞因子：细胞信息传递的分子。

Cytoreductive drug 细胞减少性药物：能降低细胞数目（比如癌细胞）的药物。

Cytotoxicity 细胞毒性：化学物质或其他压力源对活细胞的毒性。

DA：→剂量相加。

DBP：→消毒副产物。

Denaturing 变性：外部压力（比如热）导致内生分子的结构损伤。

Dioxin 二噁英：→PCDD。

Direct Toxicity Assessment（DTA） 直接毒性评价（DTA）：通常应用于澳大利亚的术语，用以描述污水综合毒性（WET）测试（→WET）。

Disinfection by-product（DBP） 消毒副产物（DBP）：饮用水和游泳池水等化学消毒过程中，由天然有机质与消毒剂反应形成的化学物质，包括三氯甲烷（THMs）和卤乙酸（HAAs）等。

Dithiocarbamate pesticides 二硫代氨基甲酸类农药：一种氨基甲酸酯农药（→氨基甲酸酯农药）。

Diuron 敌草隆：除草剂，通过抑制光合系统 II 派生的光合作用起作用（→光合系统Ⅱ）。

DMSO：二甲基亚砜。

DNA：脱氧核糖核酸，高等生物体内编码基因组并携带所有遗传信息的大分子。

DOC：溶解性有机碳。

Dose Addition（DA） 剂量相加（DA）：与浓度加和的概念一样，但是 DA 用于不如动物毒理学（→浓度相加）。

Dose response assessment 剂量响应评价：某物质暴露剂量或水平与效应发生率及严重性之间的关系。

Dose-response curve 剂量响应曲线：试验种群内观测到的在一定程度上（％）与暴露剂量增加相对的响应（→体外试验是浓度响应曲线）。

DTA：直接毒性评价。

DWEL：饮用水当量水平，保护不良的非致癌性健康效应的终生暴露浓度，假定总污染物暴露来源于饮用水。

DWTP：饮用水处理厂。

EC_{50}：在细胞试验中，导致 50％最大效应的有效浓度。

Ecological Risk Assessment（ERA）　生态风险评价（ERA）：估计化学、生物或物理因子对特定生态物种、种群或生态系统潜在影响的过程（→人体健康风险评价）。

ECVAM：欧洲替代方法验证中心。

EEQ：17β 雌二醇当量浓度。

ELISA：酶联免疫吸附试验，一种依赖结合在特定抗体上酶的免疫学试验技术。

Endocrine disrupting compound（EDC）　内分泌干扰物（EDC）：一类能改变天然激素功能的化学物质（→内分泌干扰）。

Endocrine disruption　内分泌干扰：干扰内分泌系统。

Endogenou　内生的：内源的，机体或细胞内产生的内生物质，机体或细胞内发生的内生过程，包括内生物质。

Endothelium　内皮细胞：血管或器官的内细层胞。

Endotoxin　内毒素：细菌毒素。

Endpoint　终点：能观测或可测的生物事件，用于指示效应。

Environmental risk assessment　环境风险评价：→生态风险评价。

Enzyme　酶：催化（比如加快反应速率）化学物质反应的内源性蛋白质。

Epidemiology　流行病学：人群疾病类别研究，并试图将这些与人类化学物质暴露联系起来。

Epigenetic carcinogen　后生致癌物质：通过干扰基因调控机制致癌的化学物质，与具有遗传毒性的致癌物（通过直接损伤 DNA 结构致癌）截然相反。（→致癌性，遗传毒性）。

Epithelial cell　上皮细胞：表皮细胞或机体内器官外层的细胞。

Equitoxic concentration　等效毒性浓度：导致相同毒性的不同化学物质浓度，比如每种化学物质导致 x％效应的浓度在强和弱效化学物质中是不同的。

EQS：环境质量标准。

ER：雌激素受体，对雌性发育和生殖很重要；ER 通过天然和外源性雌激素调节（雌激素，外源性雌激素）。

ERA：生态风险评价。

ER-CALUX：检测水样中雌激素活性的试验（→荧光素酶报告基因法）。

E-SCREEN：雌激素活性筛查试验，基于依赖雌激素的细胞（人乳腺癌细胞 MCF-7）增殖（→MCF-7）。

Estradiol（E2）　雌二醇（E2）：天然雌激素。

Estriol（E3）　雌三醇（E3）：天然雌激素。

Estrogen（or oestrogen）　雌激素：一组雌性激素，包括三种天然形成的甾族激素［雌酮（E1）、雌二醇（E2）和雌三醇（E3）］以及合成化合物［17α 炔雌醇（EE2）］［雌激素受体、雌二醇、雌三醇、雌酮和 17α 炔雌醇］。

Estrogenicity　雌激素活性：雌激素活性导致的毒作用模式，比如结合雌激素受体（ER）。

Estrone（E1）　雌酮（E1）：天然雌激素。

17α-Ethinylestradiol（EE2）　17α 炔雌醇（EE2）：合成雌激素，避孕药的活性成分。

Eukaryote　真核生物：细胞核内包含有 DNA 的生物体，比如除一些细菌外的大部分生物体（→原核生物）。

Eutrophication　富营养化：水体受纳过多营养物质导致植物过度生长以及藻类暴发。

Exogenous　外生的：外源的，机体或细胞内发生的过程如果是由该机体或细胞外的（外源）物质导致，被称为"外生的"。

Exposure assessment　暴露评价：某种化学物质的排放、途径与移动速率及其转化或降解的测定，以评估人群或环境可能的暴露浓度/剂量。

External exposure concentration　外部暴露浓度：暴露介质（比如细胞介质、水、沉积物和食物）中的化学物质的浓度，与生物有效浓度（BEC）相反（→生物有效浓度）。

Ex vivo　体外：利用从活体中分离得到的组织或细胞，并在体外开展的实验。

FCMN：流式细胞微核试验，用以检测微核形成（DNA 损伤）。

FET：鱼胚胎试验。

Frameshift mutation（DNA/RNA）　移码突变（DNA/RNA）：一定数量的核苷酸插入或缺失导致的遗传（三字码）读码框架的改变，与来自 DNA 序列的三个（一种直接遗传毒性）不同。

Furan　呋喃：→PCDF。

GAC：颗粒态活性炭。

β-Galactosidase　β-半乳糖苷酶：水解酶经常作为标记物插入到重组细胞系中，可以通过比色法测定（水解作用中，加入基质形成有色产物）。

Gene activation　基因活化：基因表达的活化，比如通过连接核受体-配位基复合体到 DNA 上。

Genetically modified cell　转基因细胞：通过基因工程过量表达其天然特征的细胞，以使其更易检测，和/或将外来特征加到可视化效应中（→重组细胞）。

Genetic polymorphism　遗传多态性：某人群中同时出现两种或更多遗传学上的不同特征（表型或形态）。

Genomics　基因组学：基因组的研究（细胞或机体内总的基因），比如转录组学，蛋白质组学以及代谢组学（→毒理基因组学）。

Genotoxicity　遗传毒性：损伤 DNA 的作用模式，比如通过与化学物质和活性氧直接反应（后生致癌物质，致癌性）。

GFP：绿色荧光蛋白。

GHS：全球化学品统一分类和标签系统。

GI（系统）：胃肠道系统。

Glial cell　神经胶质细胞：一种神经系统的细胞，对体内平衡、髓鞘形成和神经元的支持很重要（髓磷脂，神经元）。

Glutathione（GSH）　谷胱甘肽（GSH）：抗氧化三肽，对细胞抵御活性氧以及结合外源性物质很重要。

GR：糖皮质激素受体，对发育、代谢和免疫系统的调节很重要。

Granulosa cells　颗粒细胞：分泌雌激素的细胞，在雌性卵细胞（卵）周围。

Green fluorescent protein（GFP）　绿色荧光蛋白（GFP）：经常用作重组细胞系的报告基因，是一种很容易测定的标记物（→重组细胞）。

Grey water　灰水：家庭用水，比如洗衣、洗餐具以及淋浴。

GSH：→谷胱甘肽。

Haematopoiesis　造血作用：血细胞的生产。

Haematotoxicity　血液毒性：对血液系统的毒性。

Haloacetic Acids（HAAs）　卤乙酸（HAAs）：饮用水和游泳池水化学消毒过程中，与天然有机质反应产生的一组消毒副产物（→消毒副产物）。

Hazard　危害：在暴露状况下，化学物质或混合物导致人类或环境不良影响的固有能力。

　　Hazard assessment　危害评价：暴露于危险源下潜在不良影响的评价（→风险评价）。

　　Hazard identification　危害鉴定：涉及风险管理问题和背景鉴定的过程，有时被称为问题鉴定（→风险评价）。

　　Hazard Quotient（HQ）　危害商（HQ）：→风险商。

　　Hepatocyte　肝细胞。

　　Hepatotoxicity　肝损伤：肝毒性。

　　HHRA：→人体健康风险评价。

　　Homeostasis　体内平衡：细胞或其他系统内部稳定性（氧化还原反应和化学物质稳定状态）的保持。

　　HQ：危害商（→风险商）。

　　HTS：高通量筛选。

　　Human Health Risk Assessment（HHRA）　人体健康风险评价（HHRA）：评估化学 、生物和物理因子对特定人群潜在影响的过程（生态风险评价 ERA）。

　　Hydrophilicity　亲水性：对水有亲合力，亲水化合物对水有高的亲合力，易于溶解在含水区，而不被细胞中的脂肪吸收。

　　Hydrophobicity　疏水性：对水没有亲和性，疏水化合物对细胞中的脂肪有高的亲合力，易被脂肪区吸收，而不是溶解在水中。

　　Hyperplasia　增生：细胞繁殖过度。

　　Hyperthermia　体温过高：不正常热调节导致的体温升高。

　　Hypoxia　缺氧：氧气不足。

　　IA：独立作用。

　　ICATM：交错试验方法的国际合作。

　　ICCVAM：美国部门间替代方法协调批准委员会。

　　Immortalised cell line　永生细胞系：意外或有意地产生突变以进行无限增殖的细胞系，与有寿命限制的原代细胞系相反（→原代培养细胞系）。

　　Immunoassay　免疫测定：检测亲合及连接到特定抗体的抗原的技术（比如酶联免疫吸附试验 ELISA、放射免疫试验 RIAs）。

　　Immunotoxicity　免疫毒性：对免疫系统的毒性。

　　Independent Action（IA）　独立作用（IA）：化学物质复合毒性定量模型，这种复合毒性通过不同的靶位点和毒作用方式起作用，比单个效应之和要小（→浓度相加）。

　　Intercalation（DNA）　嵌入（DNA）：两个 DNA 碱基之间大的平面分子的内含物。

In silico 计算机模拟：指的是预测计算模型。

In vitro 体外：字面意思是"在玻璃器中"，指的是在体外进行的试验，比如利用永生细胞系或组织/酶试验，并在小瓶或盘中进行（传统是用玻璃的，但是最近常用塑料孔板）。

In vivo 体内：指的是用完整生物体进行试验。

Ionophoric shuttle mechanism 离子载体穿梭机制：离子通过载体在细胞膜脂双层间穿行（脂溶性分子，解偶联剂）。

IPCS：世界卫生组织（WHO）的国际化学品安全规划署。

ISO：国际标准化组织。

ITS：智能测试策略，它能将来自预测计算模型（生物信息学）的多次平行试验与体外试验合并，以减少、改善和替代动物试验。

LC-MS/MS：液相色谱与双质谱联用。

LD_{50}：动物试验的半致死剂量。

LDH：乳酸脱氢酶。

Leydig cells 间质细胞：睾丸产生睾酮的细胞。

Ligand 配合基：对特定生物分子（比如受体）具有亲合力的分子（→受体）。

Lipid peroxidation 脂质过氧化：脂类的氧化分解。

LLE：液液萃取，实验室利用有机溶剂将化学物质从水相萃取出来的方法（→固相萃取）。

LOD：检测限。

LOEC：最低有影响浓度。

LOQ：最低定量限。

Luciferase（Luc） 荧光素酶（Luc）：一种发冷光的酶，作为易于测定的生物标志物，经常用于重组细胞株。

MAC-EQS：最大可接受浓度-环境质量标准，短期 EQS（→EQS）。

Macrocosm 大宇宙：大模型的生态模拟系统（→中宇宙、小宇宙）。

Macropollutant 宏观污染物：浓度为 mg/L～μg/L 的毒性物质，一般为金属或盐（微污染物）。

Margin of Safety（MOS） 安全系数（MOS）：可接受暴露浓度与预期暴露浓度的比值。MOS 越大，风险越小。

Matrix effects 基质效应：样品的基质组成干扰生物测试的现象。

MCF-7：人类乳腺癌细胞株。

MCR：最大累计比，是由混合物中单一化学物质所造成的最大毒性效应占所观测到的累积毒性效应的比例。是可观察到的混合物累积毒性和混合物中单个化学物质最大毒性效应产毒比例。

Mechanism of toxicity　毒性机制：在给定作用模式下，关键生物化学过程和/或异型生物质及生物质之间的相互作用。

Mesocosm　中宇宙：一个近似于自然条件用于运行控制水生试验的封闭水体（水塘或者流动系统）。（→小宇宙，大宇宙）。

Metabolic activation　代谢活化：化学物质经代谢转化后，变成毒性更强的代谢物质，而非预期的解毒过程。

Metabolic pathway　代谢途径：新陈代谢所涉及的细胞反应通路。

Metabolism　新陈代谢：活体有机分子的生物合成（同化作用）和生物分解（异化作用）。过程对于异型生物质来说，新陈代谢的首要任务是将其分解为利于排泄的形式。对于有毒化学物质来说，这一作用可称作是解毒作用，尽管有时候新陈代谢会导致形成毒性更高的代谢物（→代谢活化，I 相和 II 相代谢）。

Metabolite　代谢物：新陈代谢的降解产物（亦称作生物转化产物、降解产物）。

Metabolomics　代谢组学：暴露于特定化学压力下，对细胞中小分子代谢物的存在和多少进行全面分析的学科。

MF：膜过滤。

Microcosm　微宇宙：实验室规模的模拟生态系统（→中宇宙，大宇宙）。

Microcystin　微囊藻毒素：一种通过抑制磷酸酯酶导致肝毒性的藻毒素。

Micropollutant　微量污染物：浓度小于 $\mu g/L$ 级的人造有机物，包括杀虫剂、工业化学物质、消费品和药品，也包括荷尔蒙在内的天然化合物。

Microtiter plate　微量滴定板：也称作微板或者微孔板（例如 96 孔板）。应用于细胞测试法中有很多小孔的平板，用于装梯度稀释样品/标准品。

Microtox：能够通过商业渠道获取的试剂盒，采用天然发光细菌-费氏弧菌来测定生物荧光抑制的试剂盒。

Mode Of（toxic）Action（MOA）　（毒性）作用模式（MOA）：用于描述某种类型的不良生物反应的生理和行为迹象。

MOE：暴露界限（→安全系数）。

Morphogenesis　形态发生：外形的发展。

MOS：安全系数。

Mutagenicity　诱变：有毒物质导致突变的毒性作用模式（→遗传毒性）。

Mutation　突变：由于 DNA 剪切后插入错配碱基及 DNA 链断裂损伤等引起的基因组序列的改变。

Myelinating cell　成髓鞘细胞：形成髓鞘层的细胞（→髓鞘层）。

Myelin sheet　髓鞘层：神经细胞轴突周围形成的绝缘层。

NADPH：还原型烟酰胺腺嘌呤二核苷酸磷酸，是一种代谢辅酶、电子供体（还原剂）。

Narcosis (mode of action)　麻醉（作用模式）：生物体暴露于基线毒物时所产生的生理和行为响应，可细分为极性麻醉、非极性麻醉和酯麻醉。本书中的麻醉指的是所有化合物所表现出的最小毒性，不同于临床医学意义上的麻醉（→基线毒性）。

Native cell　天然细胞：未经遗传改造的原代细胞株或者永生化细胞株（→原代细胞株，永生化细胞株）。

Necrosis　细胞坏死：发生不可逆损伤后的细胞死亡。

Negative control　阴性对照：用测试溶剂或介质做的对照实验组，以确保它们对测试结果没有影响。

NEL：无作用剂量。

Neonicotinoids　烟碱：一类神经毒性杀虫剂。

Nephrotoxicity　肾毒性：对肾脏的毒性。

Neuron　神经元：一类在产生和传递信息中起重要作用的神经细胞（通过神经递质），神经元由神经胶质细胞支撑。（→神经胶质细胞、神经递质、轴突）。

Neuronopathy　神经元病：神经元的破坏。

Neurotoxicity　神经毒性：对神经系统的毒性。

Neurotransmitter　神经递质：将信息从神经元传递到目标细胞的内源化学物质（例如乙酰胆碱）。

Nitrosamines　亚硝胺：在许多常见产品中存在的某类化学物质（含有 R1N（-R2）-N＝O 结构），例如橡胶、烟草和食品（例如，在咸肉中由肉的胺类物质或者添加的亚硝酸钠转变而成）。亚硝胺在饮用水氯胺消毒过程中会形成 DBPs（→DBP）。许多亚硝胺是致癌物质。

NOAEL：无可见有害作用浓度。

NOEC：最大无响应浓度。

NOEL：无可见影响浓度。

Non-specific (mode of action)　非特异（作用模式）：暴露于基线毒物时的

生理和行为反应，一般与"麻醉效应"通用(→非特异毒性，毒性基线)。

Non-specific toxicity　非特异毒性：→毒性基线。

Non-threshold chemical　非阈值化学品：一种不存在低于某安全浓度时不会产生可预期效应的化学物质(例如，致癌物)(→阈值化学品)。

NPDES：国家污染物排放清除系统（USA）。

Nrf2：与抵抗氧化压力相关的转录因子。

NRU：中性红摄入试验，使用染料来评估细胞活力。

Nuclear receptor　核受体：一种直接结合在 DNA 上、能够感应激素进而调节基因表达的蛋白受体（→受体）。

Nuclear xenobiotic metabolism receptor　异型生物质代谢核受体：一种识别异型生物质诱导代谢酶表达的蛋白受体（→核受体）。

NWQMS：国家水质管理战略（澳大利亚）。

O_3：臭氧（参见臭氧氧化法的水质处理技术）。

OECD：经济合作与发展组织。

Organogenesis　器官形成：器官的形成。

Organophosphate pesticide　有机磷农药：一类通过抑制 AChE 酶导致产生神经毒性的杀虫剂（→乙酰胆碱酯酶）。

Oxidative stress　氧化应激：活性氧和系统解毒能力之间平衡的失稳（→ROS）。

P53：一类在 DNA 损伤中起重要作用的适应性应激响应转录因子家族（→遗传毒性）.（也称为"肿瘤抑制基因"）。

PAH：多环芳烃。

Passive dosing　被动配量：一项疏水化学物质进行测试的技术，所测试的化学物质通过固相维持细胞基质中恒定的暴露浓度（也称为分区控制配量技术）。

Passive sampling　被动采样：对被动采样装置进行时间积分的采样技术，被动采样装置中含有与多组化学物质有类似物理化学特性的吸附剂材料。

Passive transport　被动运输：物质分子由高浓度向低浓度透过细胞膜的被动扩散。

Pathogen　病原体：能使植物、动物和人类产生疾病的微生物。

PBDE：多溴联苯醚，一组结构类似的溴类化合物，也称为溴代阻燃剂。

PBT：持久性的，具有生物累积效应的，有毒的。

PCB：多氯联苯。209 种结构类似的工业化学品，曾在电器行业等大量生产和使用。尽管这些物质在斯德哥尔摩公约中作为 POPs/PBTs 禁止使用，但仍能在环境中发现 PCBs 的痕迹。

PCDD：多氯代二苯并二噁英。一组结构类似的氯代化合物，是其他氯代化合物例如杀虫剂生产过程中的副产物。最著名的例子是 2，3，7，8-四氯二苯并二噁英，它是在越南战争期间使用的除草剂-"橙剂"的主要污染物成分。尽管这些物质在斯德哥尔摩公约中作为 POPs/PBTs 禁止使用，但仍能在环境中发现它们的痕迹。

PCDF：多氯二苯并呋喃。

Phagocytes　吞噬细胞：能够通过吸收去除多种微生物的白细胞。

Phase Ⅰ metabolism　Ⅰ相代谢：通过氧化、还原和水解对化学物质的进行生物转化的代谢过程（→新陈代谢）。

Phase Ⅱ metabolism　Ⅱ相代谢：将Ⅰ相代谢中的官能团与硫酸和葡萄醛等分子基团结合，产生更易于从体内排出的高水溶性代谢产物（→新陈代谢）。

Phenotype　表现型：指一种生物的外部特征，表现型是基因型的外在体现，也就是说它是由基因型决定的。

Photodegradation　光降解：通过在阳光照射下吸收的光子分解有机化学物质。

Photosynthesis　光合作用：植物、藻类和一些细菌利用太阳能将二氧化碳和水转换成糖和氧气的转换过程。

Photosystem Ⅱ　光系统Ⅱ：在光合成中进行电子传递的蛋白质复合体（→光合作用）。

Phytotoxicity　植物毒性：对植物的毒性。

Plasmid　质粒：环状的 DNA 分子，携带目标物质的响应元件，在下游连接着能编码可检测信号（例如酶或者荧光蛋白）的报告基因。

PNEC：预期无响应浓度。

Point of inflexion　拐点：曲线斜率变化的点。

Polyhalogenated biphenyl　多卤联苯：溴化、氯化和氟化联苯，例如多氯联苯 PCB（→ PCB）。

POP：持久性有机污染物（→斯德哥尔摩公约）。

Positive control　阳性控制：含有测试化合物超最大浓度效应但不是参考化合物的样品（→超最大浓度）。

PPAR：过氧化物酶体增殖物受体，参与谢葡萄糖、脂质和脂肪酸的代谢过程。

　　PR：黄体酮受体，受孕激素和孕激素类化合物诱导，对生长和繁殖（生育）有重要作用（→孕激素）。

　　Primary cell line　原代细胞系：从活体组织中分离出来的细胞株。绝大部分原代细胞培养物具有有限的寿命（即没有被永久化）（→永生化细胞系）。

　　Primary mechanism, primary effects　原位机制，原位影响：在靶位点处有毒物质与生物分子的反应类型。

　　Progestogens　孕激素：孕酮等对怀孕和月经等过程有重要调控作用的类固醇激素（→PR）。

　　Prokaryote　原核生物：没有明显细胞核的单细胞生物（例如细菌、蓝藻）（→真核生物）。

　　Promoter　启动子：调节特定基因转录的某个 DNA 区域。

　　Protection-goal motivated approach　保护目标驱动法：以保护目标（例如人类健康或者生态系统健康）而不是特定化学物质组所设计的一组试验（→化学物质组驱动法）。

　　Proteolytic enzyme　蛋白水解酶：一种能将蛋白质水解为相应组分的酶，即多肽或氨基酸酶。

　　Proteomics　蛋白质组学：暴露于化学压力源后，对细胞内功能蛋白存在和丰度进行全面分析的研究领域。

　　PRW：循环的净化水。

　　PXR：孕烷 X 受体，参与各种 I 相代谢酶的诱导（→ I 相代谢）。

　　Pyrethroids　拟除虫菊酯：一组神经毒性杀虫剂。

　　QA/QC：质量保证和质量控制。

　　QS：质量标准。

　　QSAR：定量构效关系。

　　Quinolones　喹酮：一类合成的抗生素。

　　Radioimmunoassay（RIA）　放射免疫分析法（RIA）：一种采用放射性物质标记以便于检测抗原的免疫分析法。

　　RAR：视黄酸受体，在发育和体内稳态中起重要调节作用。

　　REACH：欧盟化学品法规《化学品注册、评估、许可和限制》。

　　Reactive oxygen species（ROS）　活性氧：内源性氧化分子，包括超氧阴离子自由基（$O_2 \cdot -$），过氧化氢（H_2O_2）和羟基自由基（$OH \cdot$）。化学压力和其他应激可以增加 ROS 形成，达到一定程度后可能会引起脂质过氧化 DNA 损伤和蛋白质的氧化，进而导致酶活性的损伤。

　　Reactive toxicity　反应性毒性：与形成共价键的化学反应相关的毒性

效应模式。直接反应性取决于亲电化学物质与 DNA 碱基或蛋白质等亲核生物分子的直接反应。间接反应活性与强氧化剂活性氧（ROS）的形成相关。

Receptor 受体：具有能被特定配体（例如激素和类激素化学物质）结合的蛋白质。每一个受体都能特异的与具有特殊结构的配体结合（→核受体）。

Receptor binding assay（RBA） 受体结合试验（RBA）：一个测定化学物质或环境样品和天然的配体分子之间竞争性结合的试验（→受体，配体）。

Receptor-mediated toxicity 受体介导毒性：由特定受体诱导产生的毒性（例如雌激素与雌激素受体结合）（→受体，核受体）。

Recombinant cell lines 重组细胞株：通过导入报告质粒得到的细胞株，该质粒中携带有作为特定受体的响应元件并紧跟着编码可检测的标记物〔例如绿色荧光蛋白（GFP）〕报告基因。

REF：相对富集因子是样品浓度的衡量指标，考虑了测试过程中样品在萃取和净化后相对于稀释样品的浓缩程度。REF 用于毒性当量浓度的计算（→TEQ）。

Reference dose（RfD） 参考剂量（RfD）：一个（带有不确定因素的）对大部分群体无害的每日暴露量[mg/(kg·day)]的测试（→每日允许摄入量，每日耐受摄入量）。

REP：相对效价强度是通过比较各自的浓度效应曲线，计算某种化合物对另外一种化合物的相对毒性强度。

Reporter gene 报告基因：一个具有特定特性的基因，插入某个基因之后能表达出该特性，否则不会表达。能在细胞中编码绿色荧光蛋白（GFP）是报告基因中的一种。

Reporter plasmid 报告质粒：一种与染色体 DNA 独立存在的可转移的 DNA 形态。

Responsive element 响应元件：或荷尔蒙响应元件（HRE，或例如雌激素受体的 ERE），是一个能够与特定受体（例如 ER）结合进而调节转录的短序列 DNA。

Reverse osmosis（RO） 反渗透：一个采用水压使水透过膜的过程，许多（不是所有）微污染物无法透过该膜。

RfD：参考剂量。

rGTU：相对遗传毒性单位。

RIA：放射免疫分析法。

Risk　风险：因暴露于某种化学物质或混合物，可能对人类或环境产生的不良影响。

Risk assessment　风险评估：一个包括以下要素的过程：风险识别、效应评估、暴露评估和风险表征。

Risk characterization　风险表征：评估人群或环境相中实际或预期暴露于某种物质后的发病率和严重程度（→）。

Risk Index（RI）　风险指数（RI）：累积风险度量，风险商值（RQ）的总和。有时也称为危险指数（HI）（→风险商值 RQ）。

Risk management 风险管理：考虑政治、社会、经济和工程信息对应风险相关的信息，建立、分析和比较各种规章办法，并选择合适监管对策以面对潜在健康或环境危害的决策过程（→风险评估）。

Risk Quotient（RQ）　风险熵值：在可接受影响水平之上的估计暴露量的比值（也称为危险熵值 HQ）（→风险指数，危险熵值）。

Risk reduction　降低风险：采取措施保护人类和/或环境受到所识别风险的影响。

RNA：核糖核酸，是控制基因表达和蛋白质合成等的大分子，是 DNA 的信使。

RO：→反渗透。

ROS：→活性氧物种。

rTU：相对毒性单位。

RQ：毒性当量。

RXR：维甲酸 X 受体，与许多其他核受体（例如 RAR 等形成异源二聚体类似），因此具有很多调节功能（→RAR）。

S9：含有包括 CYP450s 在内各种各样代谢酶的肝酶混合物，S9 混合物用以研究新陈代谢对异源物质的影响，即某些异源物质需要代谢活化（→代谢活化）。

SCGE：单细胞凝胶电泳试验，检测不同类型的细胞，包括人类、其他的哺乳动物和鱼类细胞 DNA 链的断裂情况。亦称为彗星试验（→彗星试验）。

Sertoli cells　塞托利细胞：睾丸内的营养细胞。

SOP：标准操作程序。

SOS Chromo　SOS 染色试验法：测定细菌细胞中 SOS 响应的试验（→SOS 响应）。

SOS response　SOS 响应：细胞对 DNA 损伤的防御策略。能够检测 SOS 响应的细胞测试，包括 umuC、SOS/umu 和 SOS Chromo。

SPE：固相萃取，采用专门吸附剂填充的柱子，从水中分离化学物质的实验室技术（→LLE）。

Specific mode of toxic action　特定的毒性作用模式：一种由受体或酶之间交互反应生成比基线毒性更毒的毒性效应模式。

Spermatogenesis　精子形成：成熟精子细胞的产生和发育。

Stable transfection　稳定转染：稳定地将遗传物质转入细胞中，与增殖后不稳定的瞬时转染是相对的。

Stockholm Convention　斯德哥尔摩公约：禁止释放和减少暴露于持久性有机污染物的全球公约。

Super-minimal concentration　超低浓度：→ NOEC。

Supra-maximal concentration　超大浓度：能导致 100％影响的最低浓度。

Synapse　突触：两个神经细胞之间的连接部位。

Synergism　协同作用：两个或两个以上毒物的联合毒性大于独立毒性效应的总和。

TCDD：2，3，7，8 四氯二苯并-p-二噁英。

TDI：每日耐受摄入量（→每日允许摄入量，参考剂量）。

TEF：毒性当量因子。

TEQ：→毒性当量浓度。

TEQ_{bio}：生物测试得出的 TEQ（→毒性当量浓度）。

TEQ_{chem}：化学分析法得出的 TEQ（→毒性当量浓度）。

Teratogenesis　畸形生长：胚胎或胎儿发育受干扰，造成产前或出生缺陷。

TF：→转录因子。

THP1：人类急性单核细胞白血病细胞株（单核癌症细胞-单核细胞是巨噬细胞，一种白细胞的前体）。

THP1-CPA：THP1 细胞因子产生试验（→THP1，细胞因子）。

Threshold chemical　阈值化学品：假定具有安全剂量或浓度的化学品，低于该值时没有明显的生物暴露风险（→阈值化学品）。

Threshold of Toxicological Concern（TTC）　毒理学关注阈值（TTC）：对人体健康风险可忽略不计的人体摄入或暴露量。

TIE：毒性鉴别评价，包括多个分离和生物测试，进而在混合物中分离有毒物质的评价过程。

TIF2：人类共激活因子（→共激活因子）。

TMX：他莫昔芬，一种用于治疗激素相关癌症的抗雌激素药物（→雌激素）。

TOC：总有机碳。

TOX：总有机卤素化合物。

Toxic Equivalent Concentration（TEQ）　毒性当量浓度（TEQ）：与水中微污染混合物引起同样效应的参考化学物质的浓度。

Toxicity pathway　毒性通路：暴露于化学物质最终导致不良健康影响的细胞反应途径，有时也称为生物通路（→不良结局通路）。

Toxicodynamics　毒物效应动力学：细胞内的实际毒性通路，包括初始化学物质和对应生物学靶标之间的分子相互作用（→毒物代谢动力学）。

Toxicogenomics　毒理基因组学：采用基因组学（转录组学、蛋白组学和代谢组学）进行毒理学研究的领域。

Toxicokinetics　毒物代谢动力学：细胞从外部暴露（例如通过饮食）到生物效应浓度，包括吸收、分布、代谢和排泄的动力学过程。这些过程包括化学物质在整个身体或者细胞内的吸收、排泄、内部分布和代谢过程（→毒物效应动力学）。

TR：甲状腺激素受体，在调节心跳率、代谢和发育中起重要作用。

Transcription　转录：复制 DNA 产生 RNA，是基因表达的第一步。

Transcription factor（TF）　转录因子（TF）：负责自适应应激反应途径转录的蛋白质。

Transcriptomics　转录组学：转录表达谱，即在暴露于化学压力源后对细胞内的 RNA 水平进行全面分析的研究领域。

Trihalomethanes（THM）　三卤甲烷（THM）：饮用水和游泳池水中的天然有机物在化学消毒后形成的一类消毒副产物（→消毒副产物）。

Trophic level　营养级：一种生物在食物链中所占据的位置。营养水平最低的是初级生产者（光合生物），营养水平最高的是以其他食肉动物为食的生物。

TTC：→毒理学关注阈值。

TU：毒性单位。

Tumour　肿瘤：异常肿块的组织。恶性肿瘤能导致癌症。

umuC：常用于测定细菌细胞中 SOS 响应的水质测试方法，也称作 SOS/umu（→ SOS 响应）。

Uncoupler　解偶联剂：离子载体。

USEPA：美国环境保护署。

Vasoactive agent　血管活性药物：一种能够增高或降低血压的药物。

VCr：重复性变异系数。

VCR：再现性变异系数。

Vibrio fischeri　费氏弧菌：在 Microtox 测试中使用的海洋发光菌（→Microtox）。

Vitellogenin（Vtg）　卵黄蛋白原（Vtg）：卵黄磷酸酯蛋白的前体，暴露于内源性和外源性雌激素（雌激素类化合物）时，会刺激 Vtg 的表达。Vtg 常用于体内检测但也能用于细胞测试（→内分泌干扰）。

96 Well plate　96 孔板：→微孔板。

WET：全废水毒性测试，是将完整生物体暴露于未提取水中的水质毒性测试（→直接毒性评估）。

WFD：欧盟水框架指令。

WHO：世界卫生组织。

WWTP：污水处理厂。

Yeast estrogen screen（YES）　酵母菌雌激素筛查试检验（YES）：通过检测重组酵母中人 ER 的诱导情况，对水样雌激素效应的常规检测（→ER，重组细胞株）。

Yeast two-hybrid assay　酵母双杂交实验：采用转染有两个不同报告质粒的重组酵母细胞株进行测试的实验（→重组质粒，重组细胞）。

Xenobiotic　异型生物质：外源物质。

Xenobiotic receptor　异型生物质受体。

Xenoestrogen　雌激素。

Zona radiata protein　卵壳蛋白。

参考文献

Aguayo, S., Muñoz, M.J., de la Torre, A., Roset, J., de la Peña, E. and Carballo, M. (2004). Identification of organic compounds and ecotoxicological assessment of sewage treatment plants (STP) effluents. *Science of The Total Environment*, **328**(1-3): 69–81.

Aleem, A. and Malik, A. (2003). Genotoxicity of water extracts from the River Yamuna at Mathura, India. *Environmental Toxicology*, **18**(2): 69–77.

Aleem, A. and Malik, A. (2005). Genotoxicity of the Yamuna River water at Okhla (Delhi), India. *Ecotoxicology and Environmental Safety*, **61**(3): 404–412.

Allinson, G., Allinson, M., Salzman, S., Shiraishi, F., Myers, J., Theodoropoulos, T., Hermon, K. and Wightwick, A. (2007). Hormones in recycled water. Final report, DPI.

Altenburger, R., Backhaus, T., Boedeker, W., Faust, M., Scholze, M. and Grimme, L.H. (2000). Predictability of the toxicity of multiple chemical mixtures to *Vibrio fischeri*: mixtures composed of similarly acting chemicals. *Environmental Toxicology and Chemistry*, **19**(9): 2341–2347.

Ames, B.N., McCann, J. and Yamasaki, E. (1975). Methods for detecting carcinogens and mutagens with the salmonella/mammalian-microsome mutagenicity test. *Mutation Research/Environmental Mutagenesis and Related Subjects*, **31**(6): 347–363.

An, J.S. and Carmichael, W.W. (1994). Use of a colorimetric protein phosphatase inhibition assay and enzyme linked immunosorbent assay for the study of microcystins and nodularins. *Toxicon*, **32**(12): 1495–1507.

Andersen, M.E., Al-Zoughool, M., Croteau, M., Westphal, M. and Krewski, D. (2010). The future of toxicity testing. *Journal of Toxicology and Environmental Health-Part B-Critical Reviews*, **13**(2-4): 163–196.

Anene-Nzelu, C., Wang, Y., Yu, H. and Liang, L.H. (2011). Liver tissue model for drug toxicity screening. *Journal of Mechanics in Medicine and Biology*, **11**(2): 369–390.

Ankley, G.T., Bennett, R.S., Erickson, R.J., Hoff, D.J., Hornung, M.W., Johnson, R.D., Mount, D.R., Nichols, J.W., Russom, C.L., Schmieder, P.K., Serrrano, J.A., Tietge, J. E. and Villeneuve, D.L. (2010). Adverse outcome pathways: a conceptual framework to support ecotoxicology research and risk assessment. *Environmental Toxicology and Chemistry*, **29**(3): 730–741.

Antonelli, M., Mezzanotte, V. and Panouillères, M. (2009). Assessment of peracetic acid disinfected effluents by microbiotests. *Environmental Science & Technology*, **43**(17): 6579–6584.

ANZECC/ARMCANZ (2000). Australian and New Zealand Guidelines for Fresh and Marine Water Quality. Volume 1, Australian and New Zealand Environment Conservation Council and Agriculture and Resource Management Council of Australia and New Zealand, Canberra.

Atkinson, A.J., Colburn, W.A., DeGruttola, V.G., DeMets, D.L., Downing, G.J., Hoth, D.F., Oates, J.A., Peck, C.C., Schooley, R.T., Spilker, B.A., Woodcock, J., Zeger, S.L. and Biomarkers Definitions Working Group (2001). Biomarkers and surrogate endpoints: Preferred definitions and conceptual framework. *Clinical Pharmacology & Therapeutics*, **69**(3): 89–95.

Atterwill, C.K., Bruinink, A., Drejer, J., Duarte, E., Abdulla, E.M., Meredith, C., Nicotera, P., Regan, C., Rodriguezfarre, E., Simpson, M.G., Smith, R., Veronesi, B., Vijverberg, H., Walum, E. and Williams, D.C. (1994). *In vitro* neurotoxicity testing - The report and recommendations of ECVAM workshop-3. *ATLA-Alternatives to Laboratory Animals*, **22**(5): 350–362.

Backhaus, T. and Grimme, L.H. (1999). The toxicity of antibiotic agents to the luminescent bacterium *Vibrio fischeri. Chemosphere*, **38**(14): 3291–3301.

Bailey, H.C., Elphick, J.R., Krassoi, R., Mulhall, A.M., Lovell, A.J. and Slee, D.J. (2005). Identification of chlorfenvinphos toxicity in a municipal effluent in Sydney, New South Wales, Australia. *Environmental Toxicology and Chemistry* **24**(7): 1773–1778.

Baker, M. (2011). Tissue models: A living system on a chip. *Nature*, **471**(7340): 661–665.

Baker, M.A., Cerniglia, G.J. and Zaman, A. (1990). Microtiter plate assay for the measurement of glutathione and glutathione disulfide in large numbers of biological samples. *Analytical Biochemistry*, **190**(2): 360–365.

Balaguer, P., Francois, F., Comunale, F., Fenet, H., Boussioux, A.M., Pons, M., Nicolas, J.C. and Casellas, C. (1999). Reporter cell lines to study the estrogenic effects of xenoestrogens. *Science of The Total Environment*, **233**(1-3): 47–56.

Ballantyne, B., Marrs, T. and Turner, P. (Eds) (1995). General and applied toxicology – Abridged edition. Macmillan Press, London, UK. 1361 pp.

Balsiger, H.A. and Cox, M.B. (2009). Yeast-based reporter assays for the functional characterization of cochaperone interactions with steroid hormone receptors. In: The nuclear receptor superfamily, I. J. McEwan (ed.), Humana Press, pp. 141–156.

Balsiger, H.A., de la Torre, R., Lee, W.-Y. and Cox, M.B. (2010). A four-hour yeast bioassay for the direct measure of estrogenic activity in wastewater without sample extraction, concentration, or sterilization. *Science of The Total Environment*, **408**(6): 1422–1429.

Bandelj, E., Van den Heuvel, M.R., Leusch, F.D.L., Shannon, N., Taylor, S. and McCarthy, L.H. (2006). Determination of the androgenic potency of whole effluents using mosquitofish and trout bioassays. *Aquatic Toxicology*, **80**(3): 237–248.

Barrueco, C., Herrera, A. and de la Pea, E. (1991). Mutagenic evaluation of trichlorfon using different assay methods with *Salmonella typhimurium. Mutagenesis*, **6**(1): 71–76.

Basu, N., Ta, C.A., Waye, A., Mao, J.Q., Hewitt, M., Arnason, J.T. and Trudeau, V.L. (2009). Pulp and paper mill effluents contain neuroactive substances that potentially disrupt neuroendocrine control of fish reproduction. *Environmental Science & Technology*, **43**(5): 1635–1641.

Behnisch, P.A., Hosoe, K. and Sakai, S.-i. (2001). Bioanalytical screening methods for dioxins and dioxin-like compounds – a review of bioassay/biomarker technology. *Environment International*, **27**(5): 413–439.

Bengtson Nash, S.M., Goddard, J. and Muller, J.F. (2006). Phytotoxicity of surface waters of the Thames and Brisbane River Estuaries: A combined chemical analysis and bioassay approach for the comparison of two systems. *Biosensors & Bioelectronics*, **21**(11): 2086–2093.

Bjorseth, A., Carlberg, G.E. and Moller, M. (1979). Determination of halogenated organic-compounds and mutagenicity testing of spent bleach liquors. *Science of The Total Environment*, **11**(2): 197–211.

Blaauboer, B.J. (2002). The applicability of *in vitro*-derived data in hazard identification and characterisation of chemicals. *Environmental Toxicology and Pharmacology*, **11**(3–4): 213–225.

Blaauboer, B.J. (2008). The contribution of *in vitro* toxicity data in hazard and risk assessment: Current limitations and future perspectives. *Toxicology Letters*, **180**(2): 81–84.

Blaauboer, B.J. (2010). Biokinetic modeling and *in vitro-in vivo* extrapolations. *Journal of Toxicology and Environmental Health, Part B: Critical Reviews*, **13**(2–4): 242–252.

Blinova, I. (2000). The perspective of microbiotests application to surface water monitoring and effluent control in Estonia. *Environmental Toxicology*, **15**(5): 385–389.

Bolger, R., Wiese, T.E., Ervin, K., Nestich, S. and Checovich, W. (1998). Rapid screening of environmental chemicals for estrogen receptor binding capacity. *Environmental Health Perspectives*, **106**(9): 551–557.

Borenfreund, E. and Puerner, J.A. (1985). Toxicity determined *in vitro* by morphological alterations and neutral red absorption. *Toxicology Letters*, **24**(2–3): 119–124.

Bovee, T.F.H., Helsdingen, R.J.R., Koks, P.D., Kuiper, H.A., Hoogenboom, R. and Keijer, J. (2004). Development of a rapid yeast estrogen bioassay, based on the expression of green fluorescent protein. *Gene*, **325**: 187–200.

Boxall, A.B.A., Sinclair, C.J., Fenner, K., Kolpin, D. and Maud, S.J. (2004). When synthetic chemicals degrade in the environment. *Environmental Science & Technology*, **38**(19): 368A–375A.

Brack, W., Schmitt-Jansen, M., Machala, M., Brix, R., Barcelo, D., Schymanski, E., Streck, G. and Schulze, T. (2008). How to confirm identified toxicants in effect-directed analysis. *Analytical and Bioanalytical Chemistry*, **390**(8): 1959–1973.

Bremer, S., Balduzzi, D., Cortvrindt, R., Daston, G., Eletti, B., Galli, A., Huhtaniemi, P., Laws, S., Lazzari, G., Liminga, U., Smitz, J., Spano, M., Themmen, A., Tilloy, A. and Waalkens-Behrends, I. (2005). The effects of chemicals on mammalian fertility - The report and recommendations of ECVAM workshop 53 - the first strategic workshop of the EU RePrOTect project. *ATLA-Alternatives to Laboratory Animals*, **33** (4): 391–416.

Bremer, S., Brittebo, E., Dencker, L., Knudsen, L.E., Mathisien, L., Olovsson, M., Pazos, P., Pellizzer, C., Paulesu, L.R., Schaefer, W., Schwarz, M., Staud, F., Stavreus-Evers, A. and Vaehaenkangas, K. (2007). *In vitro* tests for detecting chemicals affecting the embryo implantation process. *ATLA-Alternatives to Laboratory Animals*, **35**(4): 421–439.

Brian, J.V., Harris, C.A., Scholze, M., Backhaus, T., Booy, P., Lamoree, M., Pojana, G., Jonkers, N., Runnalls, T., Bonfa, A., Marcomini, A. and Sumpter, J.P. (2005). Accurate prediction of the response of freshwater fish to a mixture of estrogenic chemicals. *Environmental Health Perspectives*, **113**(6): 721–728.

Brown, N.A., Spielmann, H., Bechter, R., Flint, O.P., Freeman, S.J., Jelinek, R.J., Koch, E., Nau, H., Newall, D.R., Palmer, A.K., Renault, J.Y., Repetto, M.F., Vogel, R. and Wiger, R. (1995). Screening chemicals for reproductive toxicity: The current alternatives the report and recommendations of an ECVAM/ETS workshop (ECVAM workshop 12). *ATLA-Alternatives to Laboratory Animals*, **23**(6): 868–882.

Bundesgesetzblatt (2005). Bekanntmachung der Neufassung des Abwasserabgabengesetzes vom 18. Januar 2005 (Announcement of the amendment of the wastewater charges act of 18 January 2005). Bonn, Bundesanzeiger, Köln, Germany.

Bundschuh, M., Gessner, M.O., Fink, G., Ternes, T.A., Sogding, C. and Schulz, R. (2011a). Ecotoxicologial evaluation of wastewater ozonation based on detritus-detritivore interactions. *Chemosphere*, **82**(3): 355–361.

Bundschuh, M., Pierstorf, R., Schreiber, W.H. and Schulz, R. (2011b). Positive effects of wastewater ozonation displayed by *in situ* bioassays in the receiving stream. *Environmental Science & Technology*, **45**(8): 3774–3780.

Bunnell, J.E., Tatu, C.A., Lerch, H.E., Orem, W.H. and Pavlovic, N. (2007). Evaluating nephrotoxicity of high-molecular-weight organic compounds in drinking water from lignite aquifers. *Journal of Toxicology and Environmental Health-Part a-Current Issues*, **70**(24): 2089–2091.

Burke, M.D. and Mayer, R.T. (1974). Ethoxyresorufin - direct fluorimetric assay of a microsomal o-dealkylation which is preferentially inducible by 3-methylcholanthrene. *Drug Metabolism and Disposition*, **2**(6): 583–588.

Buschini, A., Carboni, P., Frigerio, S., Furlini, M., Marabini, L., Monarca, S., Poli, P., Radice, S. and Rossi, C. (2004). Genotoxicity and cytotoxicity assessment in lake drinking water produced in a treatment plant. *Mutagenesis*, **19**(5): 341–347.

Cahill, P.A., Knight, A.W., Billinton, N., Barker, M.G., Walsh, L., Keenan, P.O., Williams, C.V., Tweats, D.J. and Walmsley, R.M. (2004). The GreenScreen((R)) genotoxicity assay: a screening validation programme. *Mutagenesis*, **19**(2): 105–119.

Campora, C.E., Hokama, Y., Tamaru, C.S., Anderson, B. and Vincent, D. (2010). Evaluating the risk of ciguatera fish poisoning from reef fish grown at marine aquaculture facilities in Hawai'i. *Journal of the World Aquaculture Society*, **41**(1): 61–70.

Cao, N., Yang, M., Zhang, Y., Hu, J., Ike, M., Hirotsuji, J., Matsui, H., Inoue, D. and Sei, K. (2009). Evaluation of wastewater reclamation technologies based on *in vitro* and *in vivo* bioassays. *Science of The Total Environment*, **407**(5): 1588–1597.

Carfi, M., Gennari, A., Malerba, I., Corsini, E., Pallardy, M., Pieters, R., Van Loveren, H., Vohr, H.W., Hartung, T. and Gribaldo, L. (2007). *In vitro* tests to evaluate immunotoxicity: A preliminary study. *Toxicology*, **229**(1–2): 11–22.

Carlberg, G.E., Gjos, N., Moller, M., Gustavsen, K.O., Tveten, G. and Renberg, L. (1980). Chemical characterization and mutagenicity testing of chlorinated trihydroxybenzenes identified in spent bleach liquors from a sulfite plant. *Science of The Total Environment*, **15**(1): 3–15.

Carson, R. (1962). Silent Spring. Houghton Mifflin Company, 400 pp.

Castillo, M., Alonso, M.C., Riu, J., Reinke, M., Kloter, G., Dizer, H., Fischer, B., Hansen, P. D. and Barcelo, D. (2001). Identification of cytotoxic compounds in European wastewaters during a field experiment. *Analytica Chimica Acta*, **426**(2): 265–277.

CDER/FDA (2001). Guidance for Industry: Bioanalytical Method Validation, Center for Drug Evaluation (CDER) and US Food and Drug Administration (FDA).

Celander, M.C., Goldstone, J.V., Denslow, N.D., Iguchi, T., Kille, P., Meyerhoff, R.D., Smith, B.A., Hutchinson, T.H. and Wheeler, J.R. (2011). Species extrapolation for the 21st century. *Environmental Toxicology and Chemistry*, **30**(1): 52–63.

Cencic, A. and Langerholc, T. (2010). Functional cell models of the gut and their applications in food microbiology A review. *International Journal of Food Microbiology*, **141**: S4–S14.

Ceretti, E., Zani, C., Zerbini, I., Guzzella, L., Scaglia, M., Berna, V., Donato, F., Monarca, S. and Feretti, D. (2010). Comparative assessment of genotoxicity of mineral water packed in polyethylene terephthalate (PET) and glass bottles. *Water Research*, **44**(5): 1462–1470.

Cetojevic-Simin, D., Svircev, Z. and Baltic, V.V. (2009). *In vitro* cytotoxicity of cyanobacteria from water ecosystems of Serbia. *Journal of Buon*, **14**(2): 289–294.

Chang, J.C., Taylor, P.B. and Leach, F.R. (1981). Use of the microtox® assay system for environmental samples. *Bulletin of Environmental Contamination and Toxicology*, **26**(2): 150–156.

Charles, G.D. (2004). *In vitro* models in endocrine disruptor screening. *Ilar Journal*, **45**(4): 494–501.

Checovich, W.J., Bolger, R.E. and Burke, T. (1995). Fluorescence polarization - a new tool for cell and molecular biology. *Nature*, **375**(6528): 254–256.

Cheh, A.M., Skochdopole, J., Koski, P. and Cole, L. (1980). Non-volatile mutagens in drinking water - production by chlorination and destruction by sulfite. *Science*, **207**(4426): 90–92.

Claycomb, W.C., Lanson, N.A., Stallworth, B.S., Egeland, D.B., Delcarpio, J.B., Bahinski, A. and Izzo, N.J. (1998). HL-1 cells: A cardiac muscle cell line that contracts and retains phenotypic characteristics of the adult cardiomyocyte. *Proceedings of the National Academy of Sciences of the United States of America*, **95**(6): 2979–2984.

Clement, B., Persoone, G., Janssen, C. and Le Du-Delepierre, A. (1996). Estimation of the hazard of landfills through toxicity testing of leachates .1. Determination of leachate toxicity with a battery of acute tests. *Chemosphere*, **33**(11): 2303–2320.

Coecke, S., Balls, M., Bowe, G., Davis, J., Gstraunthaler, G., Hartung, T., Hay, R., Merten, O.W., Price, A., Schechtman, L., Stacey, G. and Stokes, W. (2005). Guidance on good cell culture practice - A report of the second ECVAM task force on good cell culture practice. *ATLA-Alternatives to Laboratory Animals*, **33**(3): 261–287.

Coecke, S., Goldberg, A.M., Allen, S., Buzanska, L., Calamandrei, G., Crofton, K., Hareng, L., Hartung, T., Knaut, H., Honegger, P., Jacobs, M., Lein, P., Li, A., Mundy, W., Owen, D., Schneider, S., Silbergeld, E., Reum, T., Trnovec, T., Monnet-Tschudi, F. and Bal-Price, A. (2007). Workgroup report: Incorporating *in vitro* alternative methods for developmental neurotoxicity into international hazard and risk assessment strategies. *Environmental Health Perspectives*, **115**(6): 924–931.

Coecke, S., Rogiers, V., Bayliss, M., Castell, J., Doehmer, J., Fabre, G., Fry, J., Kern, A. and Westmoreland, C. (1999). The use of long-term hepatocyte cultures for detecting induction of drug metabolising enzymes: The current status - ECVAM hepatocytes and metabolically competent systems task force report 1. *ATLA-Alternatives to Laboratory Animals*, **27**(4): 579–638.

Collins, F., Gray, G.N. and Bucher, J.R. (2008). Transforming environmental health protection. *Science*, **319**: 906–907.

Combes, R., Balls, M., Curren, R., Fischbach, M., Fusenig, N., Kirkland, D., Lasne, C., Landolph, J., LeBoeuf, R., Marquardt, H., McCormick, J., Muller, L., Rivedal, E., Sabbioni, E., Tanaka, N., Vasseur, P. and Yamasaki, H. (1999). Cell transformation assays as predictors of human carcinogenicity - The report and recommendations of ECVAM Workshop 39. *ATLA-Alternatives to Laboratory Animals*, **27**(5): 745–767.

Cooper-Hannan, R., Harbell, J.W., Coecke, S., Balls, M., Bowe, G., Cervinka, M., Clothier, R., Hermann, F., Klahm, L.K., de Lange, J., Liebsch, M. and Vanparys, P. (1999). The principles of good laboratory practice: Application to *in vitro* toxicology studies - The report and recommendations of ECVAM Workshop 37. *ATLA-Alternatives to Laboratory Animals*, **27**(4): 539–577.

Costa, L.G. (1998). Neurotoxicity testing: A discussion of *in vitro* alternatives. *Environmental Health Perspectives*, **106**: 505–510.

Creusot, N., Kinani, S., Balaguer, P., Tapie, N., LeMenach, K., Maillot-Marechal, E., Porcher, J.M., Budzinski, H. and Ait-Aissa, S. (2010). Evaluation of an hPXR reporter gene assay for the detection of aquatic emerging pollutants: screening of chemicals and application to water samples. *Analytical and Bioanalytical Chemistry*, **396**(2): 569–583.

Dardenne, F., Van Dongen, S., Nobels, I., Smolders, R., De Coen, W. and Blust, R. (2008). Mode of action clustering of chemicals and environmental samples on the bases of bacterial stress gene inductions. *Toxicological Sciences*, **101**(2): 206–214.

de Boever, P., Demaré, W., Vanderperren, E., Cooreman, K., Bossier, P. and Verstraete, W. (2001). Optimization of a yeast estrogen screen and its applicability to study the release of estrogenic isoflavones from a soygerm powder. *Environmental Health Perspectives*, **109**(7): 691–697.

Delgado, L.F., Faucet-Marquis, V., Pfohl-Leszkowicz, A., Dorandeu, C., Marion, B., Schetrite, S. and Albasi, C. (2011). Cytotoxicity micropollutant removal in a crossflow membrane bioreactor. *Bioresource Technology*, **102**(6): 4395–4401.

Demirpence, E., Duchesne, M.J., Badia, E., Gagne, D. and Pons, M. (1993). MVLN cells - a bioluminescent MCF7-derived cell-line to study the modulation of estrogenic activity. *Journal of Steroid Biochemistry and Molecular Biology*, **46**(3): 355–364.

Deneer, J.W., Sinnige, T., Seinen, W. and Hermens, J. (1988). The joint acute toxicity to *Daphnia magna* of industrial organic chemicals at low concentration. *Aquatic Toxicology*, **12**: 33–38.

Desbrow, C., Routledge, E.J., Brighty, G.C., Sumpter, J.P. and Waldock, M. (1998). Identification of estrogenic chemicals in STW effluent. 1. Chemical fractionation and *in vitro* biological screening. *Environmental Science & Technology*, **32**(11): 1549–1558.

Di Marzio, W.D., Saenz, M., Alberdi, J., Tortorelli, M. and Silvana, G. (2005). Risk assessment of domestic and industrial effluents unloaded into a freshwater environment. *Ecotoxicology and Environmental Safety*, **61**(3): 380–391.

DIN (1995). DIN 38415–1. German standard methods for the examination of water, waste water and sludge - Sub-animal testing (group T) - Part 1: Determination of cholinesterase inhibiting organophosphorus and carbamate pesticides (cholinesterase inhibition test) (T 1), Deutsches Institut für Normung (DIN).

Dizer, H., Wittekindt, E., Fischer, B. and Hansen, P.D. (2002). The cytotoxic and genotoxic potential of surface water and wastewater effluents as determined by bioluminescence, umu-assays and selected biomarkers. *Chemosphere*, **46**(2): 225–233.

Donato, M.T., Lahoz, A., Castell, J.V. and Gomez-Lechon, M.J. (2008). Cell lines: A tool for *in vitro* drug metabolism studies. *Current Drug Metabolism*, **9**(1): 1–11.

Eggen, R. and Segner, H. (2003). The potential of mechanism-based bioanalytical tools in ecotoxicological exposure and effect assessment. *Analytical and Bioanalytical Chemistry*, **377**(3): 386–396.

Ellman, G.L., Courtney, K.D., Andres jr, V. and Featherstone, R.M. (1961). A new and rapid colorimetric determination of acetylcholinesterase activity. *Biochemical Pharmacology*, **7**(2): 88–90, IN81, 91–95.

Embry, M.R., Belanger, S.E., Braunbeck, T.A., Galay-Burgos, M., Halder, M., Hinton, D.E., Léonard, M.A., Lillicrap, A., Norberg-King, T. and Whale, G. (2010). The fish embryo toxicity test as an animal alternative method in hazard and risk assessment and scientific research. *Aquatic Toxicology*, **97**(2): 79–87.

EMEA (2009). Draft guideline on validation of bioanalytical methods, European Medicines Agency.

Emmanuel, E., Perrodin, Y., Keck, G., Blanchard, J.M. and Vermande, P. (2005). Ecotoxicological risk assessment of hospital wastewater: a proposed framework for raw effluents discharging into urban sewer network. *Journal of Hazardous Materials*, **117**(1): 1–11.

EN ISO 13829 (2000). Water quality - Determination of the genotoxicity of water and waste water using the *umu*-test. Geneva, Switzerland, International Organization for Standardization (ISO).

enHealth (2004). Environmental health risk assessment. Guidelines for assessing human health risks from environmental hazards. Canberra, Australia, Department of Health and Aging and enHealth Council.

Environment Canada (2003). Guidance manual for the categorization of organic and inorganic substances on Canada's domestic substances list: Determining persistence, bioaccumulation potential, and inherent toxicity to non-human organisms. In: Existing Substances Program (CD-ROM), released April, 2004. Gatineau (QC), Canada, Existing Substances Division, Environment Canada.

Epler, J.L., Larimer, F.W., Rao, T.K., Nix, C.E. and Ho, T. (1978). Energy-related pollutants in the environment - use of short-term tests for mutagenicity in the isolation and identification of biohazards. *Environmental Health Perspectives*, **27**(DEC): 11–20.

Escher, B.I., Bramaz, N., Mueller, J.F., Quayle, P., Rutishauser, S. and Vermeirssen, E.L.M. (2008a). Toxic equivalent concentrations (TEQs) for baseline toxicity and specific modes of action as a tool to improve interpretation of ecotoxicity testing of environmental samples. *Journal of Environmental Monitoring*, **10**(5): 612–621.

Escher, B.I., Bramaz, N. and Ort, C. (2009). JEM Spotlight: Monitoring the treatment efficiency of a full scale ozonation on a sewage treatment plant with a mode-of-action based test battery. *Journal of Environmental Monitoring*, **11**(10): 1836–1846.

Escher, B.I., Bramaz, N., Quayle, P., Rutishauser, S. and Vermeirssen, E.L.M. (2008b). Monitoring of the ecotoxicological hazard potential by polar organic micropollutants in sewage treatment plants and surface waters using a mode-of-action based test battery. *Journal of Environmental Monitoring*, **10**(5): 622–631.

Escher, B.I. and Fenner, K. (2011). Recent advances in the environmental risk assessment of transformation products. *Environmental Science & Technology*, **45**(9): 3835–3847.

Escher, B.I. and Hermens, J.L.M. (2002). Modes of action in ecotoxicology: their role in body burdens, species sensitivity, QSARs, and mixture effects. *Environmental Science & Technology*, **36**: 4201–4217.

Escher, B.I., Lawrence, M., Macova, M., Mueller, J.F., Poussade, Y., Robillot, C., Roux, A. and Gernjak, W. (2011). Evaluation of contaminant removal of reverse osmosis and advanced oxidation in full-scale operation by combining passive sampling with chemical analysis and bioanalytical tools. *Environmental Science & Technology*, **45**: 5387–5394.

Escher, B.I., Quayle, P., Muller, R., Schreiber, U. and Mueller, J.F. (2006). Passive sampling of herbicides combined with effect analysis in algae using a novel high-throughput phytotoxicity assay (Maxi-Imaging-PAM). *Journal of Environmental Monitoring*, **8**(4): 456–464.

EU Council (2009). Council conclusions on combination effects of chemicals. Brussels, Belgium, 2988th Environment Council meeting, 22 Dec 2009, Council of the Euroean Union.

European Chemicals Agency (2008). Guidance on information requirements and chemical safety assessment. Part A: Introduction to the guidance document.

European Parliament and European Council (1998). Council Directive 98/83/EC of 3 November 1998 on the quality of water intended for human consumption. *Official Journal of the European Communities*: L 330.

European Parliament and European Council (2000). Directive 2000/60/EC of the European Parliament and the Council of 23 October 2000 establishing a framework for Community action in the field of water policy (short: Water Framework Directive) *Off J Eur Comm L*, **327/1**.

European Parliament and European Council (2006a). Regulation (EC) No 1907/2006 of the European Parliament and of the Council of 18 December 2006 concerning the Registration, Evaluation, Authorisation and Restriction of Chemicals (REACH), establishing a European Chemicals Agency, amending Directive 1999/45/EC and repealing Council Regulation (EEC) No 793/93 and Commission Regulation (EC) No 1488/94 as well as Council Directive 76/769/EEC and Commission Directives 91/155/EEC, 93/67/EEC, 93/105/EC and 2000/21/EC. *Official Journal of the European Communities*.

European Parliament and European Council (2006b). Regulation (EC) no 1907/2006 REACH, Criteria for the identification of persistent, bioaccumulative and toxic substances, and very persistent and very bioaccumulative substances, Annex XIII. *Official Journal of the European Communities*.

European Parliament and European Council (2010). Directive 2010/63/EU of 22 September 2010 on the protection of animals used for scientific purposes. *Official Journal of the European Communities*: L 276/233.

Fai, P.B. and Grant, A. (2010). An assessment of the potential of the microbial assay for risk assessment (MARA) for ecotoxicological testing. *Ecotoxicology*, **19**(8): 1626–1633.

Farmen, E., Harman, C., Hylland, K. and Tollefsen, K.E. (2010). Produced water extracts from North Sea oil production platforms result in cellular oxidative stress in a rainbow trout *in vitro* bioassay. *Marine Pollution Bulletin*, **60**(7): 1092–1098.

Farré, M., Klöter, G., Petrovic, M., Alonso, M.C., de Alda, M.J.L. and Barceló, D. (2002). Identification of toxic compounds in wastewater treatment plants during a field experiment. *Analytica Chimica Acta*, **456**(1): 19–30.

Farre, M., Martinez, E., Hernando, M.D., Fernandez-Alba, A., Fritz, J., Unruh, E., Mihail, O., Sakkas, V., Morbey, A., Albanis, T., Brito, F., Hansen, P.D. and Barcelo, D. (2006). European ring exercise on water toxicity using different bioluminescence inhibition tests based on *Vibrio fischeri*, in support to the implementation of the water framework directive. *Talanta*, **69**(2): 323–333.

Fatima, R.A. and Ahmad, M. (2006). Genotoxicity of industrial wastewaters obtained from two different pollution sources in northern India: A comparison of three bioassays. *Mutation Research - Genetic Toxicology and Environmental Mutagenesis*, **609**(1): 81–91.

Faust, M., Altenburger, R., Backhaus, T., Blanck, H., Boedeker, W., Gramatica, P., Hamer, V., Scholze, M., Vighi, M. and Grimme, L.H. (2003). Joint algal toxicity of 16 dissimilarly acting chemicals is predictable by the concept of independent action. *Aquatic Toxicology*, **63**(1): 43–63.

Faust, M., Altenburger, R. and Grimme, L.H. (2001). Predicting the joint algal toxicity of multicomponent s-triazine mixtures at low-effect concentrations of individual toxicants. *Aquatic Toxicology*, **56**(1): 13–32.

Fedorenkova, A., Vonk, J.A., Lenders, H.J.R., Ouborg, N.J., Breure, A.M. and Hendriks, A.J. (2010). Ecotoxicogenomics: Bridging the gap between genes and populations. *Environmental Science & Technology*, **44**(11): 4328–4333.

Fenner, K., Kooijman, C., Scheringer, M. and Hungerbuhler, K. (2002). Including transformation products into the risk assessment for chemicals: The case of nonylphenol ethoxylate usage in Switzerland. *Environmental Science & Technology*, **36**(6): 1147–1154.

Flohe, L. and Gunzler, W.A. (1984). Assays of glutathione-peroxidase. *Methods in Enzymology*, **105**: 114–121.

Fox, S.I. (1991). Perspectives on human biology. Wm. C. Brown Publishers, Dubuque, IA, USA.

Gagné, F. and Blaise, C. (1998). Estrogenic properties of municipal and industrial wastewaters evaluated with a rapid and sensitive chemoluminescent *in situ* hybridization assay (CISH) in rainbow trout hepatocytes. *Aquatic Toxicology*, **44**(1–2): 83–91.

Gaido, K.W., Leonard, L.S., Lovell, S., Gould, J.C., Babai, D., Portier, C.J. and McDonnell, D.P. (1997). Evaluation of chemicals with endocrine modulating activity in a yeast-based steroid hormone receptor gene transcription assay. *Toxicology and Applied Pharmacology*, **143**(1): 205–212.

Garcia-Reyero, N., Grau, E., Castillo, M., De Alda, M.J.L., Barcelo, D. and Pina, B. (2001). Monitoring of endocrine disruptors in surface waters by the yeast recombinant assay. *Environmental Toxicology and Chemistry*, **20**(6): 1152–1158.

Gartiser, S., Hafner, C., Hercher, C., Kronenberger-Schafer, K. and Paschke, A. (2010). Whole effluent assessment of industrial wastewater for determination of bat compliance. Part I: paper manufacturing industry. *Environmental Science and Pollution Research*, **17**(4): 856–865.

Gartiser, S., Hafner, C., Oeking, S. and Paschke, A. (2009). Results of a "Whole Effluent Assessment" study from different industrial sectors in Germany according to OSPAR's WEA strategy. *Journal of Environmental Monitoring*, **11**(2): 359–369.

Gennari, A., Ban, M., Braun, A., Casati, S., Corsini, E., Dastych, J., Descotes, J., Hartung, T., Hooghe-Peters, R., House, R., Pallardy, M., Pieters, R., Reid, L., Tryphonas, H., Tschirhart, E., Tuschl, H., Vandebriel, R. and Gribaldo, L. (2005). The use of *in vitro* systems for evaluating immunotoxicity: The report and recommendations of an ECVAM workshop. *Journal of Immunotoxicology*, **2**(2): 61–83.

Gennari, A., van den Berghe, C., Casati, S., Castell, J., Clemedson, C., Coecke, S., Colombo, A., Curren, R., Dal Negro, G., Goldberg, A., Gosmore, C., Hartung, T., Langezaal, L., Lessigiarska, L., Maas, W., Mangelsdorf, L., Parchment, R., Prieto, P., Sintes, J.R., Ryan, M., Schmuck, G., Stitzel, K., Stokes, W., Vericat, J.A., Gribaldo, L. and Report Recommendation, E.W. (2004). Strategies to replace *in vivo* acute systemic toxicity testing. *ATLA-Alternatives to Laboratory Animals*, **32**(4): 437–459.

Gibb, S. (2008). Toxicity testing in the 21st century: A vision and a strategy. *Reproductive Toxicology*, **25**(1): 136–138.

Gohlke, J.M. and Portier, C.J. (2007). The forest for the trees: A systems approach to human health research. *Environmental Health Perspectives*, **115**: 1261–1263.

Gouider, M., Feki, M. and Sayadi, S. (2010). Bioassay and use in irrigation of untreated and treated wastewaters from phosphate fertilizer industry. *Ecotoxicology and Environmental Safety*, **73**(5): 932–938.

Gribaldo, L., Bueren, J., Deldar, A., Hokland, P., Meredith, C., Moneta, D., Mosesso, P., Parchment, R., ParentMassin, D., Pessina, A., SanRoman, J. and Schoeters, G. (1996). The use of *in vitro* systems for evaluating haematotoxicity - The report and recommendations of ECVAM workshop 141. *ATLA-Alternatives to Laboratory Animals*, **24**(2): 211–231.

Grothe, D.R., Dickson, K.L. and Reed-Judkins, D.K., Eds. (1995). *Whole Effluent Toxicity Testing. An Evaluation of the Methods and Prediction of Receiving System Impacts*. SETAC Special Publication Series, SETAC Press.

Gruener, N. (1978). Mutagenicity of ozonated, recycled water. *Bulletin of Environmental Contamination and Toxicology*, **20**(4): 522–526.

Grung, M., Lichtenthaler, R., Ahel, M., Tollefsen, K.-E., Langford, K. and Thomas, K.V. (2007). Effects-directed analysis of organic toxicants in wastewater effluent from Zagreb, Croatia. *Chemosphere*, **67**(1): 108–120.

Guerra, R. (2001). Ecotoxicological and chemical evaluation of phenolic compounds in industrial effluents. *Chemosphere*, **44**(8): 1737–1747.

Gustavson, K.E., Sonsthagen, S.A., Crunkilton, R.A. and Harkin, J.M. (2000). Groundwater toxicity assessment using bioassay, chemical, and toxicity identification evaluation analyses. *Environmental Toxicology*, **15**(5): 421–430.

Gustavsson, L., Hollert, H., Jonsson, S., van Bavel, B. and Engwall, M. (2007). Reed beds receiving industrial sludge containing nitroaromatic compounds - Effects of outgoing water and bed material extracts in the umu-C genotoxicity assay, DR-CALUX assay and on early life stage development in Zebrafish (*Danio rerio*). *Environmental Science and Pollution Research*, **14**(3): 202–211.

Gutendorf, B. and Westendorf, J. (2001). Comparison of an array of *in vitro* assays for the assessment of the estrogenic potential of natural and synthetic estrogens, phytoestrogens and xenoestrogens. *Toxicology*, **166**(1–2): 79–89.

Guzzella, L., Di Caterino, F., Monarca, S., Zani, C., Feretti, D., Zerbini, I., Nardi, G., Buschini, A., Poli, P. and Rossi, C. (2006). Detection of mutagens in water-distribution systems after disinfection. *Mutation Research - Genetic Toxicology and Environmental Mutagenesis*, **608**(1): 72–81.

Guzzella, L., Monarca, S., Zani, C., Feretti, D., Zerbini, I., Buschini, A., Poli, P., Rossi, C. and Richardson, S.D. (2004). *In vitro* potential genotoxic effects of surface drinking water treated with chlorine and alternative disinfectants. *Mutation Research - Genetic Toxicology and Environmental Mutagenesis*, **564**(2): 179–193.

GWRC (2006). *In vitro* assays to detect estrogenicity in environmental waters, Global Water Research Coalition (GWRC), London, UK.,76pp.

GWRC (2008). Tools to detect estrogenicity in environmental waters, Leusch, F.D.L (Ed.), Global Water Research Coalition (GWRC) and Water Environment Research Foundation, Alexandria, VA, USA, 74pp.

Hamers, T., Molin, K.R.J., Koeman, J.H. and Murk, A.J. (2000). A small-volume bioassay for quantification of the esterase inhibiting potency of mixtures of organophosphate and carbamate insecticides in rainwater: Development and optimization. *Toxicological Sciences*, **58**(1): 60–67.

Harder, A., Escher, B.I., Landini, P., Tobler, N.B. and Schwarzenbach, R.P. (2003). Evaluation of bioanalytical tools for toxicity assessment and mode of toxic action classification of reactive chemicals. *Environmental Science & Technology*, **37**(21): 4962–4970.

Hartung, T. (2010). Lessons learned from alternative methods and their validation for a new toxicology in the 21st century. *Journal of Toxicology and Environmental Health, Part B: Critical Reviews*, **13**(2): 277–290.

Hawksworth, G.M., Bach, P.H., Nagelkerke, J.F., Dekant, W., Diezi, J.E., Harpur, E., Lock, E.A., Macdonald, C., Morin, J.P., Pfaller, W., Rutten, F., Ryan, M.P., Toutain, H.J. and Trevisan, A. (1995). Nephrotoxicity testing *in vitro* – The report and recommendations of ECVAM workshop-10. *ATLA-Alternatives to Laboratory Animals*, **23**(5): 713–727.

Heresztyn, T. and Nicholson, B.C. (2001). Determination of cyanobacterial hepatotoxins directly in water using a protein phosphatase inhibition assay. *Water Research*, **35** (13): 3049–3056.

Hermens, J., Könemann, H., Leeuwangh, P. and Musch, A. (1985). Quantitative structure-activity relationships in aquatic toxicity studies of chemicals and complex mixtures of chemicals. *Environmental Toxicology and Chemistry*, **4**: 273–279.

Hirota, M., Motoyama, A., Suzuki, M., Yanagi, M., Kitagaki, M., Kouzuki, H., Hagino, S., Itagaki, H., Sasa, H., Kagatani, S. and Aiba, S. (2010). Changes of cell-surface thiols and intracellular signaling in human monocytic cell line THP-1 treated with diphenylcyclopropenone. *Journal of Toxicological Sciences*, **35**(6): 871–879.

Hissin, P.J. and Hilf, R. (1976). A fluorometric method for determination of oxidized and reduced glutathione in tissues. *Analytical Biochemistry*, **74**(1): 214–226.

Hollender, J., Zimmermann, S.G., Koepke, S., Krauss, M., McArdell, C.S., Ort, C., Singer, H., von Gunten, U. and Siegrist, H. (2009). Elimination of organic micropollutants in a municipal wastewater treatment plant upgraded with a full-scale post-ozonation followed by sand filtration. *Environmental Science & Technology*, **43** (20): 7862–7869.

Hu, J., Wang, W., Zhu, Z., Chang, H., Pan, F. and Lin, B. (2007). Quantitative structure–activity relationship model for prediction of genotoxic potential for quinolone antibacterials. *Environmental Science & Technology*, **41**(13): 4806–4812.

Huuskonen, S., Koponen, K., Ritola, O., Hahn, M. and Lindstrom-Seppa, P. (1998). Induction of CYP1A and porphyrin accumulation in fish hepatoma cells (PLHC-1) exposed to sediment or water from a PCB-contaminated lake (Lake Kernaala, Finland). *Marine Environmental Research*, **46**(1–5): 379–384.

ICCVAM (2003). ICCVAM evaluation of *in vitro* test methods for detecting potential endocrine disruptors: Estrogen receptor and androgen receptor binding and transcriptional activation assays. Research Triangle Park, NC, USA, National Institute of Environmental Health Sciences: 116.

Inoue, D., Matsui, H., Sei, K., Hu, J., Yang, M., Aragane, J., Hirotsuji, J. and Ike, M. (2009a). Evaluation of effectiveness of chemical and physical sewage treatment technologies for removal of retinoic acid receptor agonistic activity detected in sewage effluent. *Water Science and Technology*, **59**(12): 2447–2453.

Inoue, D., Nakama, K., Matsui, H., Sei, K. and Ike, M. (2009b). Detection of agonistic activities against five human nuclear receptors in river environments of Japan using a yeast two-hybrid assay. *Bulletin of Environmental Contamination and Toxicology*, **82**(4): 399–404.

Inoue, D., Nakama, K., Sawada, K., Watanabe, T., Takagi, M., Sei, K., Yang, M., Hirotsuji, J., Hu, J., Nishikawa, J., Nakanishi, T. and Ike, M. (2010). Contamination with retinoic acid receptor agonists in two rivers in the Kinki region of Japan. *Water Research*, **44**(8): 2409–2418.

IPCS (2009). Assessment of combined exposures to multiple chemicals: Report of a WHO/IPCS international workshop. International Programme on Chemical Safety, World Health Organization.

Isidori, M., Lavorgna, M., Nardelli, A. and Parrella, A. (2003). Toxicity identification evaluation of leachates from municipal solid waste landfills: a multispecies approach. *Chemosphere*, **52**(1): 85–94.

Isidori, M., Lavorgna, M., Palumbo, M., Piccioli, V. and Parrella, A. (2007). Influence of alkylphenols and trace elements in toxic, genotoxic, and endocrine disruption activity of wastewater treatment plants. *Environmental Toxicology and Chemistry*, **26**(8): 1686–1694.

ISO6341 (1996). Water quality – Determination of the inhibition of the mobility of *Daphnia magna* Straus (Cladocera, Crustacea) – Acute toxicity test, International Organization for Standardization (ISO).

ISO7346–3 (1996). Water quality – Determination of the acute lethal toxicity of substances to a freshwater fish [*Brachydanio rerio* Hamilton-Buchanan (Teleostei, Cyprinidae)] – Part 3: Flow-through method, International Organization for Standardization (ISO).

ISO8692 (2004). Water quality – Freshwater algal growth inhibition test with unicellular green algae International Organization for Standardization (ISO).

ISO10706 (2000). Water quality – Determination of long term toxicity of substances to *Daphnia magna* Straus (Cladocera, Crustacea), International Organization for Standardization (ISO).

ISO11348-3 (1998). Water quality-determination of the inhibitory effect of water samples on the light emission of *Vibrio Fischeri* (luminescent bacteria test), International Organization for Standardization (ISO).

ISO12890 (1999). Water quality – Determination of toxicity to embryos and larvae of freshwater fish – Semi-static method, International Organization for Standardization (ISO).

ISO15088 (2007). Water quality – Determination of the acute toxicity of waste water to zebrafish eggs (*Danio rerio*), International Organization for Standardization (ISO), Geneva.

Jellett, J.F., Marks, L.J., Stewart, J.E., Dorey, M.L., Watson-Wright, W. and Lawrence, J.F. (1992). Paralytic shellfish poison (saxitoxin family) bioassays: Automated endpoint determination and standardization of the *in vitro* tissue culture bioassay, and comparison with the standard mouse bioassay. *Toxicon*, **30**(10): 1143–1156.

Jobling, S., Nolan, M., Tyler, C.R., Brighty, G. and Sumpter, J.P. (1998). Widespread sexual disruption in wild fish. *Environmental Science & Technology*, **32**(17): 2498–2506.

Jobling, S. and Tyler, C.R. (2003). Endocrine disruption in wild freshwater fish. *Pure and Applied Chemistry*, **75**(11–12): 2219–2234.

Johnson, B. (2005). Microtox® acute toxicity test. In: Small-scale Freshwater Toxicity Investigations, C. Blaise and J.-F. Férard (ed.), Springer Netherlands, pp. 69–105.

Judson, R., Richard, A., Dix, D.J., Houck, K., Martin, M., Kavlock, R., Dellarco, V., Henry, T., Holderman, T., Sayre, P., Tan, S., Carpenter, T. and Smith, E. (2009). The toxicity data landscape for environmental chemicals. *Environmental Health Perspectives*, **117**(5): 685–695.

Judson, R.S., Kavlock, R.J., Setzer, R.W., Hubal, E.A.C., Martin, M.T., Knudsen, T.B., Houck, K.A., Thomas, R.S., Wetmore, B.A. and Dix, D.J. (2011). Estimating toxicity-related biological pathway altering doses for high-throughput chemical risk assessment. *Chemical Research in Toxicology*, **24**(4): 451–462.

Kado, N.Y., Guirguis, G.N., Flessel, C.P., Chan, R.C., Chang, K.I. and Wesolowski, J.J. (1986). Mutagenicity of fine (<2.5 μm) airborne particles: Diurnal variation in community air determined by a *Salmonella* micro preincubation (microsuspension) procedure. *Environmental Mutagenesis*, **8**(1): 53–66.

Kamata, R., Shiraishi, F., Nishikawa, J., Yonemoto, J. and Shiraishi, H. (2008). Screening and detection of the *in vitro* agonistic activity of xenobiotics on the retinoic acid receptor. *Toxicology in Vitro*, **22**(4): 1050–1061.

Kanayama, T., Mamiya, S., Nishihara, T. and Nishikawa, J. (2003). Basis of a high-throughput method for nuclear receptor ligands. *Journal of Biochemistry*, **133**(6): 791–797.

Kargalioglu, Y., McMillan, B.J., Minear, R.A. and Plewa, M.J. (2002). Analysis of the cytotoxicity and mutagenicity of drinking water disinfection by-products in *Salmonella typhimurium*. *Teratogenesis, Carcinogenesis, and Mutagenesis*, **22**(2): 113–128.

Keenan, P.O., Knight, A.W., Billinton, N., Cahill, P.A., Dalrymple, I.M., Hawkyard, C.J., Stratton-Campbell, D. and Walmsley, R.M. (2007). Clear and present danger? The use of a yeast biosensor to monitor changes in the toxicity of industrial effluents subjected to oxidative colour removal treatments. *Journal of Environmental Monitoring*, **9**(12): 1394–1401.

Keiter, S., Rastall, A., Kosmehl, T., Wurm, K., Erdinger, L., Braunbeck, T. and Hollert, H. (2006). Ecotoxicological assessment of sediment, suspended matter and water samples in the upper Danube River - A pilot study in search for the causes for the decline of fish catches. *Environmental Science and Pollution Research*, **13**(5): 308–319.

Kerbrat, A.-S., Darius, H.T., Pauillac, S., Chinain, M. and Laurent, D. (2010). Detection of ciguatoxin-like and paralysing toxins in *Trichodesmium spp.* from New Caledonia lagoon. *Marine Pollution Bulletin*, **61**(7–12): 360–366.

Kern, S., Fenner, K., Singer, H.P., Schwarzenbach, R.P. and Hollender, J. (2009). Identification of transformation products of organic contaminants in natural waters by computer-aided prediction and high-resolution mass spectrometry. *Environmental Science & Technology* **43**: 7039–7046.

Kidd, K.A., Blanchfield, P.J., Mills, K.H., Palace, V.P., Evans, R.E., Lazorchak, J.M. and Flick, R.W. (2007). Collapse of a fish population after exposure to a synthetic estrogen. *Proceedings of the National Academy of Sciences of the United States of America*, **104**(21): 8897–8901.

Kim, H.-S., Yamada, H. and Tsuno, H. (2007). The removal of estrogenic activity and control of brominated by-products during ozonation of secondary effluents. *Water Research*, **41**(7): 1441–1446.

Klaassen, C.D. (2008). Casarett and Doull's toxicology: the basic science of poisons - 7th edition. McGraw-Hill Medical, New York, NY, USA.

Klee, N., Gustavsson, L., Kosmehl, T., Engwall, M., Erdinger, L., Braunbeck, T. and Hollert, H. (2004). Changes in toxicity and genotoxicity of industrial sewage sludge samples containing nitro- and amino-aromatic compounds following treatment in bioreactors with different oxygen regimes. *Environmental Science and Pollution Research*, **11**(5): 313–320.

Knudsen, T.B., Houck, K.A., Sipes, N.S., Singh, A.V., Judson, R.S., Martin, M.T., Weissman, A., Kleinstreuer, N.C., Mortensen, H.M., Reif, D.M., Rabinowitz, J.R., Setzer, R.W., Richard, A.M., Dix, D.J. and Kavlock, R. (2011). Activity profiles of 309 ToxCast (TM) chemicals evaluated across 292 biochemical targets. *Toxicology*, **282**(1–2): 1-15.

Kogure, K., Tamplin, M.L., Simidu, U. and Colwell, R.R. (1988). A tissue culture assay for tetrodotoxin, saxitoxin and related toxins. *Toxicon*, **26**(2): 191–197.

Konsoula, R. and Barile, F.A. (2005). Correlation of *in vitro* cytotoxicity with paracellular permeability in Caco-2 cells. *Toxicology in Vitro*, **19**(5): 675–684.

Kontana, A., Papadimitriou, C.A., Samaras, P., Zdragas, A. and Yiangou, M. (2008). Bioassays and biomarkers for ecotoxicological assessment of reclaimed municipal wastewater. *Water Science and Technology*, **57**(6): 947–953.

Kontana, A., Papadimitriou, C.A., Samaras, P., Zdragas, A. and Yiangou, M. (2009). Effectiveness of ozonation and chlorination on municipal wastewater treatment evaluated by a battery of bioassays and biomarkers. *Water Science and Technology*, **60**(6): 1497–1505.

Körner, W., Hanf, V., Schuller, W., Kempter, C., Metzger, J. and Hagenmaier, H. (1999). Development of a sensitive E-screen assay for quantitative analysis of estrogenic activity in municipal sewage plant effluents. *Science of The Total Environment*, **225**(1–2): 33–48.

Kortenkamp, A. (2007). Ten years of mixing cocktails: a review of combination effects of endocrine-disrupting chemicals. *Environmental Health Perspectives*, **115, Suppl. 1**: 98–105.

Kortenkamp, A., Backhaus, T. and Faust, M. (2009). State of the art report on mixture toxicity, European Commission 070307/2007/485103/ETU/D.1.

Kortenkamp, A., Faust, M., Scholze, M. and Backhaus, T. (2007). Low-level exposure to multiple chemicals: reason for human health concerns? *Environmental Health Perspectives*, **115**: 106–114.

Kowalski, L.A. (2001). *In vitro* carcinogenicity testing: Present and future perspectives in pharmaceutical development. *Current Opinion in Drug Discovery & Development* **4**: 29–35.

Kramer, N.I., Busser, F.J.M., Oosterwijk, M.T.T., Schirmer, K., Escher, B.I. and Hermens, J.L.M. (2010). Development of a partition-controlled dosing system for cell assays. *Chemical Research in Toxicology*, **23**(11): 1806–1814.

Kramer, N.I., Hermens, J.L.M. and Schirmer, K. (2009). The influence of modes of action and physicochemical properties of chemicals on the correlation between *in vitro* and acute fish toxicity data. *Toxicology in Vitro*, **23**(7): 1372–1379.

Kramer, V.J., Etterson, M.A., Hecker, M., Murphy, C.A., Roesijadi, G., Spade, D.J., Spromberg, J.A., Wang, M. and Ankley, G.T. (2011). Adverse outcome pathways and ecological risk assessment bridging to population-level effects. *Environmental Toxicology and Chemistry*, **30**(1): 64–76.

Krishnamurthi, K., Devi, S.S., Hengstler, J.G., Hermes, M., Kumar, K., Dutta, D., Vannan, S. M., Subin, T.S., Yadav, R.R. and Chakrabarti, T. (2008). Genotoxicity of sludges, wastewater and effluents from three different industries. *Archives of Toxicology*, **82**(12): 965–971.

Kurelec, B., Matijasevic, Z., Rijavec, M., Alacevic, M., Britvic, S., Muller, W.E.G. and Zahn, R.K. (1979). Induction of benzo(a)pyrene mono-oxygenase in fish and the *Salmonella* test as a tool for detecting mutagenic-carcinogenic xenobiotics in the aquatic environment. *Bulletin of Environmental Contamination and Toxicology*, **21**(6): 799–807.

Lah, B., Zinko, B., Narat, M. and Marinsek-Logar, R. (2005). Monitoring of genotoxicity in drinking water using *in vitro* comet assay and Ames test. *Food Technology and Biotechnology*, **43**(2): 139–146.

Lahnsteiner, F. (2008). The sensitivity and reproducibility of the zebrafish (Danio rerio) embryo test for the screening of waste water quality and for testing the toxicity of chemicals. *ATLA-Alternatives to Laboratory Animals*, **36**(3): 299–311.

Laingam, S., Froscio, S.M. and Humpage, A.R. (2008). Flow-cytometric analysis of *in vitro* micronucleus formation: Comparative studies with WIL2-NS human lymphoblastoid and L5178Y mouse lymphoma cell lines. *Mutation Research - Genetic Toxicology and Environmental Mutagenesis*, **656**(1–2): 19–26.

Landis, W.G. and Yu, M.-H. (2004). Introduction to environmental toxicology: impacts of chemicals upon ecological systems. CRC Press.

Langevin, R., Rasmussen, J.B., Sloterduk, H. and Blaise, C. (1992). Genotoxicity in water and sediment extracts from the St Lawrence river system, using the SOS chromotest. *Water Research*, **26**(4): 419–429.

Latif, M. and Licek, E. (2004). Toxicity assessment of wastewaters, river waters, and sediments in Austria using cost-effective microbiotests. *Environmental Toxicology*, **19**(4): 302–309.

Legler, J., van den Brink, C., Brouwer, A., Murk, A., van der Saag, P., Vethaak, A. and van der Burg, B. (1999). Development of a stably transfected estrogen receptor-mediated luciferase reporter gene assay in the human T47D breast cancer cell line. *Toxicological Sciences*, **48**(1): 55–66.

Lepper, P. (2005). Manual on the methodological framework to derive environmental quality standards for priority substances in accordance with Article 16 of the Water Framework Directive (2000/60/EC). Schmallenberg, Germany, Fraunhofer-Institute Molecular Biology and Applied Ecology.

Leusch, F.D.L., Chapman, H.F., van den Heuvel, M.R., Tan, B.L.L., Gooneratne, S.R. and Tremblay, L.A. (2006a). Bioassay-derived androgenic and estrogenic activity in municipal sewage in Australia and New Zealand. *Ecotoxicology and Environmental Safety*, **65**(3): 403–411.

Leusch, F.D.L., De Jager, C., Levi, Y., Lim, R., Puijker, L., Sacher, F., Tremblay, L.A., Wilson, V.S. and Chapman, H.F. (2010). Comparison of five *in vitro* bioassays to measure estrogenic activity in environmental waters. *Environmental Science & Technology*, **44**(10): 3853–3860.

Leusch, F.D.L., van den Heuvel, M.R., Chapman, H.F., Gooneratne, S.R., Eriksson, A.M.E. and Tremblay, L.A. (2006b). Development of methods for extraction and *in vitro* quantification of estrogenic and androgenic activity of wastewater samples. *Comparative Biochemistry and Physiology, Part C*, **143**(1): 117–126.

Li, D., Yuan, C., Gong, Y., Huang, Y. and Han, X. (2008a). The effects of methyl tert-butyl ether (MTBE) on the male rat reproductive system. *Food and Chemical Toxicology*, **46**(7): 2402–2408.

Li, D.M. and Han, X.D. (2006). Evaluation of toxicity of methyl tert-butyl ether (MTBE) on mouse spermatogenic cells *in vitro*. *Toxicology and Industrial Health*, **22**(7): 291–299.

Li, J., Li, N., Ma, M., Giesy, J.P. and Wang, Z.J. (2008b). *In vitro* profiling of the endocrine disrupting potency of organochlorine pesticides. *Toxicology Letters*, **183**(1–3): 65–71.

Li, J., Ma, M., Cui, Q. and Wang, Z.J. (2008c). Assessing the potential risk of oil-field produced waters using a battery of bioassays/biomarkers. *Bulletin of Environmental Contamination and Toxicology*, **80**(6): 492–496.

Li, J., Ma, M. and Wang, Z. (2008d). A two-hybrid yeast assay to quantify the effects of xenobiotics on retinoid X receptor-mediated gene expression. *Toxicology Letters*, **176**(3): 198–206.

Li, J., Wang, Z., Ma, M. and Peng, X. (2010). Analysis of environmental endocrine disrupting activities using recombinant yeast assay in wastewater treatment plant effluents. *Bulletin of Environmental Contamination and Toxicology*, **84**(5): 529–535.

Lienert, J., Güdel, K. and Escher, B.I. (2007). Screening method for ecotoxicological hazard assessment of 42 pharmaceuticals considering human metabolism and excretory routes. *Environmental Science & Technology*, **41**(12): 4471–4478.

Liviac, D., Wagner, E.D., Mitch, W.A., Altonji, M.J. and Plewa, M.J. (2010). Genotoxicity of water concentrates from recreational pools after various disinfection methods. *Environmental Science & Technology*, **44**(9): 3527–3532.

Louiz, I., Kinani, S., Gouze, M.E., Ben-Attia, M., Menif, D., Bouchonnet, S., Porcher, J.M., Ben-Hassine, O.K. and Ait-Aissa, S. (2008). Monitoring of dioxin-like, estrogenic and anti-androgenic activities in sediments of the Bizerta lagoon (Tunisia) by means of *in vitro* cell-based bioassays: Contribution of low concentrations of polynuclear aromatic hydrocarbons (PAHs). *Science of the Total Environment*, **402**(2–3): 318–329.

Louvion, J.F., Havauxcopf, B. and Picard, D. (1993). Fusion of GAL4-VP16 to a steroid-binding domain provides a tool for gratuitous induction of galactose-responsive genes in yeast. *Gene*, **131**(1): 129–134.

Lu, G.H., Song, W.T., Wang, C. and Yan, Z.H. (2010). Assessment of *in vivo* estrogenic response and the identification of environmental estrogens in the Yangtze River (Nanjing section). *Chemosphere*, **80**(9): 982–990.

Lundstrom, E., Adolfsson-Erici, M., Alsberg, T., Bjorlenius, B., Eklund, B., Laven, M. and Breitholtz, M. (2010). Characterization of additional sewage treatment technologies: Ecotoxicological effects and levels of selected pharmaceuticals, hormones and endocrine disruptors. *Ecotoxicology and Environmental Safety*, **73**(7): 1612–1619.

Ma, M., Li, J. and Wang, Z.J. (2005). Assessing the detoxication efficiencies of wastewater treatment processes using a battery of bioassays/biomarkers. *Archives of Environmental Contamination and Toxicology*, **49**(4): 480–487.

Macova, M., Escher, B.I., Reungoat, J., Carswell, S., Chue, K.L., Keller, J. and Mueller, J.F. (2010). Monitoring the biological activity of micropollutants during advanced wastewater treatment with ozonation and activated carbon filtration. *Water Research*, **44**(2): 477–492.

Macova, M., Toze, S., Hodgers, L., Mueller, J.F., Bartkow, M.E. and Escher, B.I. (2011). Bioanalytical tools for the evaluation of organic micropollutants during sewage treatment, water recycling and drinking water generation. *Water Research*, **45**: 4238–4247.

Maffei, F., Carbone, F., Forti, G.C., Buschini, A., Poli, P., Rossi, C., Marabini, L., Radice, S., Chiesara, E. and Hrelia, P. (2009). Drinking water quality: An *in vitro* approach for the assessment of cytotoxic and genotoxic load in water sampled along distribution system. *Environment International*, **35**(7): 1053–1061.

Mahjoub, O., Leclercq, M., Bachelot, M., Casellas, C., Escande, A., Balaguer, P., Bahri, A., Gomez, E. and Fenet, H. (2009). Estrogen, aryl hysdrocarbon and pregnane X receptors activities in reclaimed water and irrigated soils in Oued Souhil area (Nabeul, Tunisia). *Desalination*, **246**(1–3): 425–434.

Manger, R.L., Leja, L.S., Lee, S.Y., Hungerford, J.M., Hokama, Y., Dickey, R.W., Granade, H.R., Lewis, R., Yasumoto, T. and Wekell, M.M. (1995). Detection of sodium-channel toxins - directed cytotoxicity assays of purified ciguatoxins, brevetoxins, saxitoxins, and seafood extracts. *Journal of AOAC International*, **78**(2): 521–527.

Manger, R.L., Leja, L.S., Lee, S.Y., Hungerford, J.M. and Wekell, M.M. (1993). Tetrazolium-based cell bioassay for neurotoxins active on voltage-sensitive sodium-channels - semiautomated assay for saxitoxins, brevetoxins, and ciguatoxins. *Analytical Biochemistry*, **214**(1): 190–194.

Mankiewicz-Boczek, J., Nalecz-Jawecki, G., Drobniewska, A., Kaza, M., Sumorok, B., Izydorczyk, K., Zalewski, M. and Sawicki, J. (2008). Application of a microbiotests battery for complete toxicity assessment of rivers. *Ecotoxicology and Environmental Safety*, **71**(3): 830–836.

Manusadzianas, L., Balkelyte, L., Sadauskas, K., Blinova, I., Põllumaa, L. and Kahru, A. (2003). Ecotoxicological study of Lithuanian and Estonian wastewaters: selection of the biotests, and correspondence between toxicity and chemical-based indices. *Aquatic Toxicology*, **63**(1): 27–41.

Marabini, L., Frigerio, S., Chiesara, E., Maffei, F., Cantelli Forti, G., Hrelia, P., Buschini, A., Martino, A., Poli, P., Rossi, C. and Radice, S. (2007). *In vitro* cytotoxicity and genotoxicity of chlorinated drinking waters sampled along the distribution system of two municipal networks. *Mutation Research - Genetic Toxicology and Environmental Mutagenesis*, **634**(1–2): 1–13.

Marabini, L., Frigerio, S., Chiesara, E. and Radice, S. (2006). Toxicity evaluation of surface water treated with different disinfectants in HepG2 cells. *Water Research*, **40**(2): 267–272.

Maron, D.M. and Ames, B.N. (1983). Revised methods for the *Salmonella* mutagenicity test. *Mutation Research*, **113**(3–4): 173–215.

Martin, M.T., Dix, D.J., Judson, R.S., Kavlock, R.J., Reif, D.M., Richard, A.M., Rotroff, D. M., Romanov, S., Medvedev, A., Poltoratskaya, N., Gambarian, M., Moeser, M., Makarov, S.S. and Houck, K.A. (2010). Impact of environmental chemicals on key transcription regulators and correlation to toxicity end points within EPA's ToxCast program. *Chemical Research in Toxicology*, **23**(3): 578–590.

Matsuoka, S., Kikuchi, M., Kimura, S., Kurokawa, Y. and Kawai, S. (2005). Determination of estrogenic substances in the water of Muko River using *in vitro* assays, and the degradation of natural estrogens by aquatic bacteria. *Journal of Health Science*, **51**(2): 178–184.

McIntosh, S., King, T., Wu, D.M. and Hodson, P.V. (2010). Toxicity of dispersed weathered crude oil to early life stages of Atlantic herring (*Clupea harengus*). *Environmental Toxicology and Chemistry*, **29**(5): 1160–1167.

Mendonca, E., Picado, A., Paixao, S.M., Silva, L., Cunha, M.A., Leitao, S., Moura, I., Cortez, C. and Brito, F. (2009). Ecotoxicity tests in the environmental analysis of wastewater treatment plants: Case study in Portugal. *Journal of Hazardous Materials*, **163**(2–3): 665–670.

Microbiotests (2010). Algaltoxkit F^{TM}.

Miege, C., Karolak, S., Gabet, V., Jugan, M.L., Oziol, L., Chevreuil, M., Levi, Y. and Coquery, M. (2009). Evaluation of estrogenic disrupting potency in aquatic environments and urban wastewaters by combining chemical and biological analysis. *Trac-Trends in Analytical Chemistry*, **28**(2): 186–195.

Miloshev, G., Mihaylov, I. and Anachkova, B. (2002). Application of the single cell gel electrophoresis on yeast cells. *Mutation Research - Genetic Toxicology and Environmental Mutagenesis*, **513**(1–2): 69–74.

Mnif, W., Dagnino, S., Escande, A., Pillon, A., Fenet, H., Gomez, E., Casellas, C., Duchesne, M.-J., Hernandez-Raquet, G., Cavaillès, V., Balaguer, P. and Bartegi, A. (2010). Biological analysis of endocrine-disrupting compounds in Tunisian sewage treatment plants. *Archives of Environmental Contamination and Toxicology*, **59**(1): 1–12.

Moreland, D.E. (1980). Mechanism of action of herbicides. *Annual Review Plant Physiology*, **31**: 597–638.

Morin, J.P., DeBroe, M.E., Pfaller, W. and Schmuck, G. (1997). Nephrotoxicity testing *in vitro*: The current situation. *ATLA-Alternatives to Laboratory Animals*, **25**(5): 497–503.

Mosmann, T. (1983). Rapid colorimetric assay for cellular growth and survival: Application to proliferation and cytotoxicity assays. *Journal of Immunological Methods*, **65**(1–2): 55–63.

Muller, R., Schreiber, U., Escher, B.I., Quayle, P., Nash, S.M.B. and Mueller, J.F. (2008). Rapid exposure assessment of PSII herbicides in surface water using a novel chlorophyll a fluorescence imaging assay. *Science of The Total Environment*, **401**(1–3): 51–59.

Murk, A.J., Legler, J., Denison, M.S., Giesy, J.P., vandeGuchte, C. and Brouwer, A. (1996). Chemical-activated luciferase gene expression (CALUX): A novel *in vitro* bioassay for Ah receptor active compounds in sediments and pore water. *Fundamental and Applied Toxicology*, **33**(1): 149–160.

Murk, A.J., Legler, J., van Lipzig, M.M.H., Meerman, J.H.N., Belfroid, A.C., Spenkelink, A., van der Burg, B., Rijs, G.B.J. and Vethaak, D. (2002). Detection of estrogenic potency in wastewater and surface water with three *in vitro* bioassays. *Environmental Toxicology and Chemistry*, **21**(1): 16–23.

Nachlas, M.M., Margulies, S.I., Goldberg, J.D. and Seligman, A.M. (1960). The determination of lactic dehydrogenase with a tetrazolium salt. *Analytical Biochemistry*, **1**(4–5): 317–326.

Nagy, S.R., Sanborn, J.R., Hammock, B.D. and Denison, M.S. (2002). Development of a green fluorescent protein-based cell bioassay for the rapid and inexpensive detection and characterization of Ah receptor agonists. *Toxicological Sciences*, **65**(2): 200–210.

Nestmann, E.R., Lebel, G.L., Williams, D.T. and Kowbel, D.J. (1979). Mutagenicity of organic extracts from Canadian drinking water in the *Salmonella*/mammalian-microsome assay. *Environmental Mutagenesis*, **1**(4): 337–345.

Netzer, R., Ebneth, A., Bischoff, U. and Pongs, O. (2001). Screening lead compounds for QT interval prolongation. *Drug Discovery Today*, **6**(2): 78–84.

Newman, M.C. and Unger, M.A. (2003). Fundamentals of Ecotoxicology, 2nd edition. Lewis Publishers, Boca Raton, FL, USA.

Nguyen, T., Nioi, P. and Pickett, C. (2009). The Nrf2-antioxidant response element signaling pathway and its activation by oxidative stress. *Journal of Biological Chemistry*, **284**: 13291–13295.

NHMRC (2004). National water quality management strategy. Australian drinking water guidelines, National Health and Medical Research Council (NHMRC) and the Natural Resource Management Ministerial Council, Canberra, Australia.

Nicholls, D.G. and Ferguson, S.J. (1991). Bioenergetics 2. Academic Press, New York, N.Y.

Nicoletti, I., Migliorati, G., Pagliacci, M.C., Grignani, F. and Riccardi, C. (1991). A rapid and simple method for measuring thymocyte apoptosis by propidium iodide staining and flow-cytometry. *Journal of Immunological Methods*, **139**(2): 271–279.

NIEHS (2002). Current status of test methods for detecting endocrine disruptors. Expert panel evaluation of the validation status of *in vitro* test methods for detecting endocrine disruptors, National Institute of Environmental Health Sciences (NIEHS), NC, USA.

Nisbet, I.C.T. and Lagoy, P.K. (1992). Toxic equivalency factors (TEFs) for polycyclic aromatic-hydrocarbons (PAHs). *Regulatory Toxicology and Pharmacology*, **16**(3): 290–300.

Nishikawa, J., Saito, K., Goto, J., Dakeyama, F., Matsuo, M. and Nishihara, T. (1999). New screening methods for chemicals with hormonal activities using interaction of nuclear hormone receptor with coactivator. *Toxicology and Applied Pharmacology*, **154**(1): 76–83.

NRC (1983). Risk assessment in the federal government. Managing the process, National Research Council (NRC), National Academy Press, Washington DC, USA.

Nuwaysir, E.F., Bittner, M., Trent, J., Barrett, J.C. and Afshari, C.A. (1999). Microarrays and toxicology: The advent of toxicogenomics. *Molecular Carcinogenesis*, **24**(3): 153–159.

NWC (2011). A national approach to health risk assessment, risk communication and management of chemical hazards from recycled water. Chapman HF, Leusch FDL, Prochazka E, Cumming J, Ross V, Humpage AR, Froscio S, Laingam S, Khan SJ, Trinh T, McDonald JA. Waterlines report No 48. Canberra, Australia, National Water Commission (NWC).

NWQMS (2006). Australian guidelines for water recycling: managing health and environmental risks (phase 1)., National Water Quality Management Strategy (NWQMS), Natural Resource Management Ministerial Council, Environment Protection and Heritage Council and National Health and Medical Research Council, Canberra, Australia.

NWQMS (2008). Australian guidelines for water recycling: managing health and environmental risks (phase 2). Augmentation of drinking water supplies., National Water Quality Management Strategy (NWQMS), Natural Resource Management Ministerial Council, Environment Protection and Heritage Council and National Health and Medical Research Council, Canberra, Australia.

NWQMS (2009a). Australian guidelines for water recycling: managing health and environmental risks (phase 2). Managed aquifer recharge., National Water Quality Management Strategy (NWQMS), Natural Resource Management Ministerial Council, Environment Protection and Heritage Council and National Health and Medical Research Council, Canberra, Australia.

NWQMS (2009b). Australian guidelines for water recycling: managing health and environmental risks (phase 2). Stormwater harvesting and reuse, National Water Quality Management Strategy (NWQMS), Natural Resource Management Ministerial Council, Environment Protection and Heritage Council and National Health and Medical Research Council, Canberra, Australia.

O'Connor, S., McNamara, L., Swerdin, M. and Van Buskirk, R.G. (1991). Multifluorescent assays reveal mechanisms underlying cytotoxicity - phase I-CTFA compounds. *In Vitro Toxicology*, **4**(3): 197–206.

Oberley, L.W. and Spitz, D.R. (1984). Assay of superoxide-dismutase activity in tumor-tissue. *Methods in Enzymology*, **105**: 457–464.

Oda, Y., Nakamura, S.-i., Oki, I., Kato, T. and Shinagawa, H. (1985). Evaluation of the new system (umu-test) for the detection of environmental mutagens and carcinogens. *Mutation Research*, **147**(5): 219–229.

OECD (1984). Test guideline no. 201. Alga, growth inhibition test. *OECD guidelines for testing of chemicals*. Paris, France, Environmental Directorate, Organisation for Economic Co-operation and Development.

OECD (1992). Test guideline no. 203. Fish, acute toxicity test. *OECD guidelines for testing of chemicals*. Paris, France, Environmental Directorate, Organisation for Economic Co-operation and Development.

OECD (1998a). OECD Series on Principles of GLP and Compliance Monitoring, Number 1: OECD Principles on Good Laboratory Practice. Paris, France, Environmental Directorate, Organisation for Economic Co-operation and Development.

OECD (1998b). Test guideline no. 212. Short-term test on embryo and sac-fry stages. *OECD guidelines for testing of chemicals*. Paris, France, Environmental Directorate, Organisation for Economic Co-operation and Development.

OECD (2004). OECD Series on Principles of GLP and Compliance Monitoring, Number 14: The Application of the Principles of GLP to *in vitro* Studies. Paris, France, Environmental Directorate, Organisation for Economic Co-operation and Development.

OECD (2006). Guidelines for the testing of chemicals. Paris, France, Environmental Directorate, Organisation for Economic Co-operation and Development.

Ohe, T., Suzuki, A., Watanabe, T., Hasei, T., Nukaya, H., Totsuka, Y. and Wakabayashi, K. (2009). Induction of SCEs in CHL cells by dichlorobiphenyl derivative water pollutants, 2-phenylbenzotriazole (PBTA) congeners and river water concentrates. *Mutation Research - Genetic Toxicology and Environmental Mutagenesis*, **678**(1): 38–42.

Omiecinski, C.J., Heuvel, J.P.V., Perdew, G.H. and Peters, J.M. (2011). Xenobiotic metabolism, disposition, and regulation by receptors: From biochemical phenomenon to predictors of major toxicities. *Toxicological Sciences*, **120**: S49–S75.

Ostling, O. and Johanson, K.J. (1984). Microelectrophoretic study of radiation-induced DNA damages in individual mammalian cells. *Biochemical and Biophysical Research Communications*, **123**(1): 291–298.

Ostra, M., Beklova, M., Stoupalova, M. and Ostry, M. (2009). Ecotoxicity evaluation in municipal and food industry wastewaters. *Fresenius Environmental Bulletin*, **18**(9A): 1674–1680.

Owens, C.W.I. and Belcher, R.V. (1965). A colorimetric micro-method for determination of glutathione. *Biochemical Journal*, **94**(3): 705–711.

Page, B., Page, M. and Noel, C. (1993). A new fluorometric assay for cytotoxicity measurements *in vitro*. *International Journal of Oncology*, **3**(3): 473–476.

Palma, P., Alvarenga, P., Palma, V., Matos, C., Fernandes, R.M., Soares, A. and Barbosa, I.R. (2010). Evaluation of surface water quality using an ecotoxicological approach: a case study of the Alqueva Reservoir (Portugal). *Environmental Science and Pollution Research*, **17**(3): 703–716.

Parent-Massin, D. (2001). Relevance of clonogenic assays in hematotoxicology. *Cell Biology and Toxicology*, **17**(2): 87–94.

Parker, G.J., Law, T.L., Lenoch, F.J. and Bolger, R.E. (2000). Development of high throughput screening assays using fluorescence polarization: Nuclear receptor-ligand-binding and kinase/phosphatase assays. *Journal of Biomolecular Screening*, **5**(2): 77–88.

Pawlowski, S., Ternes, T., Bonerz, M., Kluczka, T., van der Burg, B., Nau, H., Erdinger, L. and Braunbeck, T. (2003). Combined *in situ* and *in vitro* assessment of the estrogenic activity of sewage and surface water samples. *Toxicological Sciences*, **75**(1): 57–65.

Payne, J., Scholze, M. and Kortenkamp, A. (2001). Mixtures of four organochlorines enhance human breast cancer cell proliferation. *Environmental Health Perspectives*, **109**(4): 391–397.

Pellacani, C., Buschini, A., Furlini, M., Poli, P. and Rossi, C. (2006). A battery of *in vivo* and *in vitro* tests useful for genotoxic pollutant detection in surface waters. *Aquatic Toxicology*, **77**(1): 1–10.

Pelon, W., Whitman, B.F. and Beasley, T.W. (1977). Reversion of histidine-dependent mutant strains of *Salmonella-typhimurium* by Mississippi River water samples. *Environmental Science & Technology*, **11**(6): 619–623.

Perry, P. and Wolff, S. (1974). New giemsa method for differential staining of sister chromatids. *Nature*, **251**(5471): 156–158.

Pessala, P., Schultz, E., Nakari, T., Joutti, A. and Herve, S. (2004). Evaluation of wastewater effluents by small-scale biotests and a fractionation procedure. *Ecotoxicology and Environmental Safety*, **59**(2): 263–272.

Petala, M., Kokokiris, L., Samaras, P., Papadopoulos, A. and Zouboulis, A. (2009). Toxicological and ecotoxic impact of secondary and tertiary treated sewage effluents. *Water Research*, **43**(20): 5063–5074.

Petala, M., Samaras, P., Kungolos, A., Zouboulis, A., Papadopoulos, A. and Sakellaropoulos, G.P. (2006). The effect of coagulation on the toxicity and mutagenicity of reclaimed municipal effluents. *Chemosphere*, **65**(6): 1007–1018.

Pfaller, W. and Gstraunthaler, G. (1998). Nephrotoxicity testing *in vitro* - What we know and what we need to know. *Environmental Health Perspectives*, **106**: 559–569.

Piersma, A.H. (2006). Alternative methods for developmental toxicity testing. *Basic & Clinical Pharmacology & Toxicology*, **98**(5): 427–431.

Pillon, A., Boussioux, A.-M., Escande, A., Aït-Aïssa, S., Gomez, E., Fenet, H., Ruff, M., Moras, D., Vignon, F., Duchesne, M.-J., Casellas, C., Nicolas, J.-C. and Balaguer, P. (2005). Binding of estrogenic compounds to recombinant estrogen receptor-α: Application to environmental analysis. *Environmental Health Perspectives*, **113**(3).

Plewa, M.J., Kargalioglu, Y., Vankerk, D., Minear, R.A. and Wagner, E.D. (2000). Development of a quantitative comparative cytotoxicity and genotoxicity assays for environmental hazardous chemicals. *Water Science and Technology*, **42**(7–8): 109–116.

Plewa, M.J., Kargalioglu, Y., Vankerk, D., Minear, R.A. and Wagner, E.D. (2002). Mammalian cell cytotoxicity and genotoxicity analysis of drinking water disinfection by-products. *Environmental and Molecular Mutagenesis*, **40**(2): 134–142.

Plewa, M.J., Wagner, E.D., Jazwierska, P., Richardson, S.D., Chen, P.H. and McKague, A.B. (2004a). Halonitromethane drinking water disinfection byproducts: Chemical characterization and mammalian cell cytotoxicity and genotoxicity. *Environmental Science & Technology*, **38**(1): 62–68.

Plewa, M.J., Wagner, E.D. and Mitch, W.A. (2011). Comparative mammalian cell cytotoxicity of water concentrates from disinfected recreational pools. *Environmental Science & Technology*, **45**(9): 4159–4165.

Plewa, M.J., Wagner, E.D., Richardson, S.D., Thruston, A.D., Woo, Y.-T. and McKague, A.B. (2004b). Chemical and biological characterization of newly discovered iodoacid drinking water disinfection byproducts. *Environmental Science & Technology*, **38**(18): 4713–4722.

Pool, E.J. and Magcwebeba, T.U. (2009). The screening of river water for immunotoxicity using an *in vitro* whole blood culture assay. *Water Air and Soil Pollution*, **200**(1–4): 25–31.

Posthuma, L., Suter, G.W. and Traas, T.P. (2002). Species Sensitivity Distributions in Ecotoxicology. Lewis, Boca Raton, FL, USA.

Price, P.S. and Han, X. (2011). Maximum cumulative ratio (MCR) as a tool for assessing the value of performing a cumulative risk assessment. *International Journal of Environmental Research and Public Health*, **8**(6): 2212–2225.

Prieto, P., Blaauboer, B.J., de Boer, A.G., Boveri, M., Cecchelli, R., Clemedson, C., Coecke, S., Forsby, A., Galla, H.J., Garberg, P., Greenwood, J., Price, A. and Tahti, H. (2004). Blood-brain barrier *in vitro* models and their application in toxicology - The report and recommendations of ECVAM workshop 49. *ATLA-Alternatives to Laboratory Animals*, **32**(1): 37–50.

Promega (2009). CytoTox 96® Non-radioactive cytotoxicity assay. Instructions for use of product G1780.

Purdom, C.E., Hardiman, P.A., Bye, V.V.J., Eno, N.C., Tyler, C.R. and Sumpter, J.P. (1994). Estrogenic effects of effluents from sewage treatment works. *Chemistry and Ecology*, **8**(4): 275–285.

Quillardet, P., Huisman, O., Dari, R. and Hofnung, M. (1982). SOS Chromotest, a direct assay of induction of an sos function in *Escherichia coli* K-12 to measure genotoxicity. *Proceedings of the National Academy of Sciences of the United States of America-Biological Sciences*, **79**(19): 5971–5975.

Rajapakse, N., Silva, E. and Kortenkamp, A. (2002). Combining xenoestrogens at levels below individual No-observed-effect concentrations dramatically enhances steroid hormone action. *Environmental Health Perspectives*, **110**(9): 917–921.

Rand, G. (1995). Fundamentals of aquatic toxicology: Effects, environmental fate and risk assessment. Taylor and Francis, Washington DC.

Rappaport, S.M., Richard, M.G., Hollstein, M.C. and Talcott, R.E. (1979). Mutagenic activity in organic wastewater concentrates. *Environmental Science & Technology*, **13**(8): 957–961.

Reifferscheid, G., Heil, J., Oda, Y. and Zahn, R.K. (1991). A microplate version of the SOS/umu-test for rapid detection of genotoxins and genotoxic potentials of environmental samples. *Mutation Research - Environmental Mutagenesis and Related Subjects*, **253**(3): 215–222.

Reungoat, J., Escher, B.I., Macova, M. and Keller, J. (2011). Biofiltration of wastewater treatment plant effluent: Effective removal of pharmaceuticals and personal care products and reduction of toxicity. *Water Research*, **45**(9): 2751–2762.

Reungoat, J., Macova, M., Escher, B.I., Carswell, S., Mueller, J.F. and Keller, J. (2010). Removal of micropollutants and reduction of biological activity in a full scale reclamation plant using ozonation and activated carbon filtration. *Water Research*, **44**(2): 625–637.

Riccardi, C. and Nicoletti, I. (2006). Analysis of apoptosis by propidium iodide staining and flow cytometry. *Nature Protocols*, **1**(3): 1458–1461.

Rich, I.N. (2003). *In vitro* hematotoxicity testing in drug development: A review of past, present and future applications. *Current Opinion in Drug Discovery & Development*, **6**(1): 100–109.

Richardson, S.D., Plewa, M.J., Wagner, E.D., Schoeny, R. and DeMarini, D.M. (2007). Occurrence, genotoxicity, and carcinogenicity of regulated and emerging disinfection by-products in drinking water: A review and roadmap for research. *Mutation Research - Reviews in Mutation Research*, **636**(1–3): 178–242.

Richter, M. and Escher, B.I. (2005). Mixture toxicity of reactive chemicals by using two bacterial growth assays as indicators of protein and DNA damage. *Environmental Science & Technology*, **39**: 8753–8761.

Riggs, D.L., Roberts, P.J., Chirillo, S.C., Cheung-Flynn, J., Prapapanich, V., Ratajczak, T., Gaber, R., Picard, D. and Smith, D.F. (2003). The Hsp90-binding peptidylprolyl isomerase FKBP52 potentiates glucocorticoid signaling *in vivo*. *Embo Journal*, **22**(5): 1158–1167.

Rodrigues, F.P., Angeli, J.P.F., Mantovani, M.S., Guedes, C.L.B. and Jordao, B.Q. (2010). Genotoxic evaluation of an industrial effluent from an oil refinery using plant and animal bioassays. *Genetics and Molecular Biology*, **33**(1): 169–175.

Roggen, E.L., Soni, N.K. and Verheyen, G.R. (2006). Respiratory immunotoxicity: An *in vitro* assessment. *Toxicology in Vitro*, **20**(8): 1249–1264.

Rojíčková-Padrtová, R., Marsálek, B. and Holoubek, I. (1998). Evaluation of alternative and standard toxicity assays for screening of environmental samples: Selection of an optimal test battery. *Chemosphere*, **37**(3): 495–507.

Rosa, R., Moreira-Santos, M., Lopes, I., Silva, L., Rebola, J., Mendonca, E., Picado, A. and Ribeiro, R. (2010). Comparison of a test battery for assessing the toxicity of a bleached-kraft pulp mill effluent before and after secondary treatment implementation. *Environmental Monitoring and Assessment*, **161**(1–4): 439–451.

Routledge, E.J. and Sumpter, J.P. (1996). Estrogenic activity of surfactants and some of their degradation products assessed using a recombinant yeast screen. *Environmental Toxicology and Chemistry*, **15**(3): 241–248.

Rutishauser, B.V., Pesonen, M., Escher, B.I., Ackermann, G.E., Aerni, H.R., Suter, M.J.F. and Eggen, R.I.L. (2004). Comparative analysis of estrogenic activity in sewage treatment plant effluents involving three *in vitro* assays and chemical analysis of steroids. *Environmental Toxicology and Chemistry*, **23**(4): 857–864.

Rydberg, B. and Johanson, K.J. (1978). Estimation of DNA strand breaks in single mammalian cells. In: DNA repair mechanisms, P. C. Hanawalt, E. C. Friedberg and C. F. Fox (ed.), Academic Press, New York, pp. 465–468.

Sanchez, P.S., Sato, M.I.Z., Paschoal, C., Alves, M.N., Furlan, E.V. and Martins, M.T. (1988). Toxicity assessment of industrial effluents from S. Paulo State, Brazil, using short-term microbial assays. *Toxicity Assessment*, **3**(1): 55–80.

Sanderson, T. and van den Berg, M. (2003). Interactions of xenobiotics with the steroid hormone biosynthesis pathway. *Pure and Applied Chemistry*, **75**(11–12): 1957–1971.

Saxena, J. and Schwartz, D.J. (1979). Mutagens in wastewaters renovated by advanced wastewater-treatment. *Bulletin of Environmental Contamination and Toxicology*, **22**(3): 319–326.

Schiliró, T., Pignata, C., Fea, E. and Gilli, G. (2004). Toxicity and estrogenic activity of a wastewater treatment plant in northern Italy. *Archives of Environmental Contamination and Toxicology*, **47**(4): 456–462.

Schirmer, K. (2006). Proposal to improve vertebrate cell cultures to establish them as substitutes for the regulatory testing of chemicals and effluents using fish. *Toxicology*, **224**(3): 163–183.

Schirmer, K., Tom, D.J., Bols, N.C. and Sherry, J.P. (2001). Ability of fractionated petroleum refinery effluent to elicit cyto- and photocytotoxic responses and to induce 7-ethoxyresorufin-O-deethylase activity in fish cell lines. *Science of The Total Environment*, **271**(1–3): 61–78.

Schmitt, M., Gellert, G. and Lichtenberg-Fraté, H. (2005). The toxic potential of an industrial effluent determined with the *Saccharomyces cerevisiae*-based assay. *Water Research*, **39**(14): 3211–3218.

Schnurstein, A. and Braunbeck, T. (2001). Tail moment *versus* tail length – Application of an *in vitro* version of the comet assay in biomonitoring for genotoxicity in native surface waters using primary hepatocytes and gill cells from zebrafish (*danio rerio*). *Ecotoxicology and Environmental Safety*, **49**(2): 187–196.

Schoff, P.K. and Ankley, G.T. (2002). Inhibition of retinoid activity by components of a paper mill effluent. *Environmental Pollution*, **119**(1): 1–4.

Schreer, A., Tinson, C., Sherry, J.P. and Schirmer, K. (2005). Application of Alamar blue/5-carboxyfluorescein diacetate acetoxymethyl ester as a noninvasive cell viability assay in primary hepatocytes from rainbow trout. *Analytical Biochemistry*, **344**(1): 76–85.

Schriks, M., Heringa, M.B., van der Kooi, M.M.E., de Voogt, P. and van Wezel, A.P. (2010). Toxicological relevance of emerging contaminants for drinking water quality. *Water Research*, **44**(2): 461–476.

Schulte, C. and Nagel, R. (1994). Testing acute toxicity in the embryo of Zebrafish, *Brachydanio rerio*, as an alternative to the acute fish test - preliminary results. *ATLA-Alternatives to Laboratory Animals*, **22**(1): 12–19.

Schwarzenbach, R.P., Escher, B.I., Fenner, K., Hofstetter, T.B., Johnson, C.A., von Gunten, U. and Wehrli, B. (2006). The challenge of micropollutants in aquatic systems. *Science*, **313**(5790): 1072–1077.

Seibert, H., Balls, M., Fentem, J.H., Bianchi, V., Clothier, R.H., Dierickx, P.J., Ekwall, B., Garle, M.J., GomezLechon, M.J., Gribaldo, L., Gulden, M., Liebsch, M., Rasmussen, E., Roguet, R., Shrivastava, R. and Walum, E. (1996). Acute toxicity testing *in vitro* and the classification and labelling of chemicals - The report and recommendations of ECVAM workshop 16. *ATLA-Alternatives to Laboratory Animals*, **24**(4): 499–510.

Shi, W., Wang, X.Y., Hu, W., Sun, H., Shen, O.X., Liu, H.L., Wang, X.R., Giesy, J.P., Cheng, S.P. and Yu, H.X. (2009a). Endocrine-disrupting equivalents in industrial effluents discharged into Yangtze River. *Ecotoxicology*, **18**(6): 685–692.

Shi, Y., Cao, X.-w., Tang, F., Du, H.-r., Wang, Y.-z., Qiu, X.-q., Yu, H.-p. and Lu, B. (2009b). *In vitro* toxicity of surface water disinfected by different sequential treatments. *Water Research*, **43**(1): 218–228.

Shiraishi, F. (2000). Development of a simple operational estrogenicity assay system using the yeast two-hybrid system. *Journal of Environmental Chemistry*, **10**(1): 57–64.

Shiraishi, F., Okumura, T., Nomachi, M., Serizawa, S., Nishikawa, J., Edmonds, J.S., Shiraishi, H. and Morita, M. (2003). Estrogenic and thyroid hormone activity of a series of hydroxy-polychlorinated biphenyls. *Chemosphere*, **52**(1): 33–42.

Shukla, S.J., Huang, R.L., Austin, C.P. and Xia, M.H. (2010). The future of toxicity testing: a focus on *in vitro* methods using a quantitative high-throughput screening platform. *Drug Discovery Today*, **15**(23–24): 997–1007.

Silva, E., Rajapakse, N. and Kortenkamp, A. (2002). Something from "nothing"– eight weak estrogenic chemicals combined at concentrations below NOECs produce significant mixture effects. *Environmental Science & Technology*, **36**: 1751–1756.

Simmon, V.F. and Tardiff, R.G. (1976). Mutagenic activity of drinking-water concentrates. *Mutation Research*, **38**(6): 389–390.

Simmons, S.O., Fan, C.Y. and Ramabhadran, R. (2009). Cellular stress response pathway system as a sentinel ensemble in toxicological screening. *Toxicological Sciences*, **111**(2): 202–225.

Simon, T., Britt, J.K. and James, R.C. (2007). Development of a neurotoxic equivalence scheme of relative potency for assessing the risk of PCB mixtures. *Regulatory Toxicology and Pharmacology*, **48**(2): 148–170.

Sin, A., Chin, K.C., Jamil, M.F., Kostov, Y., Rao, G. and Shuler, M.L. (2004). The design and fabrication of three-chamber microscale cell culture analog devices with integrated dissolved oxygen sensors. *Biotechnology Progress*, **20**(1): 338–345.

Singh, N.P., McCoy, M.T., Tice, R.R. and Schneider, E.L. (1988). A simple technique for quantitation of low levels of DNA damage in individual cells. *Experimental Cell Research*, **175**(1): 184–191.

Skehan, P., Storeng, R., Scudiero, D., Monks, A., McMahon, J., Vistica, D., Warren, J.T., Bokesch, H., Kenney, S. and Boyd, M.R. (1990). New colorimetric cytotoxicity assay for anticancer-drug screening. *Journal of the National Cancer Institute*, **82**(13): 1107–1112.

Smith, B.S. (1981). Male characteristics on female mud snails caused by antifouling bottom paints. *Journal of Applied Toxicology*, **1**(1): 22–25.

Sohoni, P. and Sumpter, J. (1998). Several environmental oestrogens are also anti-androgens. *Journal of Endocrinology*, **158**(3): 327–339.

Sonneveld, E., Jansen, H.J., Riteco, J.A.C., Brouwer, A. and van der Burg, B. (2005). Development of androgen- and estrogen-responsive bioassays, members of a panel of human cell line-based highly selective steroid-responsive bioassays. *Toxicological Sciences*, **83**(1): 136–148.

Soto, A.M., Maffini, M.V., Schaeberle, C.M. and Sonnenschein, C. (2006). Strengths and weaknesses of *in vitro* assays for estrogenic and androgenic activity. *Best Practice & Research Clinical Endocrinology & Metabolism*, **20**(1): 15–33.

Soto, A.M., Sonnenschein, C., Chung, K.L., Fernandez, M.F., Olea, N. and Serrano, F.O. (1995). The E-SCREEN assay as a tool to identify estrogens: An update on estrogenic environmental pollutants. *Environmental Health Perspectives*, **103** (Suppl. 7): 113–122.

Spielmann, H., Seiler, A., Bremer, S., Hareng, L., Hartung, T., Ahr, H., Faustman, E., Haas, U., Moffat, G.J., Nau, H., Vanparys, P., Piersma, A., Sintes, J.R. and Stuart, J. (2006). The practical application of three validated *in vitro* embryotoxicity tests - The Report and Recommendations of an ECVAM/ZEBET Workshop (ECVAM Workshop 57). *ATLA- Alternatives to Laboratory Animals*, **34**(5): 527–538.

Spurgeon, D.J., Jones, O.A.H., Dorne, J., Svendsen, C., Swain, S. and Sturzenbaum, S.R. (2010). Systems toxicology approaches for understanding the joint effects of environmental chemical mixtures. *Science of The Total Environment*, **408**(18): 3725–3734.

Spycher, S., Netzeva, T.I., Worth, A. and Escher, B.I. (2008). Mode of action-based classification and prediction of activity of uncouplers for the screening of chemical inventories *SAR and QSAR in Environmental Research*, **19**: 433–463.

Stalter, D., Magdeburg, A. and Oehlmann, J. (2010a). Comparative toxicity assessment of ozone and activated carbon treated sewage effluents using an *in vivo* test battery. *Water Research*, **44**(8): 2610–2620.

Stalter, D., Magdeburg, A., Wagner, M. and Oehlmann, J. (2011). Ozonation and activated carbon treatment of sewage effluents: Removal of endocrine activity and cytotoxicity. *Water Research*, **45**: 1015–1024.

Stalter, D., Magdeburg, A., Weil, M., Knacker, T. and Oehlmann, J. (2010b). Toxication or detoxication? *In vivo* toxicity assessment of ozonation as advanced wastewater treatment with the rainbow trout. *Water Research*, **44**(2): 439–448.

Steen, D. (2004). Immortalized human hepatocytes: A new advance in convenience and performance. *Current Separations*, **20**(4): 137–140.

Sumpter, J.P. (2002). Endocrine disruption and feminization in fish. *Toxicology*, **178**(1): 39–40.

Svobodova, K. and Cajthaml, T. (2010). New *in vitro* reporter gene bioassays for screening of hormonal active compounds in the environment. *Applied Microbiology and Biotechnology*, **88**(4): 839–847.

Tarkpea, M., Andren, C., Eklund, B., Gravenfors, E. and Kukulska, Z. (1998). A biological and chemical characterization strategy for small and medium-sized industries connected to municipal sewage treatment plants. *Environmental Toxicology and Chemistry*, **17**(2): 234–250.

Terada, H. (1990). Uncouplers of oxidative phosphorylation. *Environmental Health Perspectives*, **87**: 213–218.

Teuschler, L.K. (2007). Deciding which chemical mixtures risk assessment methods work best for what mixtures. *Toxicology and Applied Pharmacology*, **223**(2): 139–147.

Tiffany-Castiglioni, E., Hong, S., Qian, Y., Tang, Y. and Donnelly, K.C. (2006). *In vitro* models for assessing neurotoxicity of mixtures. *Neurotoxicology*, **27**(5): 835–839.

Timbrell, J. (2009). Principles of Biochemical Toxicology, Fourth Edition. informa healthcare, New York, US.

Timourian, H., Felton, J.S., Stuermer, D.H., Healy, S., Berry, P., Tompkins, M., Battaglia, G., Hatch, F.T., Thompson, L.H., Carrano, A.V., Minkler, J. and Salazar, E. (1982). Mutagenic and toxic activity of environmental effluents from underground coal gasification experiments. *Journal of Toxicology and Environmental Health*, **9**(5–6): 975–994.

Tollefsen, K.-e., Mathisen, R. and Stenersen, J. (2003). Induction of vitellogenin synthesis in an Atlantic salmon (*Salmo salar*) hepatocyte culture: a sensitive *in vitro* bioassay for the oestrogenic and anti-oestrogenic activity of chemicals. *Biomarkers*, **8**(5): 394–407.

Traves, W.H., Gardner, E.A., Dennien, B. and Spiller, D. (2008). Towards indirect potable reuse in South East Queensland. *Water Science & Technology*, **58**: 153–161.

Tsuno, H., Arakawa, K., Kato, Y. and Nagare, H. (2008). Advanced sewage treatment with ozone under excess sludge reduction, disinfection and removal of EDCs. *Ozone-Science & Engineering*, **30**(3): 238–245.

Ukelis, U., Kramer, P.J., Olejniczak, K. and Mueller, S.O. (2008). Replacement of *in vivo* acute oral toxicity studies by *in vitro* cytotoxicity methods: Opportunities, limits and regulatory status. *Regulatory Toxicology and Pharmacology*, **51**(1): 108–118.

Ulitzur, S., Lahav, T. and Ulitzur, N. (2002). A novel and sensitive test for rapid determination of water toxicity. *Environmental Toxicology*, **17**(3): 291–296.

Ulitzur, S., Weiser, I. and Yannai, S. (1980). A new, sensitive and simple bioluminescence test for mutagenic compounds. *Mutation Research - Environmental Mutagenesis and Related Subjects*, **74**(2): 113–124.

United Nations (2003). Globally Harmonized System of Classification and Labelling of Chemicals (GHS). Geneva, Switzerland, and New York, NY, USA, United Nations Economic Commission for Europe (UN/ECE).

United Nations (2009). Stockholm Convention on persistent organic pollutants Geneva, Switzerland, and New York, NY, USA, United Nations Economic Commission for Europe (UN/ECE).

USEPA (1976). Toxic substances control act. Washington DC, USA, US Environmental Protection Agency.

USEPA (1986). Guidelines for the health risk assessment of chemical mixtures. *Federal Register*, **51**: 34014–34025.

USEPA (2002a). Guidance on cumulative risk assessment of pesticide chemicals that have a common mechanism of toxicity. Federal Register. Washington, DC, U.S. Environmental Protection Agency, Office of Pesticide Programs.

USEPA (2002b). Methods for Measuring the Acute Toxicity of Effluents and Receiving Waters to Freshwater and Marine Organisms.

USEPA (2002c). Short-Term Methods For Estimating the Chronic Toxicity of Effluents and Receiving Water to Marine and Estuarine Organisms.

USEPA (2011). 2011 Edition of the Drinking Water Standards and Health Advisories. Washington, DC, USA, Office of Water, United States Environmental Protection Agency.

van Dam, R.A. and Chapman, J.C. (2001). Direct Toxicity Assessment (DTA) for Water Quality Guidelines in Australia and New Zealand. *Australasian Journal of Ecotoxicology*, **7**: 175–198.

Van den Berg, M., Birnbaum, L.S., Denison, M., De Vito, M., Farland, W., Feeley, M., Fiedler, H., Hakansson, H., Hanberg, A., Haws, L., Rose, M., Safe, S., Schrenk, D., Tohyama, C., Tritscher, A., Tuomisto, J., Tysklind, M., Walker, N. and Peterson, R.E. (2006). The 2005 World Health Organization reevaluation of human and mammalian toxic equivalency factors for dioxins and dioxin-like compounds. *Toxicological Sciences*, **93**(2): 223–241.

van der Burg, B., Winter, R., Man, H.Y., Vangenechten, C., Berckmans, P., Weimer, M., Witters, H. and van der Linden, S. (2010a). Optimization and prevalidation of the *in vitro* AR CALUX method to test androgenic and antiandrogenic activity of compounds. *Reproductive Toxicology*, **30**(1): 18–24.

van der Burg, B., Winter, R., Weimer, M., Berckmans, P., Suzuki, G., Gijsbers, L., Jonas, A., van der Linden, S., Witters, H., Aarts, J., Legler, J., Kopp-Schneider, A. and Bremer, S. (2010b). Optimization and prevalidation of the *in vitro* ER alpha CALUX method to test estrogenic and antiestrogenic activity of compounds. *Reproductive Toxicology*, **30**(1): 73–80.

van der Lelie, D., Regniers, L., Borremans, B., Provoost, A. and Verschaeve, L. (1997). The VITOTOX(R) test, an SOS bioluminescence Salmonella typhimurium test to measure genotoxicity kinetics. *Mutation Research-Genetic Toxicology and Environmental Mutagenesis*, **389**(2–3): 279–290.

Van der Linden, S.C., Heringa, M.B., Man, H.Y., Sonneveld, E., Puijker, L.M., Brouwer, A. and Van der Burg, B. (2008). Detection of multiple hormonal activities in wastewater effluents and surface water, using a panel of steroid receptor CALUX bioassays. *Environmental Science & Technology*, **42**(15): 5814–5820.

van Leeuwen, C.J. and Vermeire, T.G. (2007). Risk assessment of chemicals: An introduction, second edition. Springer, Dordrecht, The Netherlands.

van Leeuwen, K., Schultz, T.W., Henry, T., Diderich, B. and Veith, G.D. (2009). Using chemical categories to fill data gaps in hazard assessment. *SAR and QSAR in Environmental Research*, **20**(3–4): 207–220.

van Wezel, A.P. and Opperhuizen, A. (1995). Narcosis due to environmental pollutants in aquatic organisms: residue-based toxicity, mechanisms, and membrane burdens. *Critical Reviews in Toxicology*, **25**: 255–279.

Vandebriel, R.J. and van Loveren, H. (2010). Non-animal sensitization testing: State-of-the-art. *Critical Reviews in Toxicology*, **40**(5): 389–404.

Vankreijl, C.F., Kool, H.J., Devries, M., Vankranen, H.J. and Degreef, E. (1980). Mutagenic activity in the rivers Rhine and Meuse in the Netherlands. *Science of The Total Environment*, **15**(2): 137–147.

Vanparys, C., Maras, M., Lenjou, M., Robbens, J., Van Bockstaele, D., Blust, R. and De Coen, W. (2006). Flow cytometric cell cycle analysis allows for rapid screening of estrogenicity in MCF-7 breast cancer cells. *Toxicology in Vitro*, **20**(7): 1238–1248.

Vermeirssen, E.L.M., Hollender, J., Bramaz, N., van der Voet, J. and Escher, B.I. (2010). Linking toxicity in algal and bacterial assays with chemical analysis in passive samplers deployed in 21 treated sewage effluents. *Environmental Toxicology and Chemistry*, **29**(11): 2575–2582.

Verschaeve, L., Van Gompel, J., Thilemans, L., Regniers, L., Vanparys, P. and van der Lelie, D. (1999). VITOTOX® bacterial genotoxicity and toxicity test for the rapid screening of chemicals. *Environmental and Molecular Mutagenesis*, **33**(3): 240–248.

Villeneuve, D.L., Blankenship, A.L. and Giesy, J.P. (2000). Derivation and application of relative potency estimates based on *in vitro* bioassay results. *Environmental Toxicology and Chemistry*, **19**(11): 2835–2843.

Villeneuve, N.F., Du, Y., Wang, X.J., Sun, Z., and Zhang, D.D. (2008). High-throughput screening of chemopreventive compounds targeting Nrf2. 3rd IEEE International Conference on Nano/Micro Engineered and Molecular Systems, New York, NY, USA.

von der Ohe, P.C., Dulio, V., Slobodnik, J., De Deckere, E., Kuhne, R., Ebert, R.U., Ginebreda, A., De Cooman, W., Schuurmann, G. and Brack, W. (2011). A new risk assessment approach for the prioritization of 500 classical and emerging organic microcontaminants as potential river basin specific pollutants under the European Water Framework Directive. *Science of the Total Environment*, **409**(11): 2064–2077.

Wadhia, K. (2008). ISTA13 - International interlaboratory comparative evaluation of microbial assay for risk assessment (MARA). *Environmental Toxicology*, **23**(5): 626–633.

Wadhia, K., Dando, T. and Thompson, K.C. (2007). Intra-laboratory evaluation of Microbial Assay for Risk Assessment (MARA) for potential application in the implementation of the Water Framework Directive (WFD). *Journal of Environmental Monitoring*, **9**(9): 953–958.

Wagner, E.D. and Plewa, M.J. (2008). Chapter 3 Microplate-based comet assay. In: The Comet Assay in Toxicology (ed.), The Royal Society of Chemistry, pp. 79–97.

Wagner, M., Han, B. and Jessell, T.M. (1992). Regional differences in retinoid release from embryonic neural tissue detected by an *in vitro* reporter assay. *Development*, **116**(1): 55–66.

Wagner, M. and Oehlmann, J. (2009). Endocrine disruptors in bottled mineral water: total estrogenic burden and migration from plastic bottles. *Environmental Science and Pollution Research*, **16**(3): 278–286.

Walker, C.H., Hopkin, S.P., Sibly, R.M. and Peakall, D.B. (2006). Principles of Ecotoxicology. Taylor and Francis.

Walter, H., Consolaro, F., Gramatica, P., Scholze, M. and Altenburger, R. (2002). Mixture toxicity of priority pollutants at No Observed Effect Concentrations (NOECs). *Ecotoxicology*, **11**: 299–310.

Wang, H. and Joseph, J.A. (1999). Quantifying cellular oxidative stress by dichlorofluorescein assay using microplate reader. *Free Radical Biology and Medicine*, **27**(5–6): 612–616.

Wang, X., Shi, W., Wu, J., Hao, Y., Hu, G., Liu, H., Han, X. and Yu, H. (2010). Reproductive toxicity of organic extracts from petrochemical plant effluents discharged to the Yangtze River, China. *Journal of Environmental Sciences*, **22**(2): 297–303.

Wang, X.J., Hayes, J.D. and Wolf, C.R. (2006). Generation of a stable antioxidant response element-driven reporter gene cell line and its use to show redox-dependent activation of Nrf2 by cancer chemotherapeutic agents. *Cancer Research*, **66**(22): 10983–10994.

Wang, Y.-Y. and Zheng, X.-X. (2002). A flow cytometry-based assay for quantitative analysis of cellular proliferation and cytotoxicity *in vitro*. *Journal of Immunological Methods*, **268**(2): 179–188.

Warne, M.S.J. and Hawker, D.W. (1995). The number of components in a mixture determines whether synergistic and antagonistic or additive toxicity predominate - the Funnel Hypothesis. *Ecotoxicology and Environmental Safety*, **31**(1): 23–28.

Watson, C.S., Jeng, Y.-J. and Kochukov, M.Y. (2010). Nongenomic signaling pathways of estrogen toxicity. *Toxicological Sciences*, **115**(1): 1-11.

Wells, M.J.M. (2002). Principles of extraction and the extraction of semivolatile organics from liquids. In: Sample preparation techniques in analytical chemistry, S. Mitra (ed.), John Wiley and Sons, Hoboken, New Jersey, pp. 37–138.

WFD (2010). Common implementation strategy for the Water Framework Directive (2000/60/EC). Technical guidance for deriving Environmental Quality Standards, WG E(9) –10–03e – TGD-EQS (final draft of 23 February 2010).

White, P.A., Rasmussen, J.B. and Blaise, C. (1996). A semi-automated, microplate version of the SOS Chromotest for the analysis of complex environmental extracts. *Mutation Research - Environmental Mutagenesis and Related Subjects*, **360**(1): 51–74.

Whitehead, A., Anderson, S.L., Ramirez, A. and Wilson, B.W. (2005). Cholinesterases in aquatic biomonitoring: Assay optimization and species-specific characterization for a California native fish. *Ecotoxicology*, **14**(6): 597–606.

WHO (2008). Guidelines for drinking-water quality: incorporating 1st and 2nd addenda, Vol.1, Recommendations. – 3rd ed. Geneva, Switzerland, World Health Organization.

Wilson, V.S., Bobseine, K. and Gray, L.E., Jr. (2004). Development and characterization of a cell line that stably expresses an estrogen-responsive luciferase reporter for the detection of estrogen receptor agonist and antagonists. *Toxicological Sciences*, **81**(1): 69–77.

Wilson, V.S., Bobseine, K., Lambright, C.R. and Gray, L.E. (2002). A novel cell line, MDA-kb2, that stably expresses an androgen- and glucocorticoid-responsive reporter for the detection of hormone receptor agonists and antagonists. *Toxicological Sciences*, **66**(1): 69–81.

Wolz, J., Engwall, M., Maletz, S., Takner, H.O., van Bavel, B., Kammann, U., Klempt, M., Weber, R., Braunbeck, T. and Hollert, H. (2008). Changes in toxicity and Ah receptor agonist activity of suspended particulate matter during flood events at the rivers Neckar and Rhine - a mass balance approach using *in vitro* methods and chemical analysis. *Environmental Science and Pollution Research*, **15**(7): 536–553.

Wood, S.A., Holland, P.T., Stirling, D.J., Briggs, L.R., Sprosen, J., Ruck, J.G. and Wear, R.G. (2006). Survey of cyanotoxins in New Zealand water bodies between 2001 and 2004. *New Zealand Journal of Marine and Freshwater Research*, **40**(4): 585–597.

Wu, J., Wang, F.Q., Gong, Y., Li, D.M., Sha, J.H., Huang, X.Y. and Han, X.D. (2009a). Proteomic analysis of changes induced by nonylphenol in Sprague-Dawley rat sertoli cells. *Chemical Research in Toxicology*, **22**(4): 668–675.

Wu, Q.-Y., Hu, H.-Y., Zhao, X. and Sun, Y.-X. (2009b). Effect of chlorination on the estrogenic/antiestrogenic activities of biologically treated wastewater. *Environmental Science & Technology*, **43**(13): 4940–4945.

Xie, S.H., Liu, A.L., Chen, Y.Y., Zhang, L., Zhang, H.J., Jin, B.X., Lu, W.H., Li, X.Y. and Lu, W.Q. (2010). DNA damage and oxidative stress in human liver cell L-02 caused by surface water extracts during drinking water treatment in a waterworks in China. *Environmental and Molecular Mutagenesis*, **51**(3): 229–235.

Yagi, K. (1998). Simple assay for the level of total lipid peroxides in serum or plasma *Methods in Molecular Biology*, **108**(1): 101–106.

Yang, C., Zhou, J.Y., Zhong, H.J., Wang, H.Y., Yan, J., Liu, Q., Huang, S.N. and Jiang, J.X. (2011). Exogenous norepinephrine correlates with macrophage endoplasmic reticulum stress response in association with XBP-1. *Journal of Surgical Research*, **168**(2): 262–271.

Yiangou, M. and Hadjipetroukourounakis, L. (1989). Effect of magnesium deficiency on interleukin production by fisher rats: Effect of interleukins on reduced *in vitro* lymphocyte-responses to concanavalin A and lipopolysaccharide. *International Archives of Allergy and Applied Immunology*, **89**(2–3): 217–221.

Zacharewski, T.R., Berhane, K., Gillesby, B.E. and Burnison, B.K. (1995). Detection of estrogen- and dioxin-like activity in pulp and paper mill black liquor and effluent using *in vitro* recombinant receptor/reporter gene assays. *Environmental Science & Technology*, **29**(8): 2140–2146.

Zani, C., Feretti, D., Buschini, A., Poli, P., Rossi, C., Guzzella, L., Caterino, F.D. and Monarca, S. (2005). Toxicity and genotoxicity of surface water before and after various potabilization steps. *Mutation Research - Genetic Toxicology and Environmental Mutagenesis*, **587**(1–2): 26–37.

Zegura, B., Heath, E., Cernosa, A. and Filipic, M. (2009). Combination of *in vitro* bioassays for the determination of cytotoxic and genotoxic potential of wastewater, surface water and drinking water samples. *Chemosphere*, **75**(11): 1453–1460.

Zhang, H., Yamada, H. and Tsuno, H. (2008). Removal of endocrine-disrupting chemicals during ozonation of municipal sewage with brominated byproducts control. *Environmental Science & Technology*, **42**(9): 3375–3380.

Zhang, Z.D., Burch, P.E., Cooney, A.J., Lanz, R.B., Pereira, F.A., Wu, J.Q., Gibbs, R.A., Weinstock, G. and Wheeler, D.A. (2004). Genomic analysis of the nuclear receptor family: New insights into structure, regulation, and evolution from the rat genome. *Genome Research*, **14**(4): 580–590.

Zhen, H., Wu, X., Hu, J., Xiao, Y., Yang, M., Hirotsuji, J., Nishikawa, J.-i., Nakanishi, T. and Ike, M. (2009). Identification of retinoic acid receptor agonists in sewage treatment plants. *Environmental Science & Technology*, **43**(17): 6611–6616.

Zhong, Y., Feng, S.L., Luo, Y., Zhang, G.D. and Kong, Z.M. (2001). Evaluating the genotoxicity of surface water of Yangzhong City using the *Vicia faba* micronucleus test and the comet assay. *Bulletin of Environmental Contamination and Toxicology*, **67** (2): 217–224.

Zimmermann, F.K., Kern, R. and Rasenberger, H. (1975). A yeast strain for simultaneous detection of induced mitotic crossing over, mitotic gene conversion and reverse mutation. *Mutation Research - Fundamental and Molecular Mechanisms of Mutagenesis*, **28**(3): 381–388.

Zimmermann, S.G., Wittenwiler, M., Hollender, J., Krauss, M., Ort, C., Siegrist, H. and von Gunten, U. (2011). Kinetic assessment and modeling of an ozonation step for full-scale municipal wastewater treatment: Micropollutant oxidation, by-product formation and disinfection. *Water Research*, **45**(2): 605–617.

Zucker, R.M., Elstein, K.H., Easterling, R.E. and Massaro, E.J. (1988). Flow cytometric analysis of the cellular toxicity of tributyltin. *Toxicology Letters*, **43**(1–3): 201–218.